管理　　叢書

Knowledge Management:
Theories and Practice

知識管理
學理與實證

楊政學◎著

序言

　　本書的特色，在於希望有系統地整理出諸多知識管理的學理觀點，進而提出本書建構的知識管理實務模式，再將其驗證在不同產業個案的實際運作情形。本書適合大專院校開設「知識管理」的相關課程，或機構進行「知識管理」相關教育訓練課程的使用。全書架構所呈現的份量，適合單一學期教學教材之選用，不至於讓授課老師與修課學生感到教材過多的壓力。

　　全書章節的安排，是以學理篇與實證篇為主軸，共計有二篇十五章。在學理篇部分，討論有如下八個章節：知識管理的演進歷程；知識的基本概念；知識管理的基本概念；知識管理的學理觀點；知識管理的架構觀點；知識管理的模式觀點；知識管理的推動案例；知識管理的模式建構。在實證篇部分，依本書建構的知識管理實務模式，來介紹知識管理在不同產業個案的實務運作，諸如：壽險業知識管理（Ⅰ）（Ⅱ）；旅館業知識管理；精品旅館業知識管理；金融業知識管理與創新策略；壽險業知識學習（Ⅰ）（Ⅱ）。

　　本書因著很多緣份的成全才得以圓滿完成，首先感謝家人及好友全力的支持；其次感謝明新科大企管系專題學生在個案研究的參與；再者衷心感謝各章節所引用資料的所有作者或譯者的成全；最後感謝揚智文化出版機構葉發行人忠賢，偕同編輯部所有同仁，尤其感謝林新倫總編的支持，以及黃美雯執編的用心，使本書終能順利付梓出版，個人特致萬分謝意！

筆者學有不逮，才疏學淺，倘有掛漏之處，敬請各界賢達不吝指正，有以教之！在歇筆思索之際，想跟讀者分享一段個人學習的心路歷程：

人生其實是一場不斷去除自我的過程，
經歷到最後，生命剩下的唯一動機是：
願意學習並能修正，希望助人且能付出；
只要願意修正就會好，
只要願意助人就會成。
學習助人是真理，是最後的圓滿，
是經歷後的清醒，是未來的樣子。

楊政學 謹識
竹東·浮塵居
2005年10月

目錄

生命的很大學習是：

隨緣、惜緣、一切如願；

圓滿所有發生的因緣。

要很自然由我們口中講出「好」這個字，

一切願意能「如人所願」，

是很大的生活學習，亦不太容易做到。

大部分的時間，我們表現出「不好」的態度比較多，

比較會從自己的立場來想一件事情，

如此一來煩惱當然亦就多起來了，

人凡事想到自己其實是件很麻煩的事。

楊政學・竹東

2005.10.18

PART I
學理篇

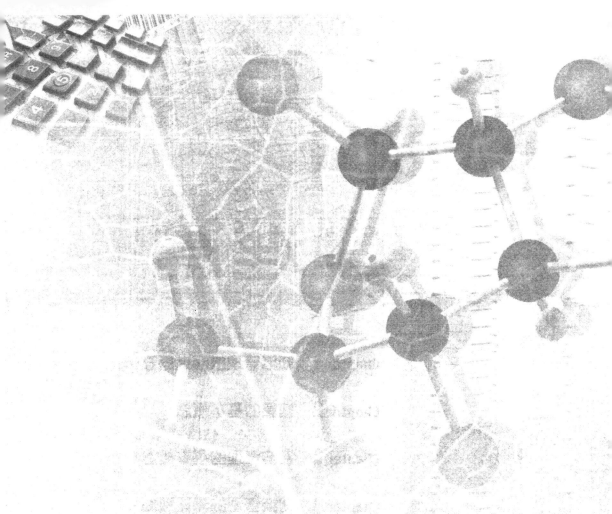

我們所謂「大智若愚」的人，
就是瞭解到人「不用對了」；
只是看看還有什麼可以做的？
終於可以找到內心的平靜，
終於可以跟自己和平相處。
願自己可以永遠做個傻傻願意的耕耘者。

楊政學·竹東
2005.10.20

Chapter 1

知識管理的演進歷程

本章節探討知識管理的演進歷程，討論的議題有：知識經濟與即時經濟、知識服務型產業、知識管理的演進、知識管理的迷思、知識管理迷思的破除、新一代知識管理，以及本書內容架構。

1.1 知識經濟與即時經濟

在探討知識管理演進歷程前，有必要先行瞭解經濟體系不同階段的發展特徵，以及如何由知識經濟演進到即時經濟的發展趨勢。

✥ 經濟體系的發展特徵

由17世紀進入農業經濟時代開始到20世紀末，經濟體系的階段特徵，大致可以分成如下三大類：

✚ 17～19世紀初期的農業經濟時代

在17～19世紀初期的農業經濟時代中，社會仍屬封建體系，在「有土斯有財」的社會背景下，富者多是大地主，而生產方式則依賴密集的勞力，人們的作息多是日出而作、日落而息，經驗與勞力成為當時農業社會的成功關鍵。

✚ 19～20世紀末的工業經濟時代

在19～20世紀末的工業經濟時代中，因託工業革命之福，工廠的擁有者便是社會的上流階層，勞動方式也從勞力密集的生產型態，轉變為人力與機械的結合，使得生產效率大為改善，品質與技術成為當時工業經濟體系的成敗關鍵。

✤ 20世紀末開始的知識經濟時代

知識經濟時代的財富特徵，已從有形的機械轉為無形的知識，在社會金字塔上端的人力逐漸被知識工作者所取代，而合作模式也由傳統的面對面合作，轉變為遠距協同合作或虛擬工作團隊，企業組織邁入全球化與虛擬化，工作時間可以跨越時間與空間的藩籬，企業成敗的關鍵則為專業、創新與速度。

若我們將上述經濟體系不同階段發展的特徵，依時間排列，則可整理如下（**表1-1**）：

表1-1 經濟體系不同階段發展的特徵

階段\\特徵	17-19世紀初期 農業經濟時代	19-20世紀末 工業經濟時代	20世紀末 知識經濟時代
財富特徵	土地	機器	知識
工作時間	日出而作 日落而息	朝九晚五 三班制	跨越時間與空間 的藩籬
組織型態	封建社會	企業型態 （勞方／資方）	全球化 虛擬化
合作模式	勞力密集 團結力量大	勞力、技術 交互應用	虛擬團隊 協同作業
成敗關鍵	經驗／勞力	技術／品質	專業／創新／速度

資料來源：陳永隆、莊宜昌（2005）。

✤ 從知識經濟到即時經濟

在20世紀末的知識經濟時代後，全球經濟型態變化的週期更短，但變革卻更趨激烈，從1990年的「新經濟」時代開始，至今方約十年，又迅速地轉換了兩個經濟時代，分別是「知識經濟」時代，以及「即時經濟」時代，而各經濟時代的特徵也不盡相同。

✤ 1990年開始的新經濟（new economy）時代

　　新經濟時代的企業，企業e化成為必然的變革，企業的新價值觀變成以顧客為導向，以及80／20法則之應用，速度成為企業決勝的關鍵，資訊及數位工具的應用是這個時代的新工作模式。

✤ 1996年開啟的知識經濟（knowledge-based economy）時代

　　企業最大的變革是開始導入知識管理，以最佳經驗與學習型組織為基礎的工作模式儼然成形，企業必須建立全新的知識價值觀，並且落實知識分享的文化。因此，企業能否不斷創新及持續學習，便自然成為決勝的關鍵。

✤ 2002年進入了即時經濟（now economy）時代

　　企業朝向多元價值發展，懂得如何運用資源並成功整合資源成為企業成功的關鍵要素，辦公室文化也逐漸轉為行動辦公室及虛擬工作團隊，動態企業管理將成為企業最大的變革與挑戰。

　　（**表1-2**）為根據90年代發展迄今，整理近十幾年來經濟時代演變過程與特徵的對照表。很明顯地，過去由農業經濟、工業經濟到知識經濟時代的發展，其演變週期約以世紀計算；但今日數位時代，從新經濟到知識經濟，再邁入即時經濟，其演變週期幾乎不到十年，可見未來企業的動態競爭挑戰才剛要開始。

1.2 知識服務型產業

　　全球的經濟型態，已經逐漸由以機器、技術為財富的工業經濟，進入以知識、專業為財富的知識經濟。在十倍速變化的知識經濟時代，一門綜合了經濟學、管理學、資訊學、工程學，甚至動態學的跨領域學問——知識管理，正是在**動態願景**

表1-2 知識經濟的發展趨勢

特徵＼階段	1990年～ 新經濟時代 New Economy	1996年～ 知識經濟時代 Knowledge-based Economy	2002年～ 即時經濟時代 Now Economy
企業變革	企業e化	知識管理	協同合作
工作模式	數位工具應用 (Internet、E-mail)	最佳經驗與學習型組織 (Best Practice、Learning Organization)	虛擬工作團隊 (Virtual Teamwork)
新價值觀	顧客導向文化、 80/20法則	知識分享文化、 知識價值鏈	行動辦公文化、 動態企業管理
決勝關鍵	速度(10倍速)	創新與學習	資源整合應用
資訊發展	資訊爆炸	知識應用	多元價值

資料來源：陳永隆、莊宜昌（2005）。

（dynamic vision）、**動態任務**（dynamic mission）、**動態策略**（dynamic strategy）的潮流中，可以協助企業更精準地判斷趨勢，並保持競爭優勢的學問（陳永隆、莊宜昌，2005）。

根據KPMG顧問公司在2000年的研究報告指出，美國有超過60%的大型企業已經或正在進行知識管理導入，歐洲與英國更高達70%的大型企業已經導入知識管理或正在進行中。這份報告進一步針對已導入知識管理的企業調查發現，企業導入知識管理後所獲得的具體效益分別是：可以協助企業作更佳的決策（71%）；對顧客的掌握度更高（64%）；讓企業對外在環境變化時的應變能力更迅速（68%）；讓員工學得更多技能（63%）；增加生產力（60%）；協助企業降低成本（57%）；協助企業增加利潤（52%）。

由上述數據中，我們發現知識管理導入後，能協助企業獲利的結果似乎令人有些失望，其實主要原因在於企業進行知識管理時，未能有效結合產品的銷售及顧客關係的經營與管理。因此，企業若要成功地將知識轉為利潤，必須建立一個以服務型態為主的知識管理企業，而此種結合知識管理與顧客關係管

理的經營模式,也勢將成為知識經濟下的企業新主軸,同時成為企業是否能增加利潤,並提升永續競爭力的關鍵。

首先,企業必須先建立擁有知識型產品與知識型服務的知識庫;接著,讓顧客可經由企業入口網站(Enterprise Information Portal,簡稱EIP),透過電子交易平台或商業社群(business community)與企業進行互動。從顧客所點選的連結、網頁式瀏覽相關資訊與產品等過程所留下的行為資料,顧客關係管理系統便可進一步利用各種統計學、數值演算法、人工智慧等資料採礦技術,將顧客的行為資料轉換為顧客的可能需求。

當企業瞭解顧客的需求後,再將這些需求資訊送入企業內部的知識庫中,一方面可更新顧客的互動資料庫;另一方面則將顧客所需要的知識服務與知識產品透過知識管理平台匯整後,經由電子交易平台將服務、資訊、產品、知識回饋給顧客。企業可將免費的資訊與服務傳送給顧客,以獲得顧客對該企業相關產品與專業知識的信賴,然後再漸進引導顧客未來針對必須付費的知識產品與知識服務進行消費,以創造知識的附加價值。

企業進行知識管理的導入,不僅對內應強化文件知識庫管理、核心競爭優勢管理、知識社群經營管理,對外更應將知識管理結合顧客關係管理與電子交易模式,此布局不僅能落實將知識轉為利潤的知識經濟精神,同時企業、組織或個人也會因善用全球知識、簡化流程、掌握趨勢、取得先機,以真正擁有更多知識、更多利潤、更多時間,如(圖1-1)所示。

1.3 知識管理的演進

在知識經濟與e化時代下,使得知識管理益形重要。根據國際資料公司(International Data Company,簡稱 IDC)的報告,

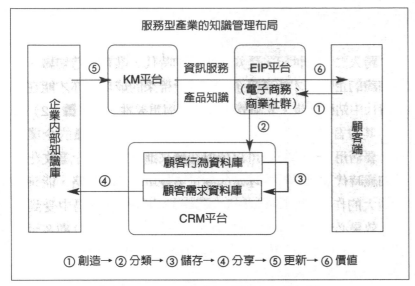

圖1-1　服務型產業知識管理布局架構
資料來源：陳永隆、莊宜昌（2005）。

全世界知識管理的演進發展過程（戚正平，2001）為：

- 1998年以前為知識擷取階段，主要發展重點是知識的儲存及擷取。
- 1998年至2000年為知識連結階段，主要發展重點是發掘及維護人與資料物件的連結。
- 2000年迄今為協同運作階段，主要發展重點是知識社群。

　　知識的重要性凌駕於資料或未處理的資訊上，不論是專業知識、經驗、洞察力，甚至靈感，一向被視為企業成功的重要因素。網際網路是目前最具效率的傳播、溝通與傳遞的工具，因為它的高效率不但取代了同功能的傳遞工具，運用網路建立企業營運，更可大幅提升組織的運作績效（王景翰、李美玲，2001）。由於企業全球化與網路化的到來，整體企業環境充滿不確定性。現代企業需要的是品質、價值、服務、創新，以及問

世的速度（李昆林，2001），而企業維持長期競爭優勢的關鍵，就在於不斷擴充組織所需的知識。

　　跨入二十一世紀，是知識來臨的時代，唯有創造知識、活用知識的企業，才能享受企業改革所帶來的成功，亦才能在知識時代中站穩腳步。知識管理的背景與重要性，如（圖1-2）所示，其中吾人可發現：要創造，必須具備活用知識的企業文化；要活用，必須建立可以依據知識來進行創造的企業文化。在知識時代下，知識管理是因應企業變革的一種策略，能夠發揮極大的作用。此策略若能在現實的公開操作市場中受到採納，效果必然受到肯定，而其必要性含括有：可建立顧客至上的價值觀與知識；可更迅速提供有創意的商品與服務；可累積及有效活用組織的知識。

　　1980年代開始，由於資訊科技的快速發展，主從式架構與群組軟體、網際網路、企業內部網路等相關技術相繼開發。進入1990年代，銷售管理自動化、行動資訊裝置、資料倉儲資訊化等新科技，因可將營業與市場活動等個別業務，加以特別處理而受到矚目。另由（圖1-3）可知，1980年代後期以來，組織

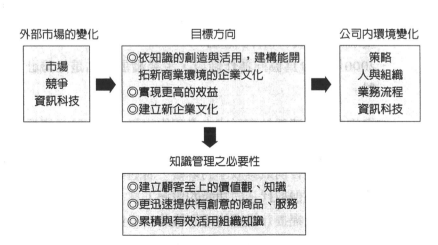

圖1-2　知識管理的背景與必要性
資料來源：劉京偉譯（2000）。

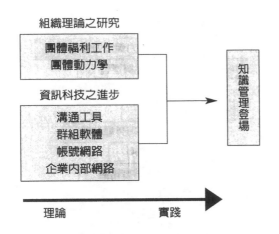

圖1-3 知識管理的歷史
資料來源：修改自劉京偉譯（2000）。

理論與資訊科技部門間，出現加速融合的態勢。另一方面，群組軟體的研發，亦持續進行且成為企業內部溝通與團隊合作的重要工具，因此透過組織理論的研究，以及資訊科技的開發，使得知識管理日益受到重視。

關於知識管理的演進，有許多不同觀點的說法，我們在（圖1-4）中列舉了其中最重要的十項影響因素：知識是競爭的基礎；核心能力與能力管理；組織再造、全面品質管理；網際網路、群組軟體；網路／虛擬組織；內隱與外顯知識；分享最佳範例；學習型組織；智力資本；全球化（余佑蘭譯，2002）。

1.4 知識管理的迷思

本章節將針對一般企業在導入知識管理的評估期、導入期或考核期，普遍存在的許多迷思進行探討（陳永隆、莊宜昌，2005），茲論述與說明如下：

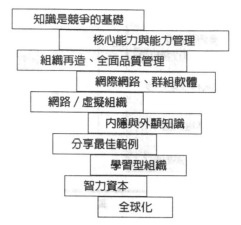

圖1-4　知識管理發展演進的影響因素
資料來源：修改自余佑蘭譯（2002）。

✥ 知識管理只是一個概念的迷思

　　目前即使許多企業已陸續導入知識管理，許多人仍舊認為
「知識管理」只是一個概念，或只是資訊管理的化身。但「知識
管理」不但實用，和資訊管理更是不同，重點在於如何以寬廣
的視野來理解，以正確的方式來實踐。事實上，知識管理是一
個結合資訊科技、企業管理、通訊技術、工程演算、統計分
析，甚至於行銷策略的一門學問。這門學問落實在整個工商世
界裡，已經有許多企業，如GE、HP、IBM、BP、Microsoft等，
藉由結合知識管理與營運流程產生知識槓桿與高附加價值。

　　知識管理跟企業e化一樣，並不是拯救企業頹敗時的萬靈
丹，但當企業遇到重大危機時，成功的知識管理或e化的組織，
將擁有更快的速度與反應來因應商業情勢的變局。在平時知識
管理與企業e化，有助於讓組織的運行更加流暢，讓企業競爭力
更加提高。此外，有些企業的體質問題可以透過知識管理重新
找到病因。因此，知識管理不只是概念而已，更是可具體落實
在企業體內，增加競爭力的管理方法，這是企業必須釐清的第

一個迷思。

✛ 知識管理的導入重點為資訊科技的迷思

　　很多企業認為要完成一套知識管理，就是花錢購買一套完整的知識管理平台；有的企業認為要導入知識管理，只要買一套文件管理系統、買一個文件搜集引擎。其實知識管理與科技平台之間，並不是可以互換的代名詞，因為知識管理是要把流程及組織加以重整與變化，再利用科技的工具，讓知識得以更順利的進行分享、儲存或擴散。資訊科技僅是工具，而非知識管理之目的。

　　但在很多情況下，當企業開始尋找知識管理系統的時候，又期待它能發揮非常強大的功能。舉例來說，有些人認為資訊要變成知識，這一段的篩選不應該由人來做，因為人太過主觀，加上每個專家對於知識的界定都不同，因此應該要有一個自動化的知識擷取系統。然而強大的知識擷取系統是不是真能滿足企業的需求？在現階段人工智慧、人工機制尚未成熟的情況下，企業的思考點得做些轉換，不能期待透過科技來解決推動知識管理過程中的「人性」問題。

　　因此，在導入知識管理的過程中，對於資訊科技導入程度，應依企業不同的需要而定。有些知識管理平台的設計遠超過企業所需功能，這些多餘的功能都是不必要的成本支出。所以，在推動知識管理的過程中，過於複雜或華麗的功能，如果超過使用者需求，不但影響其親和性，亦是不必要的投資。很多企業對於知識管理的觀念，常被科技平台主導，最後陷入與電子商務泡沫化相同的危機。

　　知識管理並不是將技術、平台導入企業後就能協助企業獲利，重要的是，要擁有創新的機制、願意分享知識的企業文化等因素配合。否則，導入科技平台卻無配套流程與實施辦法，

只會導致知識管理的加速失敗。

知識價值無法量化評估的迷思

有很多人認為，知識是沒有辦法量化與評估的。但實際上，現在已有許多的管理顧問公司，皆開始發展一些指標，例如EVA（經濟附加價值）、MVA（市場附加價值）等，試圖去衡量知識資產的價值。

事實上，這些量化的評估都是可以從**知識獲利指數**（Knowledge Profit Index，簡稱KPI）來判斷。另外一個可以提供企業判斷的工具，是管理學的平衡計分卡（Balanced Score Card，簡稱BSC）。如何讓企業的願景結合員工的願景，讓企業的內部、外部流程，與企業員工的學習、成長，透過這種平衡評估的機制，讓企業的策略目標與行動結合。將平衡計分卡結合知識管理，或透過知識獲利指數，以及本書後續章節提及的知識價值鏈方法，都是企業在導入知識管理後，可以去衡量、量化知識價值的方式。

知識管理的重點是知識的迷思

張忠謀先生曾經提出知識經濟的幾個迷思，其中提到知識經濟的重點並不是知識，而是要將知識轉為利潤（張忠謀，2001）。

雖然企業導入知識管理，必然要投入資源與人力，而企業在耗費資源與人力的過程裡，當然是希望藉由知識管理流程的導入，能進一步將「智慧」當成產品、資產，以協助企業獲利。所以知識管理的目標，對營利性組織來說，就是實際地增加利潤或降低成本；對非營利組織來說，就是提高績效、增加競爭力或成功轉型。因此，如何將知識轉為企業有用的價值，

而企業的價值，除了財務獲利外，還可以包括顧客的滿意、員工的競爭力、創新的企業、優勢的競爭力等。

❖ 盲目模仿知名企業知識管理模式的迷思

企業在規劃及推行知識管理時，常會對已推行成功的企業進行研究，甚或選擇一個成功的知識型企業做為標竿。依據MAKE（The Most Admired Knowledge Enterprise）評比標準（Chase，2002），其成功建立知識型企業的評比項目如下：

- ‧成功地建立企業知識文化。
- ‧最高主管全力支持知識管理計畫。
- ‧創造並提供知識型產品與知識型服務。
- ‧成功地將企業的智慧資產轉化為最大的企業價值。
- ‧成功地建立企業知識分享的文化。
- ‧成功地建立企業員工持續學習與成長的環境。
- ‧有效管理顧客知識以增加顧客的忠誠度與利潤貢獻度。
- ‧透過知識管理為股東創造最大的財務獲利度。

（表1-3）是2001年全球最卓越知識企業（MAKE）前20名列表。全球前二十大知識型企業，在各評比項目中，各有其特別的優勢。

另由（**表1-4**）可以看出，不同的知識型企業在這八項評比標準中，各有表現最優的前五名（即表中打「√」者），企業可以根據各企業優勢之處做為參考。但是企業如盲目地針對其中一、兩家知名國際知識型企業進行模仿，可能會錯失往某些知識領域中，更值得仿效的成功案例來學習，或是複製到不適合企業本身特質的運作模式。

所以企業在選擇標竿式參考之知識型企業時，不是一味的追求流行，仿效業界中具知名度的知識型企業去做全面的複

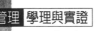

表1-3 前20名全球最卓越知識企業

2001 Rank	Top 20 Most Admired Knowledge Enterprises Enterprise	2000 Rank	1999 Rank	1998 Rank
1	General Electric(USA)	2	11	14
2	Hewlett-Packard(USA)	3	8	7
3	Buckman Laboratories(USA)	1	4	12
4	World Bank(International)	10	-	-
5	Microsoft(u=USA)	6	1	9
6	BP(UK)	16	2	20
7	Siemens(Germany)	17	13	18
8	Skandia(Sweden)	11	18	13
9	McKinsey & Company(USA)	-	-	-
10	Cisco Systems(USA)	5	-	-
11	Andersen(USA)	4	14	6
12	Ernst & Young(USA)	7	5	4
13	KPMG(USA)	-	-	-
14	Xerox(USA)	8	3	5
15	International Business Machines(USA)	13	12	8
16	Accenture(USA)	14	6	15
17	Clarica Life Insurance(Canada)	-	-	-
18	Royal Dutch/Shell(The Netherlands/UK)	19	10	-
19	Sony(Japan)	-	-	-
20	Schlumberger(France/USA)	-	-	-
Table 2:2001 MAKE Award Winners.				

資料來源：引用自陳永隆、莊宜昌（2005）。

製，而是應同時考量到企業內部的影響因素。畢竟知識管理的
推行，主要影響因素還是在於企業內部。

✛ 知識與獲利的迷思

根據KPMG-Report 2002以知識管理的預期效益與實際達成
效率比較，針對美國、歐洲423家大型企業進行訪談中，知識管
理最明顯的實際成效是：知識管理有助於企業作出更佳的決
策、可以提高顧客的掌握度、可以更快反應市場的變化、並且
增加員工的知識及技能（KPMG consulting，2000）。

在企業增加獲利方面，預期與實際達成的成效有較大落

表1-4　Top 20 MAKE於2001年各評比項目之優勢

	Success in Establishing an Enterprise Knowledge Culture:	Top Management Support for Managing Knowledge:	Ability to Develop and Deliver Knowledge-Based Goods/Services:	Success in Maximizing the Value of the Enterprise's Intellectual Capital:	Effectiveness in Creating an Environment of Knowledge Sharing:	Success in Establishing a Culture of Continuous Learning:	Effectiveness of Managing Customer Knowledge to Increase Loyalty/Value:	Ability to Manage Knowledge to Generate Shareholder Value:
1 General Electric(USA)	ˇ	ˇ		ˇ		ˇ	ˇ	ˇ
2 Hewlett-Packard(USA)	ˇ		ˇ	ˇ	ˇ	ˇ	ˇ	ˇ
3 Buckman Laboratories(USA)	ˇ	ˇ	ˇ	ˇ			ˇ	ˇ
4 World Bank(International)		ˇ	ˇ	ˇ	ˇ			
5 Microsoft(USA)				ˇ			ˇ	
6 BP(UK)	ˇ	ˇ						
7 Siemens(Germany)			ˇ			ˇ		
8 Skandia(Sweden)								ˇ
9 McKinsey & Company(USA)	ˇ				ˇ	ˇ		
10 Cisco Systems(USA)				ˇ				ˇ
11 Andersen(USA)								
12 Ernst & Young(USA)						ˇ		
13 KPMG(USA)			ˇ					
14 Xerox(USA)								
15 International Business Machines(USA)		ˇ						
16 Accenture(USA)							ˇ	
17 Clarica Life Insurance(Canada)								
18 Royal Dutch/Shell(The Netherlands/UK)								
19 Sony(Japan)								
20 Schlumberger(France/USA)								

資料來源：引用自陳永隆、莊宜昌（2005）。

差，代表知識管理的導入與企業財務獲利的直接關係，中間還存有許多相關的配套關鍵因素，例如：商業模式結合、公司營運方向等。企業獲利的決定因素不只在於是否成功推行知識管理；企業在推行知識管理時，不應以知識管理是否大幅提升企業獲利來決定其成敗，而應同時觀察非財務構面的成長與改變，才能避免陷入知識與獲利的迷思中。

❖ 知識價值的迷思

個人或企業要創造知識的價值，不僅在吸收知識或分享知識而已，個人或企業過去所累積的核心能力、現在的行動能力、未來趨勢的學習能力，其所占的比重更高、影響更直接，企業知識管理的過程中，即有助於培養上述的重要能力。

知識管理不是萬靈丹，知識管理無法解決企業所有的問題。根本的原因，還是在於企業與個人的體質是否健全、是否具備足夠的競爭力。企業知識的價值主要由企業過去的累積能力、現在的行動能力、以及對未來趨勢的學習能力組成，再乘上企業內部吸收知識與分享知識的能力，亦即企業知識擴散的能力。知識愈容易分享，愈多人使用，整體知識的價值愈會呈現倍數增加。

1.5 知識管理迷思的破除

要破除前一章節所提出的種種知識管理之迷思，吾人可以由以下幾點要項來討論：

❖ 成立知識審核小組

許多企業常詢問知識如何自動分類？大量蒐集到的資訊或文件如何自動轉換為知識？以科技的發展現況來說，資訊自動變為知識的過程，必須仰賴有學習能力的人工智慧或專家系統技術。但若想要今日的資訊技術能取代人類對知識價值的篩選或過濾工作，目前的發表成果均不足以大幅應用在企業對資訊或文件轉為知識的應用（Tiwana，2000）。因此，我們才會在輔導企業過程中不斷提醒企業，不論企業內部或外部的知識來

源，都必須由知識審核小組來執行此一重要任務，以專業與經
驗從事知識的篩選、過濾與分類工作。

✛ 成立外部顧問團隊

　　有些企業常詢問，是否有適合企業本身導入知識管理的專
業顧問團隊？要投資多少經費才能把專家納入公司體制？一般
而言，企業要把專家延攬成公司員工，往往成本較高且有所困
難，而且每個專家的身價與要求都不一樣。但是，划算合理的
專業顧問團隊，其實可以在網路及實體的世界中取得雙贏的合
作模式，重點在於企業如何應用虛擬團隊、資源整合的概念，
與專家一起分享知識，讓知識同時替專家、替企業創造優勢。
專家的智慧協助企業提高競爭力，而企業的智慧亦協助專家產
生競爭優勢，在專家與企業雙邊能夠互相成長的情況下，自然
不必擔心找不到適合企業的專業顧問團隊。

✛ 清楚知識管理技術平台的角色

　　有些企業面對市面上各種知識管理的技術平台，往往不知
如何抉擇。其實企業在尋求國內外大廠商的技術產品時，必須
瞭解許多平台都只是不同公司開發的元件組合出來的，只有少
數幾個系統是真正從無到有的研發成果；甚至部分的知識管理
平台是資訊公司、科技公司或軟體公司，將以前的產品重新包
裝，便稱之為「知識管理套裝軟體」。所以，與其在各種知識管
理平台中尋尋覓覓，不如認真思考企業內部到底要什麼流程。
但是否擁有知識管理技術平台，與能否成功導入知識管理之
間，並沒有絕對的關係。

　　知識管理是不是一定要進行企業e化？是否一定要有資訊科
技？如同前面所提到的，科技只是工具，而不是目的，但運用

科技的確能加速知識儲存、分享與流通,企業對於變動快速的商業環境才能有敏銳的反應。如同老祖先時代,同樣也有所謂的知識管理,但要調出某個關鍵字的知識查詢時,採用人工方式,可能無法完整、快速地搜尋,然而在現今資訊科技的時代,我們可以透過資訊技術,一下子將全部資料搜尋出來。

但我們還是要強調,使用完整的知識管理平台,並不代表企業就能成功地推展知識管理。與其不斷地尋覓一個好的技術,反而應該先擬好正確的企業流程,才能讓企業的知識管理真正動起來。

❖ 導入知識價值貢獻度

知識管理最終之目的是要協助企業創造有用的價值,可是到底知識的價值要如何量化?其實可在企業導入知識管理的同時,結合價值管理的技巧,建立知識價值貢獻度的指標,以瞭解知識管理的成效對企業的貢獻度為何。

我們可以利用平衡計分卡協助企業在不同面向,像是財務、顧客、流程、或員工成長、資源整合、全面創新等構面,建立量化指標與評估方式。加上用知識獲利指數進行有形與無形效益的量化,以及結合知識價值鏈方法,透過知識管理與價值管理,以取得企業內部的認同目標與評估標準。

1.6 新一代知識管理

新一代知識管理
new generation
knowledge
management

新一代知識管理與早期知管理的不同之處,在於新一代知識管理併入企業哲學、策略、目標、實務、系統與程序,以及新一代知識管理變成每位員工日常生活與動機中的一部分,新一代知識管理的不同點,在於其所關切的是整體的企業績效,還有企業中的每個人。

新一代知識管理(new generation knowledge management,簡稱NGKM)與早期知管理的不同之處,在於新一代知識管理併入企業哲學、策略、目標、實務、系統與程序,以及新一代知識管理變成每位員工日常生活與動機中的一部分,新一代知

識管理的不同點,在於其所關切的是整體的企業績效,還有企業中的每個人。新一代知識管理強調運用所有可用的科學與專業見解,為企業提供最佳的知識管理協助。新一代知識管理的實施,為有系統的與其他的實務與行動相結合,不但有企業內的作法,還包括了與外在團體的互動。

茲將新一代知識管理的特徵,列示說明如下要項(蕭志彬編譯,2004):

❖ 廣博又主動積極的企業哲學與管理信念,而不是靜態又機械化的控制

新一代知識管理所追求的是「反泰勒式」及「反命令控制式」的管理模式。新一代知識管理的模式在於提供清晰的領導力,瞭解並相信員工在知識淵博、被賦予合宜的行動自由與授權、充滿支持文化的工作環境、並能對自己的行動負責時,員工可以表現得更好、更有效能地支援企業的成功。新一代知識管理的模式,如許多企業所實行的,極為仰賴管理者與領導者的典範實例、主動積極的心態及靈活應變的行為,以利用機會並適應改變。這個模式為員工的福利與動機著想,還進一步地縮減知識管理中,以科技為基本的觀點,反而採行「以人為主」的觀點來看待企業事務,創新與學習的能力,並把智慧資本視為企業資本的一部分。

隱含在這種管理模式背後的哲學與信念,所奉行的觀點遠比許多企業已發現的還要廣博。這種管理模式所採用的是許多研究已證實的,若組織「正確」對待員工,組織的生產力就會增進30%～40%。尤其除了要考量短期的營運及生存需求之外(例如:財務目標),還要深思熟慮地注重企業的長期生存,像是員工、社會與環境。

✛ 知識為主的企業策略與實務

實行新一代知識管理的企業,把知識相關的機會與力量利用在策略上。有些企業以特別發展的知識能力,用以發展新市場;例如:為財務服務業的客服代表發展專業能力,以傳達新領域的建議給客戶。有些企業則慎重、密切地與客戶群力合作,依據特別研發的知識資產來發展新產品與服務。這些作法與一般的研發活動大不相同,其特別注重創造知識,如槓桿原理般以最小力量將知識發揮到最大,擴展至新的層面。

✛ 管理知識與智慧資本的心態

新一代知識管理的推動者發展出全企業的共同思考態度;既然人們的心態是企業文化的主要驅策力,這個文化就會變成以知識為主,甚至是有知識警覺性(knowledge-vigilant)的。

知識警覺性
knowledge-vigilant

既然人們的心態是企業文化的主要驅策力,這個文化就會變成以知識為主,甚至是有知識警覺性的。

✛ 系統化、自我維持與自我更新的知識管理實踐方式

新一代知識管理的實踐方式是系統化的,而且已成為文化中的一部分,被企業內部的各處員工所分享、理解與普遍實行。因廣泛的分配與運用,使全企業的人加以採行並可持續的自我維持。此外,經由各階層人們不斷的創新,使新一代知識管理的實踐更佳、更有效能,結果導致知識穩健地改善與自我更新。

✛ 企業及環境的系統觀點

在主動積極的企業中,任何層級的管理者與人員傾向於採用知識相關流程的系統化觀點。他們認為企業是由許多緊密群

聚的動態系統或流程所組成，這些系統或流程會影響每個人，並且因外部的影響或內在動力而造成改變；他們也把企業視爲更大系統的一部分（連同客戶、競爭對手、供應商、政府、社會、環境、經濟等）。當人們以系統觀點工作時，人們傾向於認爲他們的工作與他們的行動是整體的一部分。

❖ 有警覺地應用最近的知識管理實踐與基礎建設

知識管理的實踐方法仍不斷地發展中，更新、更有效能的選擇方案不斷產生。漸漸地，這些方法改善我們對智慧資產相關流程與機制的瞭解，這些流程與機制在性質上，可能是認知的、心理學的、社會的、組織的、經濟的或是科技的。隨著新知識管理方法發展出來，會取代一些舊的方法，但是整體來說，目前一些建構良好的知識管理方法大都是很有效能的，並

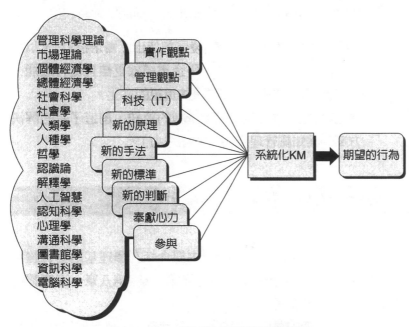

圖1-5　新一代知識管理的建構層面
資料來源：wiig（2004）。

且能持續創造出優良的企業價值。新一代知識管理的實務推動者會遵循知識警覺的原則，儘可能採行那些就企業目標而言，是具有最佳成本效益的知識管理作法。

此外，新一代知識管理的挑戰為：知識管理觸及到人類的行為、態度與能力，以及企業經營哲學、模式、營運實務及複雜的科技。建立與執行知識管理涵蓋了許多原理，並且引進新的層面，如同（圖1-5）所示，這些原理與層面常需要整合，以產生合於適當策略與支援實作的功用，來達成執行目標。

我們週遭的世界不斷在變；企業界研究新的策略，發展新的產品與服務，構思出更好的營運方式，所有的一切都是為了要確保成功及永續生存。科學家進行新發明，拓展我們對許多領域的理解。科技人員研發出新的器材與方法，所有的這些進展一旦實行，就會帶來進步。兩種廣泛發展的知識管理領域正前後相隨並進，影響到知識管理的價值與接受度。此兩種領域為需求拉力（demand pull）與供給推力（supply push）：

> **需求拉力**
> **demand pull**
>
> 管理與營運的哲學及實作發展創造出「需求拉力」，以追求智慧資本相關的能力，使企業績效更佳且更有效能，形成一種對智慧資本資產更加重視的文化。

> **供給推力**
> **supply push**
>
> 科技的進步加上對於實務機制的認知，創造了新的解決方案，為知識管理產生「供給推力」。

- 管理與營運的哲學及實作發展創造出「需求拉力」，以追求智慧資本相關的能力，使企業績效更佳且更有效能，形成一種對智慧資本資產更加重視的文化。
- 科技的進步加上對於實務機制的認知，創造了新的解決方案，為知識管理產生「供給推力」。

1.7 本書內容架構

本書在內容架構的安排上，主要含括有學理基礎與實證研究兩大部分，其中學理基礎部分為第一章至第八章，而實證研究部分為第九章至第十五章。

在知識管理的學理基礎部分，討論有：知識管理的演進歷程（第一章）；知識的基本概念（第二章）；知識管理的基本概念

（第三章）；知識管理的學理觀點（第四章）；知識管理的架構觀點（第五章）；知識管理的模式觀點（第六章）；知識管理的推動案例（第七章）；以及知識管理的模式建構（第八章）。

　　在知識管理的實證研究部分，討論有：壽險業知識管理（I）（第九章）；壽險業知識管理（II）（第十章）；旅館業知識管理（第十一章）；精品旅館業知識管理（第十二章）；金融業知識管理與創新策略（第十三章）；壽險業知識學習（I）（第十四章）；以及壽險業知識學習（II）（第十五章）。

重
點
摘
錄

- 經濟體系的階段特徵大致可以分成三大類：即17～19世紀初期的農業經濟時代；19～20世紀末的工業經濟時代；20世紀末開始的知識經濟時代。

- 從1990年的「新經濟」時代開始，至今方約十年，又迅速地轉換了兩個經濟時代，分別是「知識經濟」時代和「即時經濟」時代。

- 新經濟時代的企業，企業e化成為必然的變革，企業的新價值觀變成以顧客為導向，以及80／20法則之應用，速度成為企業決勝的關鍵，資訊及數位工具的應用是這個時代的新工作模式。

- 知識經濟時代下，企業最大的變革是開始導入知識管理，以最佳經驗與學習型組織為基礎的工作模式儼然成形，企業必須建立全新的知識價值觀，並且落實知識分享的文化。因此，企業能否不斷創新及持續學習，便自然成為決勝的關鍵。

- 即時經濟時代的企業朝向多元價值發展，懂得如何運用資源並成功整合資源成為企業成功的關鍵要素，辦公室文化也逐漸轉為行動辦公室及虛擬工作團隊，動態企業管理將成為企業最大的變革與挑戰。

- 知識管理，正是在動態願景、動態任務、動態策略的潮流中，可以協助企業更精準地判斷趨勢並保持競爭優勢的學問。

- 全世界知識管理的演進發展過程為：1998年以前為知識擷取階段，主要發展重點是知識的儲存及擷取；1998年至2000年為知識連結階段，主要發展重點是發掘及維護人與資料物件的連結；2000年迄今為協同運作階段，主要發展重點是知識社群。

- 知識管理演進的十項影響因素：知識是競爭的基礎；核心能力與能力管理；組織再造、全面品質管理；網際網路、群組軟體；網路／虛擬組織；內隱與外顯知識；分享最佳範例；學習型組織；智力資本；全球化。

- 知識管理的迷思：知識管理只是一個概念的迷思；知識管理的導入重點為資訊科技的迷思；知識價值無法量化評估的迷思；知識管理的重點是知識的迷思；盲目模仿知名企業知識管理模式的迷思；知識與獲利的迷思；知識價值的迷思。

重點摘錄

- 知識管理迷思的破除：成立知識審核小組；成立外部顧問團隊；清楚知識管理技術平台的角色；導入知識價值貢獻度。
- 新一代知識管理（new generation knowledge management，簡稱NGKM）與早期知管理的不同之處，在於新一代知識管理併入企業哲學、策略、目標、實務、系統與程序，以及新一代知識管理變成每位員工日常生活與動機中的一部分，新一代知識管理的不同點，在於其所關切的是整體的企業績效，還有企業中的每個人。
- 新一代知識管理的特徵：廣博又主動積極的企業哲學與管理信念，而不是靜態又機械化的控制；知識為主的企業策略與實務；管理知識與智慧資本的心態；系統化、自我維持與自我更新的知識管理實踐方式；企業及環境的系統觀點；有警覺地應用最近的知識管理實踐與基礎建設。

重要名詞

知識經濟（knowledge-based economy）

即時經濟（now economy）

新經濟（new economy）

動態願景（dynamic vision）

動態任務（dynamic mission）

動態策略（dynamic strategy）

企業入口網站（Enterprise Information Portal，EIP）

國際資料公司（International Data Company，IDC）

商業社群（business community）

知識獲利指數（Knowledge Profit Index，KPI）

平衡計分卡（Balanced Score Card，BSC）

新一代知識管理（new generation knowledge management，NGKM）

知識警覺性（knowledge-vigilant）

需求拉力（demand pull）

供給推力（supply push）

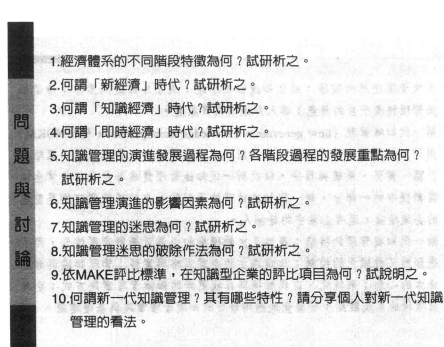

問
題
與
討
論

1.經濟體系的不同階段特徵為何？試研析之。

2.何謂「新經濟」時代？試研析之。

3.何謂「知識經濟」時代？試研析之。

4.何謂「即時經濟」時代？試研析之。

5.知識管理的演進發展過程為何？各階段過程的發展重點為何？
試研析之。

6.知識管理演進的影響因素為何？試研析之。

7.知識管理的迷思為何？試研析之。

8.知識管理迷思的破除作法為何？試研析之。

9.依MAKE評比標準，在知識型企業的評比項目為何？試說明之。

10.何謂新一代知識管理？其有哪些特性？請分享個人對新一代知識
管理的看法。

Chapter 2

知識的基本概念

本章節探討知識的基本概念，討論的議題有：資料、資訊、知識與智慧、知識的演進、知識的類別、知識價值、知識價值鏈、知識社群、知識轉型矩陣、知識創新、個人與企業知識演進，以及知識相關效能與效率。

2.1 資料、資訊、知識與智慧

Davenport與Prusak（1998）由過程（process）與庫存（stock）的觀點，來解釋資料（data）、資訊（information）、知識（knowledge）與智慧（intellect）四者的不同，而（圖2-1）為Sena與Shani（1999）根據兩位學者的論點，來繪製之相互流程架構，用以說明知識演進的過程。其中所呈現的程序，首由資料處理，進入資訊管理，再成為知識管理，而未來可預見的發展，則為智慧管理與價值管理。

❖ 資料

> **資料**
> **data**
> 「資料」是我們所觀察或蒐集之紀錄、符號、數字、文字，僅在於顯示事實，無特別意義。

「資料」（data）是我們所觀察或蒐集之紀錄、符號、數字、

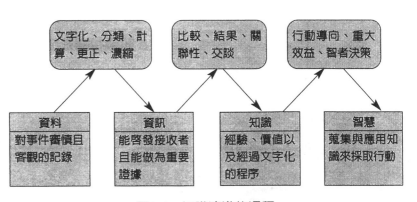

圖2-1　知識演進的過程

資料來源：修改自Sena & Shani（1999）。

文字，僅在於顯示事實，無特別意義。資料通常是一系列企業活動，即外部環境的事實，其來源則包括有：高度結構化資料庫中的資料、競爭者相關資訊、人口統計資料，以及其他市場資訊等；資料可能是**事實**（facts）、**圖片**（pictures）及**數字**（numbers），而且呈現時並沒有脈絡（context）。欲提高這些資料的價值，則必須靠著分析、綜合，以及將資料化為資訊與知識的能力。在資料管理的重要成功因素為：實施的標準與品質控制程序，使得資料能夠被有效及有信心地予以使用。除非是將其置於某種脈絡中而轉化為資訊，否則其甚少會直接對終端使用者具有價值。

✛ 資訊

「資訊」（information）為處理過的數據，是將經驗與構思加以整理的成果，是在某一脈絡中呈現有條理的資料。資訊是有目的整理來傳達意念，以文字敘述來表示資料、數據之關聯性和其意義的資料組合。資訊常被儲存在半結構化的內容中，例如文件、電子郵件、多媒體等。提高資訊的價值要求是欲使其易於搜尋與重複使用，讓組織不會重蹈覆轍，工作也不會重複進行。資訊管理之成功要因，在於傳達此一資訊之描述效能；相同的資料可用許多不同的方式來予以描述，以滿足各類使用者的需求。資訊只有在順應終端使用者之特別需求時，才會對終端使用者具有價值。資訊之產生是仰賴基於特殊輸出而設計的資料庫，或者由作者將其知識轉化成為可供他人使用之資訊。

✛ 知識

「知識」（knowledge）是經過分析處理的資訊；為一種資訊

> **資訊**
> **information**
>
> 「資訊」為處理過的數據，是將經驗與構思加以整理的成果，是在某一脈絡中呈現有條理的資料。

> **知識**
> **knowledge**
>
> 「知識」是經過分析處理的資訊；為一種資訊流動的綜合體，含有許多不同的元素；在脈絡中呈現有條理的資料。

流動的綜合體，含有許多不同的元素；在脈絡中呈現有條理的
資料。知識是開創價值之直接材料，是透過人的經驗、思考、
分析，而掌握資訊間相互關係的認知。知識包括有：結構化的
經驗、價值、文字化的資訊、專家獨特的見解，以及新經驗與
資訊的整合等。知識不僅存在於文件與儲存系統中，也蘊含於
日常例行的工作、過程、執行與規範中。

　　知識管理的重要成功因素，包括資訊與個人觀點間的協調
一致。唯有在被應用的情境脈絡中，知識才具有價值。發生資
訊轉化為知識之重要步驟，包括有：學習、獲悉、過濾、評價
及協調。雖然知識本身無法直接受到管理，但其將資訊轉化為
知識，並回饋回來之程序是可以管理的。Harris（1996）認為知
識是資訊、文化脈絡及經驗的組合（鄧晏如整理，2001），可見
知識管理並不只是管理知識，而更要促使個人在工作時能應用
智慧。

　　知識來自於資訊，就如同資訊是由數據分析而來一樣。知
識與資訊主要差異有（Nonaka & Takeuchi，1995）：

- 「知識牽涉到信仰與承諾」，也就是說知識關係著某種特
  定立場、看法或意圖。
- 「知識牽涉到行動」，因此知識通常含有某種目的。
- 「知識牽涉到意義」，亦即其與某些特殊情境互相呼應。

　　因此，知識廣泛的定義，係為資料、資訊、知識與智慧的
集合。

智慧
intellect

「智慧」是知識應用與行
動後，所產生有價值的
結果或效益。

智慧資本
intellectual capital

智慧資本是指，每個人
能為企業帶來競爭優勢
的一切知識與能力的總
和。

❖ 智慧

　　「智慧」（intellect）是知識應用與行動後，所產生有價值的
結果或效益；而智慧資本（intellectual capital）則是指，每個人
能為企業帶來競爭優勢的一切知識與能力的總和（Steward，

1997）。智慧能自動地判斷，採取適當對應的能力；資料、資訊、知識則為處理固定狀況的能力。在變動激烈的時代中，必須擁有以智慧思考與應用的能力，單只憑知識難以建構競爭優勢。

O'Dell與Grayson（1998）認為知識的範圍，較智慧資本來得廣泛，兩位學者將知識視為是動態的產物，也就是在一擁有資訊的組織中，人員行動與互動之結果。智慧就是明白、理解或創造知識的能力，理性或高度使用智力的才能。若由知識到智慧，依其重要性高低可排序如下：

- **認知型知識**（cognitive knowledge）或稱基本知識（知道什麼，know what），某項原理的規則與事實，是專業人員通過廣泛培訓與認證，而掌握的一門學科的基本知識（孟慶國等譯，2000）。
- **高深的技巧**（advanced skills）或稱技術訣竅（知道如何，know how），是把書本知識轉化為有效經營實踐的能力，把一門學科的知識應用到解決現實世界中的問題上去，這種能力是最普遍創造價值的專業能力。
- **系統理解**（system understanding）或稱深刻知識（知道為何，know why），是對一門學科所包含的因果關係，所掌握的、較深入的知識。應用這種知識，專業人員能夠超越具體任務的執行，去解決更大、更為複雜的問題，以創造出更大的價值。掌握深刻知識的專業人員，可以察覺微妙的聯繫，預見難以想到的後果。
- **動機性創造力**（motivated creation）、發現或發明（在乎原因，care why），使兩項或三項原理相互關聯以產生全新效果的能力，包括：獲取成功所需的願望、動機及適應能力。受到高度激勵、富於創造性的群體，常常可以勝過那些實物或資金資源占優勢的群體。如果缺乏自我

激勵，知識領導者可能會因自滿，而失去其知識優勢。
他們可能無法積極地進行自我調整，以適應變動的外部
條件，尤其是更新自己那些需要淘汰的知識。

· **統合與專業直覺**（synthesis and trained intuition）、覺察方
法與原因，瞭解或預期無法直接測量的關係的能力。智
慧不僅存在於人腦，也可以由組織系統、資料庫或作業
技術中獲得（洪明洲譯，2000）。

在實際生活中，資料、資訊、知識及智慧之間的關係，並
不是離散的，從整體來看，它們之間是連續統一的。VISA創始
人Hock指出，許多相關的資料就構成資訊，經過與其他資訊相
互連結而提升意義。資訊與其他資訊整合有助於決策、行動或
構成新知識，就成為知識。知識與其他知識結合，有助於構
思、預期、評估及判斷，就成為理解。理解以目的、道德、原
則、過往的記憶與未來的憧憬，長期累積可以形成智慧（李明
譯，2000）。因此，智慧則是透過行動及應用來創造價值，超越
現在科技或知識的邊界，係判別是非善惡之最後一道哲學。

茲將不同學者對資料、資訊、知識與智慧的觀點，綜整比
較列示於（**表2-1**），以說明不同論點間的看法與差異。

2.2 知識的演進

本章節針對知識的演進作探討，說明如何轉資料為資訊，
如何再轉資訊為知識，以及知識如何在組織內流轉。

✛ 轉資料為資訊

資料（data）與資訊（information）本身並不是知識。根據
O'Dell與Grayson（1998）的看法，資料可能是沒有脈絡或未經

表2-1　資料、資訊、知識與智慧彙總表

分類	定義或解釋	出處
資料	資料是表示記錄、儲存、保留的數據。	Spiegler（2000）
	可以顯示某一時間點的統計數字及定量數字的資料，亦即原始資料。	勤業管理顧問公司（2001）
	資料是知識管理的最底層結構，未經處理消化，屬於初級素材。	吳行健（2000）
資訊	資訊是瞭解（knowing that）以及資料處理過的結果。	Spiegler（2000）
	以所得的資料當成題材，依所需目的加以整理，藉以傳達某種訊息。	勤業管理顧問公司（2001）
	訊息（message）賦予意義後，就成為資訊（information）。	Nonaka（1994）
	資料往上一層就是資訊，將資料有系統的整理，以達傳遞目的。	吳行健（2000）
知識	知識則是知道如何（knowing how），並且是資訊處理過後的結果，其過程包括：重新整理、量化、質化、分群、學習以及散佈等。將知識定義為有充分根據的信仰，以個人求真為目標，不斷調整自我個人信仰的動態人文過程之產物。	Spiegler（2000）
	「知識牽涉到信仰與承諾」，也就是說知識關係著某種特定的立場、看法或意圖。另外「知識牽涉到行動」，因此，知識通常含有某種目的。最後「知識牽涉到意義」，亦即它和特殊情境互相呼應。	Nonaka & Takeuchi（1995）
	資訊經過重整後，就轉換為知識（knowledge）。	Nonaka（1994）
	知識是結合資訊、經驗、文書、說明及其所引起之反應。	Davenport, De Long & Beers（1998）
	所謂知識是一種有價值的智慧結晶，並可以資訊、經驗心得、抽象的觀念、標準作業程序、系統化的文件、具體的技術等方式呈現，幫助人們把資訊轉換為決策與行動，且本質上都必須具備「創造附加價值」的效果，否則就不能稱之為知識。	劉常勇（1999）
	乃是一種藉由分析資訊而能掌握先機的能力，亦是開創價值所需的直接材料。	勤業管理顧問公司（2001）
	資料往上的第三層結構則是知識，這是開創新價值的直接材料，也是沿襲自經驗的觀念。	吳行健（2000）

表2-1　資料、資訊、知識與智慧彙總表（續）

分類	定義或解釋	出處
智慧	知道什麼時候以及知道預測的狀況（knowing when and if）。	Spiegler (2000)
	最上一層結構為智慧，是組織與個人運用知識開創新價值，用行動來檢驗與更新知識的效果。	吳行健（2000）
	是一種以知識為根基，運用個人的應用能力、實踐能力來創造價值的泉源。	勤業管理顧問公司（2001）

資料來源：引用自陳永隆、莊宜昌（2005）。

解釋之事實、數據，資訊也是資料的型態，但兩者均不是知識，因為知識是可行動之資訊。因此，區分知識、資料及資訊的差異，就顯得格外重要。資料本身只擁有相對較低的價值，其是可由諸如網際網路取得之資源。當知識運用至資料上時，其會變成資訊。資料受到解釋，加上脈絡則變成可資利用。此種技術存在於確定什麼會對組織的運作，具有策略性或戰術性之價值，然後記錄並加以利用，而且必須在組織淹沒於無用資料之前，揚棄其他無用的資料（PLAUT International Management Consulting，2000）。

　　將資料加以解釋並賦予意義，就是資訊，誠如Zack（1999）所言：「資料代表從脈絡中所獲得的事實與觀察，將資料放在某個有意義的情境中，其通常會以訊息（message）形式呈現，所獲得的結果就是資訊」。更具體而言，就是Davenport與Prusak（1998）所提出，透過五項方法為資料賦予價值，使其轉變成資訊，整理如（表2-2）所示。

✦ 轉資訊為知識

　　資訊與知識間的差異性，如（表2-3）說明，雖然資訊與知識有很大的差異性，但是知識來自於資訊，就如同資訊是從資

表2-2 資料轉換為資訊的方法

方法	結果
濃縮（condensed）	將資料摘要成更簡潔的形式
脈絡化（contextualized）	知道資料蒐集的目的
計算（calculated）	透過數學或統計方法來分析資料
分類（categorized）	知道資料分類的重要項目與分析單位
更正（corrected）	排除資料中的錯誤

資料來源：Davenport & Prusak（1998）。

表2-3 資訊與知識之差異

資訊	知識
資訊與資料相連接	知識、資訊和資料有關，但可能並未相連接
資訊通常是大量的	知識的數量相對較少
資訊有時以脈絡為基礎	知識總是處於脈絡之中
資訊可由人員與電腦創造出來	知識只能由人員予以創造
資訊較易於瞭解與轉移	知識是頑固的，而且有相當程度是以脈絡為基礎的
資訊通常是靜態的	知識通常是動態的
資訊是單循環學習	知識是雙循環學習
資訊容易結合	知識需要有形成意義的架構
資訊之創造與維持是昂貴的	知識之創造與維持更加昂貴
資訊可由任何人於任何時間予以使用	知識通常有時間性與目標性之限制

資料來源：Coleman（2000）。

料轉變而來的一樣，誠如Dretske（1981）所說：「資訊是可以產生知識的材料，知識是資訊創造的信仰。」（Coleman，2000）。

Davenport與Prusak（1998）則更具體地說明資訊轉變成知識有四個方法，整理如（**表2-4**）所示。

知識是思考工具，而資訊則是思考結果的呈現；資訊支持知識，但卻不能取代知識。資訊可以用數位型態加以儲存處理，但知識卻僅存在於人的智慧系統中。當把人的知識轉化為電腦可接受的資訊時，知識的某些特質會遺失。因此，縱然是

表2-4　資訊轉換為知識的方法

方法	結果
比較（comparison）	這種情況與以往曾遇到的有何不同？
結果（consequences）	這個資訊對決策與行動有什麼啟示？
關聯性（connections）	這些知識與其他的知識有何關聯性？
交談（conversation）	其他成員對於這個資訊的感想？

資料來源：Davenport & Prusak（1998）。

最好的管理資訊系統（Management Information System，簡稱 MIS），也無法處理知識。用更簡單直接的方式表達，就是 Marchand（1998）所提出，知識與資訊之間存有持續不斷轉換的關係。

　　我們的組織可能會布滿資訊，但除非人員加以使用，否則它並不是知識。當組織不可能擁有太多的知識時，卻有可能擁有過多之資訊。的確有許多組織已發現，由於電子媒介可較快速傳送大量的資訊，結果帶給員工的不是過度自信，反而是過度負荷；摸索甚過於聚焦，氣餒甚過於預先準備。因此，根據 O'Dell與Grayson（1998）的觀點，知識是行動的資訊（knowledge is information in action）。知識是組織人員對於顧客、產品、程序、失誤與成敗所擁有的知識，無論這種知識是隱性或顯性均是如此。總而言之，知識較資訊來得更為重要。

❖ 知識連續體

　　Abram（1997）將知識視為一個連續體，來敘述三者之關係及其管理。知識創造與使用的過程可視為連續體，如（表2-5）所示，在此連續體中，資料會轉化為資訊，資訊也會轉化為知識。

❖ 組織內知識的流轉

　　瞭解資料、資訊與知識的差別，對於政策的有效執行非常

表2-5　知識的連續體

轉變	資料	資訊	知識
選定的動詞	蒐集 資料庫管理 電腦記錄 記錄管理	陳列 繪圖 格式化 圖案 顯示 出版 描繪	獲悉 學習 過濾 評鑑 協調
經由資訊專業 人員之轉化	標準化 界定領域 標示 組織 聚集 格式化	索引 目錄 選擇 組織 傳送 格式化 增進 改進	服務 詮釋 教育 訓練 找尋 引領 指導 改進
科技之介入	電子的轉換 來自印表機 超文字標記語言 變換 電子的聚集 影像／本文格式化	流程再造中的「企 業流程」再造 網路 電子的配置 電子的分布	團隊網路 網內網路 搜尋工具 全球資訊網 決策支援系統
關於未來的問題	目標在於個人需要時 將其轉變為資訊，如 此針對大眾化市場需 求的大型資料庫角色 是否會因而式微？	是否增加資訊交易 的數量會使組織更 為成功？或者我們 應該重視此種交易 的品質？	如果我們接受知 識只能有效儲存 於個人的大腦之 中，我們如何儲 存資訊，以使其 能像知識一樣被 快速吸收？

資料來源：Abram（1997）。

重要。知識分享是指知識的轉化，最終目的在使組織累積足夠
的知識。建立外顯知識是組織的終極目標，知識一旦從內隱轉
為外顯，並融入公司各項運作中，就不會消失，不像員工會離
職一樣。

　　然而，這類知識在組織的資料庫中仍占極小比例，大約只有10%～20%左右。不過，有效的知識管理可以輕易地使這個比例增加一倍，並進而提升及確保組織未來的競爭力（余佑蘭譯，2002）。（圖2-2）說明資訊如何轉化為組織的外顯知識，由此可看見組織內知識的流動情形。

2.3 知識的類別

　　根據知識的性質而言，可能會有下述幾種知識的分類方式（楊政學，2004c）：

公共知識、個人知識

　　公共知識（pubilc knowledge）必須是顯性的知識；相對地，個人知識（personal knowledge）可以是顯性的（能夠公開與分享），或是隱性的（如果沒有被轉化成某種顯性呈現方式，則無法予以公開與分享）。公共知識之運用可能是有意識、審慎

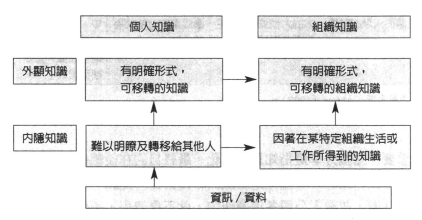

圖2-2　組織內知識的流轉
資料來源：余佑蘭譯（2002）。

或自動的方式，因為其已經成為一個人平常思維模式的一部分。因此，公共知識之使用情形，遠較我們通常所確認者為多。

公共知識需要有思考與使用的情境脈絡，也必須顧及每一特別情境會賦予每一項概念或想法之特別解釋。影響所及，知識也可能會變得個人化。它對於任何個人之特別意義端賴於使用，以及會受到個人認知架構的影響。此類使用過程會將這種概念，納入於個人的行動知識中，以利於未來之使用。然而未被使用之公共知識，則不易於再次使用。因此，公共知識的意義與感受之關聯性，深受其被使用或未被使用之歷史性影響。個人知識可取自於將公共知識個人化之過程中，或者來自經驗的學習。公共知識與個人知識通常會產生互動，但兩者所占比例之多寡則存有差異（Kudva，1999）。

❖ 程序性知識、陳述性知識、事實性知識、概念性知識

程序性知識（procedural knowledge）是指知道「如何」（how）的知識，亦可由行為表現者觀察取得之知識；陳述性知識（declarative knowledge）是指透過語言文字來描述的知識，這是容易傳達交換的知識；事實性知識（facutral knowledge）是指知道「什麼」（what）的知識，通常是植基於數據、圖表或發現等事實；概念性知識（conceptual knowledge）是指較為深層之知識，而且不易為他人所觀得之知識。前述四種知識的意義並不相同，解決問題需要程序性及陳述性知識，但也必須有植基於事實與概念性知識（Nijhof，1999； Tomaco，1999； Johnston，1998）。

✤ 個人知識、組織知識、結構知識

知識的另一種分類是：個人、組織與結構的知識。有一些組織專家進一步將企業組織的知識，區分爲個人、組織與結構的知識。個人知識只存在於員工的心智之中；組織知識是發生於一個團體或部門層級的知識；結構知識係透過程序、手冊及倫理信條，而存在於組織基礎中；任何前述三種知識，均有可能是顯性或隱性的知識（O'Dell & Grayson，1998）。

✤ 外部知識、內部知識

外部知識（external knowledge）是屬於傳統圖書館的服務範疇；成功的外部知識管理必須從本身提供的服務，來獲得持續不斷之改進。組織的外部知識來源，必須受到合理評價與整理，不論如何整理外部知識來源，其重點均在於擁有容易使用，而且易於取得的外部資訊搜尋系統，因而可以透過搜尋系統，以有效而統整的方式，將每一個地方的知識帶回組織。因此，外部知識的管理，一方面強調應用科技將組織內部傳承下來的資訊，轉化爲數位可搜尋之類型；另一方面則重視提供具統整性且有效的搜尋系統或工具。

要促使組織內部知識（internal knowledge）轉化爲可資利用之類型，可能是相對較爲困難的任務，因爲內部知識並非已是完整之知識類型。雖然進步的科技可以產生積極而正面的影響，但要促使存在於個別知識工作者腦內的知識，能夠於組織中流通並可資利用所面臨的挑戰，爲必須創建一種普遍分享的設施（pervasive sharing infrastructure）與文化（culture）。

雖然創造一項普遍分享的組織基本設施，會有助於知識的取得與分享；但如果缺乏分享式文化，將較無法充分掌握知識。知識分享的一般影響因素，含括有：聲望、表彰，以及個

人擁有的思想與理念。目標應是促使個人因願意分享知識，而在組織中得以提升其個人聲望並獲得表彰，最後才會形成一種分享式的組織文化（Brooking，1999； Morey，1998；O'Dell & Grayson，1998）。

外部知識較易於為組織所掌握與應用，但內部知識則相對較難予以直接取得並利用，因此必須建構分享式的基本設施，以方便組織成員分享彼此所擁有的知識。但更重要的是建立分享式文化，使得組織成員樂於與他人分享知識，在創建此種文化過程中，必須建立一種機制，以鼓勵人員分享知識，並樂於協助他人成長。

特定領域知識、公司的知識、導引性知識、整合性知識

Garrity與Siplor（1994）認為知識的類型，可以分為四種：特定領域知識、公司的知識、導引性知識及整合性知識。特定領域知識與專家進行決策直接相關；公司的知識與公司的價值、規劃、目標、目的、策略、政策及程序相關；導引性知識為操作與決策相關軟體及系統模式所需；而整合性知識，包括對整合前述三種知識所使用方式的瞭解（陳儀澤，2001）。

外顯性知識、嵌入性知識、內隱性知識

企業內部的知識，大抵可概分為外顯性知識（explicit knowledge）、嵌入性知識（embedded knowledge）與內隱性知識（tacit knowledge）等類型。其中，內隱性知識與外顯性知識的區分，如（表2-6）所示。

外顯性知識含蓋相當實體形式的知識，為客觀的理性知識、連續性知識與數位知識，可清楚地辨認，保存於產品、程

表2-6　內隱性知識與外顯性知識的區分

內隱性知識	外顯性知識
經驗的知識－實質的	理性的知識－心智的
同步的知識－此時此地	連續的知識－非此時此地
類比知識－實務	數位知識－理論

資料來源：Nonaka & Takeuchi（1995）。

序、手冊等具體型態中，可透過正式形式、標準化及系統性語
言傳遞，也可自知識庫中直接複製，並進行獨立的學習。廣泛
適用性、能夠被重複使用，以及與人分享是外顯知識的特點，
例如：書籍、文件、電子郵件等。因此，如何將知識經由整
理、歸納、分類、儲存等手段，而達到顯性的程度，並且能夠
十分便利地一再被使用，此即未來企業在知識管理活動中的重
點工作。

　　嵌入性知識為隱藏在某些社群或流程當中的知識，例如：
一套流程運作方式、產品與服務的內涵等；內隱性知識是一種
相當難以明顯化，或以實務方式來加以呈現，其為個人主觀的
經驗性、同步性、類比性知識，通常無法直接辨認，其保存於
個人身上、一般製程或關係等形式中，經由人際互動才能產生
共識。此類知識產生的成本較高，傳遞較費時，可重複使用機
會較低，通常應用於附加價值較高的作業活動上，例如：展示
說明書給一個生手看並依此作業，但該人員還是無法立刻做得
與熟手一樣迅速完美。

　　外顯性知識（explicit knowledge）可見諸於書籍與文件、白
皮書、資料庫（databases）及政策手冊之中；相對地，內隱性
或未分類編碼的知識，則源自於員工大腦、顧客經驗，以及過
去供應商的記憶，而且是一個人可供他人檢視之知識。此種知
識可透過言辭予以說明，但通常會以書面方式呈現，亦即是書
寫下來的知識。外顯性知識的種類，包括寫在手冊或其他文件
中之事務流程書面說明，例如：如何更換汽車輪胎，或如何組

裝傢俱等知識。

　　簡而言之，內隱性知識包含技術構面與認知構面，在技術構面包括：無法公式化與難以具體說明的技巧或專門技術；在認知構面則包括：心智模式、信仰與知覺力，塑造出個人感知外界的方式（鄧晏如整理，2001）。Nonaka（1994）認為知識是一種有價的智慧結晶，可以資訊、經驗心得、抽象的觀念、標準作業程序、系統化的文件及具體的技術等方式呈現。同時，知識的本質必須具備創造附加價值的效果。

　　在實務性探討上，內隱性與外顯性並非絕對對立，而是一個連續體，雖然通常從兩極端來予以理解。外顯性知識是容易予以指認的知識，其能以一致性與可重複性方式來重複使用。外顯性知識可能儲存成為一手冊中之書面程序，或電腦系統中的一項程序。講習會之書面程序、檢視財務資料書寫下來的評論、幾分鐘的會議記錄等，所有前述均是可使用來協助作決策與行使判斷之外顯性知識。人工製品（artifacts）常是外顯性知識之儲存媒介，而其是人造的並且存在成為一種可測量、指認與分配之有形或虛擬實體。基本上，外顯知識大抵以數據、資訊的型式呈現，其易於流通、分享，且可蓄積於資料庫，再經過網路分享，如經由網際網路（internet）、企業內網路（intranet）之建構來分享知識。

　　相對的，內隱性知識是相當不同的。內隱性知識是我們單純知道的事務，也許本身並沒有予以解釋的能力，但我們可由人員的行為中觀看到此類知識。內隱性知識成為我們日常生活之媒介，人類能夠從各類經驗之中取出所需要的部分，並與出現的資料相結合，以及使用直覺來填補之間的空缺，而做成最佳之決策，這些決策之形成與重複，大都是屬於次意識層次運作之結果。基本上，內隱知識大都為經驗能力，其不易流通、分享，多蓄積於個人，經由互動分享，且經由組織結構制度、設計來達成之。

很重要的是,分享內隱性知識的行動總會創造出某種新的事務。外顯性知識是可以購買、盜取或重複之發明;但內隱性知識是獨特的、革新動力之所在,以及是能夠在決策上即時的回應行動。信賴是使用內隱性知識之關鍵;天真與好奇心是重要的技能,人員可透過此種技能來挑戰本身既已接受的智慧,包括組織既已建立之程序(外顯性)或既已建立的實務(內隱性)。人類的信賴、天真與好奇,是知識管理之重要用語(Snowden,2000a)。

✣ 熟知的知識、未察覺的知識

Bukowitz與Williams(1999)提出另一種檢視知識的途徑,而且他們認為可能會比內隱性知識相對於外顯性知識之區分,對於組織更有助益。**熟知的知識**(known knowledge)是指個人知道親身獲悉的事務;**未察覺的知識**(unknown knowledge)係指個人並不知道本身獲悉的知識,因為此種知識是隱含於其工作之中。前述兩種知識對組織均是相當重要的,而且知識管理是關注於分享此兩類知識。

一般而言,有如下兩種途徑可用來管理前述的兩類知識:

✤ 協助分享本身熟知的知識

一個人可能知道相當多關於行銷管理的知識,但除非將它寫下、發表、指導其他人或透過演講,否則此種知識僅能使擁有者本人獲益,其他人不得其門而入,因而無緣獲得此種知識之利益。有許多可供組織使用的工具或方法,包括以科技為基礎或以人員為基礎的方法或工具均有可能,以便協助轉化為資訊,並協助人員溝通與分享本身所熟知的知識。

整體而言,特別是如果以資訊科技為基礎時,知識管理是關注於熟知的知識。大多數公司會宣稱「轉化隱性知識為顯性

知識」，但事實上並非如此。公司試著使人員分享本身所熟知的知識，但並沒有思考分享之相關問題。通常會有較諸缺乏時間更為深層的理由，可用來解釋為何人員不願分享知識，指認並去除這些障礙是成功知識管理之要素。

❖ 協助清楚敘明且分享本身並不知道自己所獲悉的知識

有人可能已投入好幾年時間來服務某一特別的顧客，其可能是如此專精於從事此類服務，某種重要的操作方法已變成習慣，因而可不假思索地如同自動化工具般，來完成工作之例行程序。將此類知識帶至較有意識的層次，因而可與他人分享。通常對人員而言，這並非是一個熟悉的過程。嘗試著瞭解有什麼可由某一特殊工作經驗中學習的知識，團體亦可經歷此種不熟悉的過程。

使人員清楚敘明本身未察覺的知識，需要熟練的觀察、便利化與訪談技術，以及將知識分類編碼成為許多人均可利用的類型。但是轉其他人員本身並未察覺的知識使其成為資訊，可能不是予以轉移之最佳方式；而嘗試使用資訊來呈現此類知識時，有一些知識會在轉化過程中流失。避免因為「將隱性知識外顯化」而浪費知識能源，組織可採行之較佳方式，可能是重視隱性對隱性（tacit-to-tacit）的知識轉移型態。一般有助於隱性對隱性的知識轉移之技術，包括有：輔導、職場經驗、師徒制關係，但其弱點在於所產生的知識轉移，僅限於少數之接獲者。

目前我們已擁有資訊與資訊科技對於知識管理影響的較完整瞭解，而標準的資訊科技，諸如資料庫與網內網路，已加速組織中熟知知識之傳遞；新的資訊科技將會更普遍支持未察覺知識之轉移。例如：透過人造衛星之視訊會議，可容許人們觀看表演，並從事近似隱性對隱性知識轉移的即時對話。資訊科技創造高科技、高思維之環境，以加速知識傳遞的程度，並且逐漸模糊知識類型之間的區分。

❖ 核心知識、精進知識、創新知識

若吾人以企業的知識為縱軸，競爭者的知識層級為橫軸，則可將知識劃分為核心知識、精進知識與創新知識（李金梅譯，2002），即構成所謂「知識地圖」的概念，如（圖2-3）所示。

所謂核心知識，係指參與遊戲所需的基本知識，阻礙新公司加入所需的知識，提供零度競爭分化。所謂精進知識，係為透過應用提供競爭分化，目標同一批客戶，在同一個市場中迎頭痛擊競爭者，讓企業具有競爭力。所謂的創新知識，則是指提供明確的競爭分化，讓企業領導整體產業，讓企業進而改變遊戲規則。

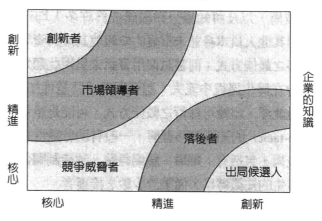

圖2-3　知識地圖
資料來源：李金梅譯（2002）。

2.4 知識價值

「行政院知識經濟發展方案」中，針對知識經濟發展的現況

檢討曾提及：資訊科技並未充分運用於創造價值。資訊科技與
知識經濟結合，並應用於創造價值上，仍有許多值得努力之
處。企業或個人對價值的定義多有不同，即使同一個人對於各
種對象、事物所認可的價值，也會隨著人的主觀意識、所處的
場所、時間不同而有所變化，意即「價值」是相對而非絕對
的。因此，如何創造員工對企業知識貢獻的價值，也會因不同
企業對知識價值認定不同而有所差異。

　　由於知識經濟時代的資訊透明程度甚於以往，企業一方面
要鼓勵員工分享知識才能創造企業的競爭力，一方面又擔心員
工因為從知識庫擷取大多企業知識，造成未來離職或退休時帶
走太多核心知識。因此，企業在導入知識管理與推動知識分享
文化的同時，有必要先制定一套新的企業知識價值觀，讓員工
能在互相信任的制度與環境下，分享知識、貢獻所學，以增加
企業的知識價值與競爭力。

　　為了避免企業陷入分享知識便可為企業產生知識價值的迷
思，本章節引用知識價值（K_{value}）驅動公式，如（圖2-4）所
示，來提醒企業檢視企業知識價值的幾個關鍵因素（陳永隆、
莊宜昌，2005）。

　　其中，K_{value}是指知識的價值；C是過去累積的核心能力

$$K_{value}=(C \times A+L) \times K_{io}$$

K_{value}：知識的價值
C：過去累積的核心能力（Core Competence）
A：現在的行動能力（Action）
L：未來趨勢的學習能力（Learning）
K_{io}：吸收知識與分享知識的能力（$K_{input}+K_{output}$）

圖2-4 知識價值驅動公式
資料來源：陳永隆、莊宜昌（2005）。

（core competence）；A是現在的**行動能力**（action）；L是未來趨勢的**學習能力**（learning）；K_{io}則是指吸收知識與分享知識的能力（K_{input}＋K_{output}）。

由（**圖2-4**）的公式可知，即使一個企業中的成員都是具有碩、博士背景的高學歷員工，其所具備的累積核心能力（C）相當高，但若彼此都將知識藏私，吝於分享自己的經驗與專長，也不願協助公司同仁解答問題，對其個人而言，或許仍可保有其在公司內或公司外的足夠競爭力，但因為其分享知識的能力（K_{io}）偏低，對企業所創造的整體知識價值也就相對偏低。

再從另一個角度來看，若是企業找來一群核心能力與公司發展方向不符的員工，即使這些員工都願意無私地分享自己的專業知識與工作經驗，但因所分享的內容盡是與企業發展方向或競爭力無直接貢獻價值的知識，雖然其分享知識的能力（K_{io}）極高，但對企業總體價值而言，分享出來屬於企業需要的核心能力（C）太小，對企業的幫助也相當有限。因此，如何同時將上述公式中括弧內外的數值（核心能力、行動能力、學習能力、吸收與分享知識的能力）同時提升，是企業能否具體提升知識價值的重要關鍵。

知識經濟時代的優秀員工，應同時具備擁有優秀的核心能力與行動能力的特質，因此當公式中的核心能力（C）與行動能力（A）同時具備，對於企業的價值將不只是相加，而是相乘的效果。若再補以資訊科技的協助，建立員工持續學習的文化與環境（L），並透過知識管理系統與知識社群的運作，讓企業員工有良好的知識互動與分享平台（K_{io}），則企業的知識價值便可以充分提升。

當企業具備一群高核心能力的知識菁英，更應鼓勵具體行動的能力與持續學習、補充新知的能力。所以，個人或企業要創造知識的價值，不只是在表面化的吸收知識或分享知識而已，個人或企業過去所累積的核心能力、現在的行動能力、未

來趨勢的學習能力等所占的比重也很高，影響更不容小覷。當企業擁有一群具備專業核心能力與行動能力的人才，便等於擁有強健的體質；若再加上趨勢學習的能力與知識分享機制的輔助，多管齊下創造企業知識的價值，該企業便有機會在知識經濟中屹立不衰。

2.5 知識價值鏈

當知識的獲得、分享已經成為必然的共識時，知識與價值的關係也愈顯重要；因此，本章節將針對價值、多元價值、知識價值鏈，以及知識價值鏈結點等四方面，解釋企業價值與知識的關係，並結合平衡知識管理，提升企業的整體競爭力。

❖ 價值的解釋

所謂「價值」（value）定義為：對事務有用的性質、程度、值得、效用或被稱為「好的」性質，並具有其重要程度（重要性），而且可能轉換為價格或財貨以滿足慾望之性質（使用價值），或者由財貨轉換為另一財貨之轉換程度（交換價值），對象事物滿足主觀要求之性質，或視同精神為目標者。

在經濟學中對價值的詮釋為以下幾種：「稀少價值」指因東西之稀有性所產生之價值；「交換價值」則是指各持有者在進行交換時所產生之價值；「成本價值」是產生物品及服務所需之成本；「使用價值」是因物品的有用性及滿足度所產生之價值。最後，「貴重價值」是指物品被希冀之特性及魅力所產生之價值。唯人對某種對象事物表示認可的價值，將隨人的主觀而改變，同時亦將隨場所及時間而改變。換句話說，價值並不是絕對的，而是相對的。

> **價值**
> **value**
>
> 「價值」定義為：對事務有用的性質、程度、值得、效用或被稱為「好的」性質，並具有其重要程度，而且可能轉換為價格或財貨以滿足慾望之性質，或者由財貨轉換為另一財貨之轉換程度，對象事物滿足主觀要求之性質。

❖ 企業多元價值的意義

多元智慧理論
multiple intelligences
theory

「多元智慧理論」，其架構與理論認爲個體不能僅以傳統的智商來斷定其所有的智慧。也就是說，若個體智商低，並不表示個體其他方面的智慧都低。

美國哈佛大學Howard Gardner曾發表「智力架構」（frames of mind）與「多元智慧理論」（multiple intelligences theory），其架構與理論認爲個體不能僅以傳統的智商來斷定其所有的智慧。也就是說，若個體智商低，並不表示個體其他方面的智慧都低。

該理論認爲智慧乃是：具有對特定的文化背景或共同體所發生的問題，以及新發生事物的解決能力而言。這種能力可分爲語言智慧、音樂智慧、邏輯數學智慧、空間智慧、肢體動覺智慧、內省智慧、人際智慧、自然觀察者等八大智慧。每個個體都有其見長的智慧構面，故每個個體之智慧價值的衡量，均必須以不同的智慧角度來檢視，才會具有實質的價值意義。

若將此多元智慧的觀念往個體之外延伸，其實不只是個體，就連企業與組織都具備本身特有的多元智慧與多元價值（multiple values）。基於上述多元價值的意義，企業本身應瞭解自己所具備多元價值的價值構面有哪些？再藉由價值構面的確認動作，透過企業內部知識價值評估系統的運作，隨時清楚地掌握企業、部門及員工個體之多元價值強弱，提供精準的優勢競爭力與決策方向，以避免無謂的資源浪費，提高企業整體多元價值之應用效益。

由不同管理角度的基本服務對象或其價值（或績效）評估構面加以整理，如企業人口對象、資訊管理、引自平衡計分卡的策略管理、價值經營角度下的價值管理、斯堪地亞智慧資本領航者（navigator）的智慧資本、Richman與Framer（1975）的績效衡量等，整理如（表2-7）所示。

在不同管理角度下，若出現在同一橫列，代表屬性相似的價值構面。因此，由上表可明顯看出，顧客、員工、財務、流程四大價值構面，無論以任何管理角度來看，是重複性最高的

表2-7 價值構面對照表

企業入口對象	資訊管理	策略管理	價值管理	智慧資本	績效衡量
B to C	Internet	顧客滿意	社會價值	顧客資本	
B to E	Intranet	員工成長	民主價值	人力資本	人才標準
B to B	Extranet				
		財務獲利	經濟價值	財物資本	貨幣標準
		流程改進		流程資本	實體標準
				創新資本	
					時間標準

註：策略管理－引自平衡計分卡（BSC）；
　　價值管理－引自價值經營VA/VE徹底活用；
　　智慧資本－引自斯堪地亞智慧資本領航者（Navigator）；
　　績效衡量－引自Richman & Farmer(1975)。
資料來源：陳永隆、莊宜昌（2005）。

共同價值構面，也是未來企業制定價值構面時，可列入優先選擇之價值構面。

知識價值鏈

　　知識價值鏈（knowledge value chain）的定義為：在一群知識工作者中，僅存在有限比例的關鍵知識價值貢獻者來創造知識價值。各關鍵知識貢獻者仍須藉由平衡知識活動所形成的雙向知識價值鏈，才能創造更深、更廣、價值遞增的知識價值網路（陳永隆、林再興，2002）。

　　國際策略管理大師Porter於1985年提出**價值鏈**（value chain）模式，讓企業根據此種模式分析企業活動中最大價值與無價值的流程，據此改善並提升企業整體流程所能創造的價位（Porter，1985）。價值鏈的應用經由不斷推廣延伸，經企業、產業再到全球，因而孕育了企業價值鏈、產業價值鏈、全球價值鏈等觀念。

　　過去許多企業利用價值鏈模式，分析企業流程中創造價值

知識價值鏈
knowledge value chain

知識價值鏈的定義為：在一群知識工作者中，僅存在有限比例的關鍵知識價值貢獻者來創造知識價值。各關鍵知識貢獻者仍須藉由平衡知識活動所形成的雙向知識價值鏈，才能創造更深、更廣、價值遞增的知識價值網路。

的理論基礎，但進入知識經濟的今日，傳統的產業價值鏈模式已無法滿足企業。由於網際網路重整企業的行銷策略與商業模式，資訊全球化加速企業的決策過程。知識經濟轉化傳統的財富來源，由土地、機器轉為重視智慧資本；因此，如何發揮整合網際網路與知識經濟的知識價值鏈力量，形成獨特且不易模仿、取代的企業知識價值，是知識價值鏈的主要目的。

當所有公司都轉型為網路公司後，有價值的資訊與知識應用將普及於每個企業體與個人，因此，未來企業競爭力並非只是觀察是否導入知識管理、是否進入知識經濟體系，而是企業的知識價值能否緊密鏈結，並形成雙向知識價值鏈。

我們由知識價值鏈布局圖，如（圖2-5）所示，可看出企業未來將朝向多元知識輸入、單一入口整合的趨勢發展，而在知識來源、知識活動與知識輸出的過程中，每一階段的演進都可提供下一階段的知識加值。透過知識活動平衡管理，我們可隨時將知識活動的成果，一則為加值未來輸出的知識，一則反饋更新輸入的知識；而多元知識輸出後的價值鏈結，除提供企業

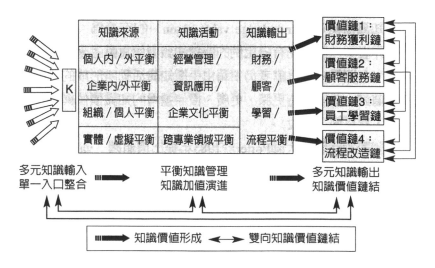

圖2-5 知識價值鏈布局圖
資料來源：陳永隆、莊宜昌（2005）。

整合不同的知識價值鏈外，也同時反饋知識活動過程與知識來源端知識的再使用與加值。

知識價值鏈結點

　　多元知識輸出後的價值鏈整合是規劃知識價值鏈的核心；企業除了創造財務獲利的價值外，仍須兼顧顧客滿意的價值、員工持續學習成長的價值、企業流程不斷更新的價值。因此，企業建構知識價值鏈前，必須先選定知識價值鏈構面，例如：財務獲利鏈、顧客服務鏈、員工學習鏈、流程改造鏈；接著，各價值鏈分別訂定可量化或具體評估的衡量指標；最後，從每個價值鏈找出關鍵少數的知識價值貢獻者，稱為**知識價值鏈結點**（node of knowledge value chain）。

　　在顧客關係管理（CRM）領域中，著名的「80／20法則」指出：「一個企業每年平均的營業額中，80%的利潤來自20%的關鍵顧客。」此法則的核心概念為：「顧客群中僅須少數比例的關鍵顧客，便可以提供高比例的貢獻值。」同樣地，在同一個價值鏈的知識工作群中，僅需要少數的知識價值鏈結點，便能提供高比例的知識價值。

　　因此，企業在訂出財務獲利鏈、顧客服務鏈、員工學習鏈、流程改造鏈等價值貢獻指標後，必須設計一套方法，以明確找出各個價值鏈的知識價值鏈結點，並使這些知識價值鏈結點在各個價值鏈結區，彼此先形成雙向的知識價值鏈。更進一步，企業內部的各知識輸出價值鏈，便可因各鏈結點互相支援、整合與分享，而擴大加值效果。

知識價值鏈結點
node of knowledge value chain

從每個價值鏈找出關鍵少數的知識價值貢獻者，稱為知識價值鏈結點。

應用實例

　　本章節以功學社集團做實例介紹，1930年功學社創辦人謝

敬忠總裁及其兄弟，在高雄旗山創立「萬屋株式會社」，日文的意思爲「什麼都有」之意。台灣光復後，因所銷售之產品對象多爲學校師生；謝氏昆仲以功在教育爲創業宗旨，以服務社會爲經營目標，而改萬屋爲「功學社」。

功學社集團本著誠信、篤實、突破、創新的經營理念，以打造一個充滿音樂饗宴的樂器地球村爲使命；2003年獲得經濟部核發之企業營運總部營運範圍證明，更加證明功學社集團立足台灣，掌控全球資源，進行國際營運布局之企業實力。

功學社集團爲了因應全球經濟時代的潮流趨勢及產業競爭環境的改變，致力於核心競爭力強化，企業永續經營體質建立，以面對全球化激烈競爭的挑戰，於2002年提出以「全球音樂知識價值系統」爲主軸的知識管理導入計畫。功學社知識管理導入實施的架構，如（圖2-6）所示，以知識管理規劃白皮書揭開爲期三年的知識管理布局，經由知識盤點結果與資訊系統建置，展開以文件管理、知識社群、知識專家爲核心的知識螺旋活動，並輔以知識行銷策略的搭配，建構出功學社集團的知識價值鏈，並勾勒出未來的企業經營價值鏈。

知識管理願景

「全球音樂知識價值系統」計畫，係結合知識經濟的發展趨勢與數位時代的科技應用，建立顧客滿意、員工成長、企業獲利、流程改善與全面創新的音樂服務產業價值，期望加速企業人才培育速度，有效整合部門資源。創造顧客價值，以達成集團之願景，即創造全人類精緻生活的感動。

全球音樂知識價值系統

全球音樂知識價值系統的布局，如（圖2-7）所示，主要由

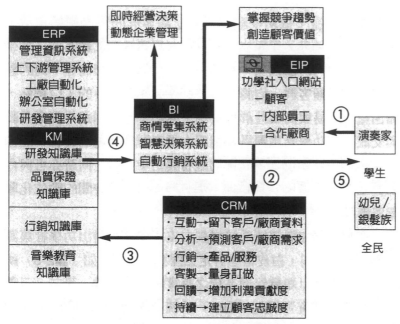

EIP：企業資訊入口網站　　CRM：顧客關係管理

KM：知識管理　　ERP：企業資源規劃　BI：商業智慧

圖2-6　「全球音樂知識價值系統」架構圖

資料來源：引用自陳永隆、莊宜昌（2005）。

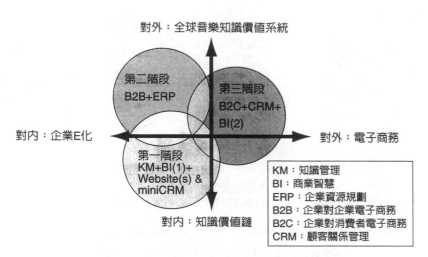

圖2-7　「全球音樂知識價值系統」發展階段

資料來源：引用自陳永隆、莊宜昌（2005）。

顧客群為出發，依功學社集團鎖定顧客群的焦點範圍為演奏家、學生、幼兒／銀髮族，以及所有民眾等四大顧客群。功學社集團本身的內部員工，以及其上下游的合作廠商等不同的顧客端與四大顧客群，均將可進入功學社集團對外的入口網站，藉由電子交易與商業社群的機制，與功學社集團進行商業互動與交流，使功學社集團得以與四大顧客群所屬的消費者，直接往虛擬的網路空間完成相關的服務與初步交易，同時亦可與內部員工及上下游的合作廠商，進行跨越時間與空間的數位化聯繫與溝通。

全球音樂知識價值系統規劃白皮書具體描繪出功學社集團長期之發展方向，白皮書中訂定三個發展階段，如（圖2-8）所示。第一階段以知識管理系統之落實發展為主軸，第二、三階段再搭配企業資源規劃（ERP）系統及電子商務網站（B2C及B2B）之整合，藉由資訊科技輔助，將功學社集團各部門或個人的知識、技術及核心經驗，累積、儲存於知識管理系統，並以知識文件共同分享、知識社群互動創新。

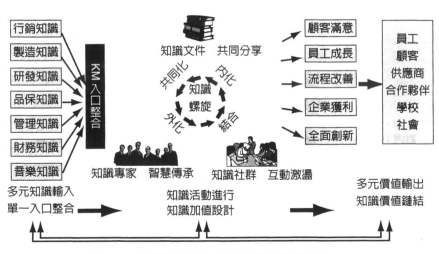

圖2-8　功學社集團之全球音樂知識價值鏈
資料來源：引用自陳永隆、莊宜昌（2005）。

知識專家實務學習爲三大核心知識活動，將存在於功學社集團內部及外部的顯性知識與隱性知識，有系統的、適當的進行分享、運用、更新、再利用，以產生對顧客滿意、員工成長、企業獲利、流程改善與全面創新五大音樂服務產業價值之貢獻度，進而將知識價值回饋予內部員工、外部顧客、供應商、合作夥伴、學校及社會，形成全球音樂知識價值鏈，如（圖2-8）所示。

❖ 五大價值構面

功學社集團根據不同管理角度的基本服務對象或其價值（或績效）評估構面，並斟酌功學社集團之企業文化及各部門的需求價值構面，最後選定「全球音樂知識價值系統」的五大價值構面爲：

- ・顧客滿意。
- ・員工成長。
- ・企業獲利。
- ・流程改善。
- ・全面創新。

❖ 六大預期目標

爲了強化功學社集團對未來 「全球音樂知識價值系統」成效的具體化，除了訂定五大價值構面外，也制訂六項預期目標，使全集團在共同的預期目標下，得以具體推動知識管理。

- ・與全球知識經濟發展趨勢與資訊科技應用現況接軌。
- ・對外建立全球音樂知識價值系統，對內建立企業知識價值鏈。

‧應用數位工具,進行工作流程整合與遠距協同合作。

‧導入知識管理,進行競爭力盤點與知識價值評估。

‧檢規企業內部 / 外部與實體 / 虛擬資源,進行資源再整合。

‧增闢商業交易電子化、顧客服務網路化、決策資訊即時化新管道。

✛ 工作項目規劃

功學社集團根據五大價值構面與六大預期目標,規劃出三個不同執行階段的工作項目,以期每個目標在進行各個階段執行項目的同時,也能兼顧其對應的價值構面。為了能順利於集團內推動知識管理,功學社集團在2003年成立「知識管理課」,專責「全球音樂知識價值系統」的各項工作與任務的推展。

2.6 知識社群

本章節討論知識社群的議題,包括:何謂知識社群、知識社群價值、知識社群優勢,以及實體與虛擬知識社群的平衡。

✛ 知識社群的定義

知識社群
knowledge community
「知識社群」是指:透過網路社群的互動與分眾特色,輔以實務社群的搭配運作,建立以專業技術與知識領域為主的討論區、專欄區、留言版、聊天室、讀書會、研討會等。

所謂「知識社群」(knowledge community)是指:透過網路社群的互動與分眾特色,輔以實務社群的搭配運作,建立以專業技術與知識領域為主的討論區、專欄區、留言版、聊天室、讀書會、研討會等,讓企業內部的知識工作者能夠經由選擇特定的專業領域,與其他具有相同專業領域或對該專業領域有興趣的跨部門員工,進行互動並創造知識、分享知識的平台(陳永隆、莊宜昌,2005)。

知識社群的價值

知識社群的價值是讓經營者與企業員工能夠透過實體或虛擬的互動機制，成為知識經營者與知識工作者；同時，也讓企業早日導向智慧型企業與學習型組織。另外，結合知識社群跟企業智庫，可進一步協助企業創造、儲存、分享與更新知識，進而發揮知識分享與再使用的企業價值。

在知識管理的領域裡，知識要能夠時時創新，才能讓企業在新經濟的快速競爭環境中，永保趨勢領導的地位。但實際導入知識管理時，常會發現很多企業在「創新」過程中，遭遇非常多的困難；因此，要讓企業員工能夠而且願意創新，需要一個能導引員工創新知識的機制。

此外，公司也必須塑造願意創新及分享的文化，讓員工願意分享他所創造的東西，並在分享的過程中得到掌聲與回饋。藉由機制的建立與文化的型塑，企業才能不斷地湧出創新的泉水。利用知識社群來推動知識創新，便是讓企業能在新經濟的速度競賽中，不斷保持競爭力的重要利器。

目前很多企業正大力推行知識管理，卻不知道內部成功推動知識管理的關鍵因素，因此，雖然買了非常好的軟體與知識管理系統，卻無法順利推展知識管理；其中的關鍵在於少了知識社群的建置。知識管理要能成功推動，除了採購一套具親和性、容易使用的知識管理平台外，一定要建置知識社詳，才能使企業的知識管理動起來。因此，知識社群的最重要價值便是協助企業的知識能夠不斷分享與流通。

知識社群的優勢

知識社群的主要優勢是可以漸進式地開發企業員工的內隱知識，並予以儲存、分類與分享。很多企業發現員工並不願意

分享他們的知識，究其原因，除了缺乏誘因、激勵與宣傳等因素外，很多時候是員工並未養成分享知識的習慣。許多企業把知識管理定義得過於狹隘，認為知識管理只是文件管理，而只要求員工把自己的文件輸入知識庫中即可。

上述的知識管理，並不足以讓員工培育出分享知識的文化與習慣，重要的是必須讓員工在知識有所付出之際，也能有所收穫，從分享給別人的過程中，親身體驗到別人所分享的知識，互信、分享的文化才能建立起來。假若我們能透過知識社群機制，讓員工都可以在網路上，透過討論區、聊天室等，參與自己有興趣的知識社群，員工便會自然而然地因在社群互動過程中有所收穫，先進行思想的分享，並養成分享知識的習慣；而員工所貢獻的意見或知識，也都將被系統儲存、記錄下來。

綜合來說，經營知識社群的優勢有下列幾點：

· 知識社群是開發員工內隱知識最好的一個機制。

· 透過知識社群，可以逐漸養成員工開放思考與創新知識的訓練。

· 知識社群可透過討論區、聊天室、留言版、專欄區等功能服務，讓員工彼此的知識在網路上相互分享、激盪。雖然可能因此產生非專業文件或未成熟的概念，但卻都是最真實的內隱知識。

· 知識社群可把成員所學的最新知識，立刻在討論區呈現、引起討論。因此，每天所討論的話題，可能是當時最熱門的話題，或是最新的概念、智能。相較之下，文件管理系統無法如社群般如此機動彈性地即時更新，因此，知識社群可以彌補文件管理在知識動態更新方面的不足之處。

· 知識社群可以讓組織培養團隊學習的文化，並透過團隊學習，讓員工彼此不斷地強化知識分享的流通管道。

・知識社群可以在最短時間累積出充沛的知識能量。如果
企業知識管理的來源都是文件資料,將無法完整地呈現
所有知識;但透過知識社群的經營,卻可以將其他非文
件式的知識具體呈現。因此,知識社群可以為企業累積
文件外的內隱知識。

✦ 實體與虛擬的知識社群平衡

完整的知識社群應該要包括:實體知識社群與虛擬知識社
群兩部分。企業內部建置的知識管理平台,通常包含虛擬的知
識社群,但這個「虛擬」的知識社群,必須同時要和「實體」
的知識社群互相搭配建置,兩者相輔相成,缺一不可。

實體的知識社群通常是藉由公司的人力資源活動、定期舉
辦的讀書會、知識講座、知識評鑑、專家演講、教育訓練等,
以實際運作的過程來進行知識分享。成員更可以藉由面對面的
接觸、直接的交談或交流,在第一時間得到實質的回饋。在實
體社群互動的過程中,建議企業善用資訊科技工具,藉由錄
音、錄影、會議精華(或記錄)電子化後,未來可以使得實體
社群的經驗,不僅得以長久保存,更可以不斷地重複再使用,
並與虛擬知識社群搭配,而發揮知識的傳遞價值。

虛擬的知識社群則是透過網路社群互動平台,以及個人化
的使用介面,讓成員彼此能在討論區、專欄區、留言版、文件
區等,提供文件與想法,並和志同道合的同伴,針對共同的興
趣或主題,無遠弗屆地進行交流。特別在未來全球化、國際化
的潮流中,不論是分布在世界各角落的成員,只要拋出些許意
見,就能匯集並轉化為對企業、組織有所貢獻的知識,同時也
滿足員工知識加值的自我求知慾望。因此,虛擬的知識社群可
讓內隱知識具體呈現、徹底發揮其效用。

當企業在評估一家資訊科技公司或管理顧問公司是否能協

助導入知識管理時，一定得看其知識管理規劃方案中，是否包含知識社群。如果沒有「知識社群」，則可明顯看出該公司對知識管理的專業與認知仍嫌不夠，未來推動知識管理將出現可預期的困難，尤其在知識的分享與活化兩大瓶頸一定會產生（陳永隆、莊宜昌，2005）。在實務操作上，我們必須注意的是，企業的「實體」與「虛擬」的社群是否有完整結合，達到「實」、「虛」平衡的狀態。因為唯有實體與虛擬知識社群的建構與協同運作，才是讓企業的知識管理得以順利推展的最重要關鍵。

本章節綜合整理，透過實體知識社群與虛擬知識社群的運作，可以活絡企業知識來源，並分享知識的參考活動，如（**表2-8**）所示。

2.7 知識轉型矩陣

經濟部統計處於2000年7月辦理「製造業經營實況調查」（行政院經濟建設委員會，2000），針對所回收6,946家製造業者的調查發現，已有48.21%開始進行企業轉型；其中大型企業之比率為69.30%，比重最高；中型及小型企業則分別為54.49%及41.92%，呈現轉型業者所占比率與企業規模成正比的現象。資訊電子工業有56.40%的業者進行企業轉型，居四大行業之首；其他行業包括電力及電子機械器材業、化學材料業、化學製品業、運輸工具業，各有超出五成的企業從事企業轉型。企業轉型類別，有53.72%的企業選擇改變產品種類為其轉型的方式，選擇多角化經營者占32.70%，改變生產方式者占28.78%，海外投資者占22.34%，轉換市場者則有20.30%。

本章節針對知識經濟下企業迫切需要轉型的需求，設計一套知識轉型矩陣，如（**圖2-9**）所示，透過優勢轉型、劣勢轉型、原地轉型、前瞻轉型所構成的轉型矩陣，配合企業知識盤

表2-8 實體知識社群與虛擬知識社群之分享活動

知識社群	分享活動
實體社群	1.讀書會 2.座談會 3.辯論會 4.專案報告 5.教育訓練 6.專長評鑑 7.專題講座 8.學習成長 9.社團活動 10.品管圈活動 11.休閒郊遊 12.技術研討會 13.心得發表會 14.客戶抱怨研討會 15.咖啡、下午茶時間
虛擬社群	1.討論區 2.留言版 3.意見欄 4.佈告欄 5.投票區 6.電子報 7.聊天室 8.資訊網站 9.即時會議 10.文件交換區 11.全文檢索系統 12.文章、心得線上發表會 13.文件資料庫（包含論文、技術報或作業標準文件等）

資料來源：陳永隆、莊宜昌（2005）。

點結果所呈現的競爭力檢核，有系統地找出企業與個人最適合的轉型方向。

「優勢轉型」是指企業或個人於經營巔峰時，透過主要或次要的競爭優勢，達成漸進轉型、前瞻趨勢的目的。企業可針對近五至十年來的幾個核心領域，分別條列出卓越績效、主要優

圖2-9 知識轉型矩陣分析圖

資料來源：陳永隆、莊宜昌（2005）。

勢、次要優勢，藉由自我診斷來找出轉型方向。優勢轉型的首先任務，是必須先找出企業核心領域，接著定義出該核心領域的主要優勢與次要優勢，最後再根據主要優勢與次要優勢，來決定原地轉型或前瞻轉型。

「劣勢轉型」則是指企業或個人於經營困境時，為達成功轉型，必須重新設定主要與次要的競爭優勢，並積極進行教育訓練，培訓企業或個人的核心領域專長，才能開始進行企業轉型工程。劣勢轉型的轉型工程遠較優勢轉型要來得複雜與困難，企業除了需要重新檢視自找的核心優劣勢外，還必須重新思考下一階段的競爭優勢所在，才能決定以何種方式轉型。

「原地轉型」是指企業在原來的本業或相近的產業範圍內，選擇對企業本身最有利、最有把握的方向轉型。

「前瞻轉型」則是指企業選擇與趨勢及潮流接軌的產業，或是在其相關範圍內轉型。

因此，不論個人或企業，善用平衡知識管理與知識盤點，可以有效且精準地發現競爭優勢與劣勢，並透過轉型矩陣的分析，可以得出以下組合（陳永隆、林再興，2002）：

- ·企業具優勢轉型條件，且選擇前瞻轉型：屬漸進式轉型，風險較低，且競爭優勢較長久。
- ·企業具優勢轉型條件，且選擇原地轉型：屬漸進式轉型，風險較低，但優勢較短暫。
- ·企業僅具劣勢轉型條件，且選擇前瞻轉型：屬跳躍式轉型，風險極高，成功須靠機運。
- ·企業僅具劣勢轉型條件，且選擇原地轉型：屬保守式轉型，風險較低，但必須不斷轉型。

　　每個企業與個人都有足以代表其競爭力的優勢轉型基因，若能透過有系統的知識管理與知識盤點，精準地找出競爭優勢與劣勢，再透過本章節提出的知識轉型矩陣，應可找出符合企業與個人優勢轉型的方向。

2.8 知識創新

　　知識創新是知識管理很重要的議題，以下將由創新的定義、創新的型式，以及影響創新的因素等層面來加以探討。

✛ 創新的定義

　　第一個來自政府官方對商業與工業的「創新」下定義者，應追溯到1967年Robert，向美國商業部提出的一篇有關影響的評估報告。至1970年代，科技創新與管理領域對「創新」的定義為：「成功的帶給市場新的或改良的產品之流程或服務」。1968年，Zuckerman委員會將「創新」定義為：一系列的技術、工業與商業的步驟。直到1992年，英國的貿易暨工業部也採取相同的概念，並且將「創新」定義為：新想法的成功探索。迄至1990年代，策略大師Michael Poter更指出創新是1990年代競爭力

的中心議題。

發明是「發現新技術原理之過程」，創新是「將發明轉換爲基本商業形式的發展過程」。「3M創新中心」定義創新爲「做出新事物」。爲了更周延詮釋創新的意涵，張吉成（2002）採用一個二維的矩陣來加以區分創新的程度，如（圖2-10）所示。

· 當改變強度與創新均達最高值時，即爲「蛙進式跳躍創新」，可謂成功開發出新一代的產品，其展現的特質，就新產品的產出過程而言，爲企業組織原核心知識與技術的「無中生有」。

· 當知識創新引發技術創新的改變強度並不高，且創新的程度亦弱時，其創新可歸於偏向功能上增強之創新（包含製程及產品創新），其新產品的產出過程，將僅是企業組織原核心知識與技術的「現有強化」，以及原產品功能的「有中延伸」罷了。

· 當知識創新引發技術創新的改變強度高，但創新的程度弱時，其創新可歸於偏向結構上之創新，此創新可視爲產品內各零件間結構之創新。其新產品的產出過程，亦是屬於企業組織原核心知識與技術的「現有強化」且原

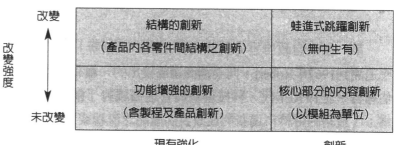

圖2-10 知識創新的類型
資料來源：張吉成（2002）。

產品功能的「有中延伸」。

·當改變強度與創新並不高，但創新的程度強時，則可視
為產品核心部分之內容創新。其展現的特質，就新產品
的產出過程而言，為企業組織原核心知識與技術的「有
中衍生」。

創新的型式

創新的能力高低決定了個人、團隊與組織的對外競爭力。
「創新」並不侷限於新科技的創新，也包括製程的創新、行銷的
創新、服務的創新等多種型態的創新。基本的六種創新的主要
型式如下（施振榮，2000）：

經營模式創新

如何透過經營模式創造企業價值，包括如下要項：

·提升市場占有率以換取未來利潤。
·創造全新的事業。
·創造新的成長空間（例如：找出新顧客群、提供新商
品、速度更快、成本更低、彈性更高、開拓新市場等。）
·讓企業更有活力。

科技創新

如何透過科技創新，包括如下要項：

·增加更多的應用、達到更高的經濟規模。
·建置更具有影響力的標準平台。
·表現出成本使產品更具有競爭力。
·提升品牌的知名度。
·新產品不斷的推出，不斷增加新功能。

✚ 產品創新

如何透過產品創新,包括如下要項:

- ·為顧客量身訂製的產品。
- ·符合生活型態的產品。
- ·會思考的產品。

✚ 行銷創新

如何透過行銷創新,包括如下要項:

- ·行銷訴求符合目標顧客的需求。
- ·降低行銷成本。
- ·增加顧客的忠誠度。

✚ 服務創新

如何透過服務創新,包括如下要項:

- ·隨時隨地更便宜更有彈性。
- ·顧客安心。
- ·不斷的學習,以及瞭解顧客的取向與習性。

✚ 供應鏈創新

如何透過供應鏈創新,包括如下要項:

- ·降低生產線的閒置資源。
- ·縮短週期。
- ·快速回應市場。
- ·提供最新產品。

✛ 影響創新的因素

施振榮（2000）指出，影響創新的外在因素爲：

· 市場規模。
· 產業基礎架構。
· 資本市場。
· 智慧財與社會文化。

影響創新的內在因素爲：

· 企業文化。
· 組織架構與激勵制度。
· 學習文化與人力資源的開發。
· 領導風格。

從知識創新的觀點來看，影響創新的因素計有（張吉成，2002）：

· 外因：政府政策、總體經濟、社會發展、科技發展、人才培育。
· 介於內、外因之間：企業文化、組織基礎建設。
· 內因：組織願景、領導關係、激勵措施、人格特質、人才學經歷背景。

張吉成（2001）針對新竹科學工業園區十家高科技公司進行個案研究之後，歸納出影響創新的因素計有九個因素：

· 創新標的對象的選擇。
· 客戶需求的強度。
· 產業的成熟度。
· 產業變化的速度。

・創新的頻度。
・應用層面的廣度。
・核心競爭力增強的程式。
・競爭者的多寡。
・知識的用途。

創造力 creativity

知識經濟時代首重創新，而創新的核心則在於創造力。創造力產生的創意是組織成長與獲利的推動引擎。

知識經濟時代首重創新，而創新的核心則在於創造力（creativity）。由創造力產生的新創意，會衍生無窮的新知識、新技術、新產品與新市場的契機，從而為企業組織創造更多的財富。因此，創造力產生的創意是組織成長與獲利的推動引擎。

2.9 個人與企業知識演進

本章節討論個人知識與企業知識，如何演進的過程與階段，以瞭解知識成熟發展的歷程。

❖ 個人知識的演進

（圖2-11）指出建構個人知識的循環模式。新的見解、想法與創意開始時只是驚鴻一瞥，這樣的知識是潛意識的、內隱的、脆弱的且難以明言的。一旦建構得比較健全後，這些概念變成導引機會的理想與看法，但僅為唯心的洞察力仍不足以加以悍衛或使用。然後，此項新知識可能會被加以系統化成為多樣的抽象概念，像是後設知識、一般原則、概要綱目、文字腳本、方法論或是操作模式等，也就是理論知識。再經過實際運用與測試後，此項新知識就變成用於決策制定的真實知識。再經過長期平穩的使用後，此項新知識就會被內化吸收而自動執行，變成日常作業知識的一部分，至此我們將會自然熟悉地運用此項新知識而毫不自覺。

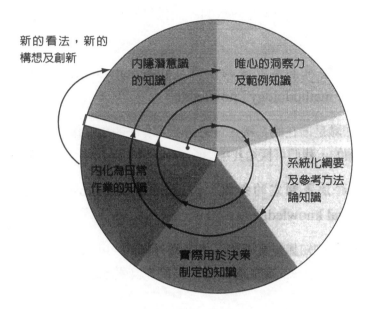

圖2-11　個人知識的演進循環
資料來源：Wiig（2004）。

　　這裡提出的**個人知識的演進循環**（personal knowledge evo-lution cycle）模式描繪出五個階段，知識如何從驚鴻一瞥的概念或印象，演變成熟成為良好的理解能力與可用性。茲將這五個階段，分別陳述說明如下（蕭志彬編譯，2004）：

✚ **內隱潛意識的知識**（tacit subliminal knowledge）

　　這種知識大多是無意識且難以理解的，通常是我們接收新觀念時，所得到的驚鴻一瞥。

✚ **唯心的洞察力及範例知識**（idealistic vision and para-digm knowledge）

　　這種知識的某些部分是外顯的、可讓我們理解的，我們有自覺地應用這項知識；不過，這知識的許多部分（我們的先見

個人知識的演進循環
personal knowledge evolution cycle

個人知識的演進循環模式描繪出五個階段，知識如何從驚鴻一瞥的概念或印象，演變成熟成為良好的理解能力與可用性。

與心智模式）仍是未知，是內隱的，而且無法在自覺狀態下獲取。

✚ 系統化綱要及參考方法論知識（systematic schema and reference methodology knowledge）

這種知識是潛在的系統、一般原則與解決問題的策略，大致上是外顯的，我們可探知其中大部分。

✚ 實際用於決策制定的知識（pragmatic decision-making and factual knowledge）

決策制定的知識是實際的、大多為外顯的，可以輔助日常作業與決定，此一知識廣為人知，人們有自覺地使用此項知識。

✚ 內化為日常作業的知識（automatic routine working knowledge）

我們對於此項知識如此熟稔，因此可以自動執行此項知識。此項知識大多變成內隱的，我們自動地使用這樣知識來執行工作而不自覺。

以人為中心的知識管理，其要旨在於輔助，有時是加速知識的成熟發展，使得知識得以勝任應用於工作的執行。周詳且系統化（全面性）的知識管理，不代表該由高層專橫地決定知識必須要怎麼建立、轉換與運用，才能勝任的執行欲達成的工作。相反地，知識管理是指建立一個具知識警覺度的個人心態與企業文化，可能是由高層來指揮，但也需要由一般階層的人員來加以強化推動。

每個人與每個部門採行這樣的心態，如同一般生活常規，持續不斷地展望知識前景，以確保他們引用合宜的專門知識，必能完成工作的目標。全面性的知識管理文化也承認個人行為

的一項特別層面，這項層面覺察到：許多人在不尋常的狀況下，沒有廣博的主題知識卻能達到傑出的工作表現。然而，他們卻有強大的後設知識，使他們有能力將新狀況意義化，建立有效能的方法來加以處理。

我們用概念化的知識層級分類，來表示人們如何持有特定的知識項目。我們會看到這將如何影響個人的能力來學習、創新、作決策，以及執行例行的知識工作；這也會影響到人們如何能群體合作，還有如何與那些知識層級不相當的人工作，人們可能在不同層級擁有相同的一般知識。

一個努力於團體保險的保險業新手，在替大型組織提案時，可能把知識建立在**唯心知識**（idealistic knowledge）；與新手共事的保險業專家可能具備同樣的知識（例如：判斷力、管理觀點與簽約機會等），但是卻擁有較多內隱性的**實用知識**（pragmatic knowledge）；最後，傑出的保險業大師可能已將此種知識轉化成**自動化知識**（automatic knowledge）。

❖ 企業知識的演進

全面性的知識管理模式用來建立知識活動的結構與優先順序，常用的有：**企業知識演進迴圈**（enterprise knowledge evolution cycle），如（**圖2-12**）所示，也包含了五個階段（蕭志彬編譯，2004）：

- **知識發展**（knowledge development），透過學習、改革、創新與來自外界的輸入，知識得以建立。
- **知識獲取**（knowledge acquisition），知識被獲取而保留，供作使用及進一步的處置。
- **知識精煉**（knowledge refinement），知識被加以組織、轉化，或是予以書面化、放入知識庫等，使知識能被人所利用。

> **企業知識演進迴圈**
> **enterprise knowledge evolution cycle**
>
> 企業知識演進迴圈，也包含了五個階段：知識發展、知識獲取、知識精煉、知識分配與部署、知識槓桿。

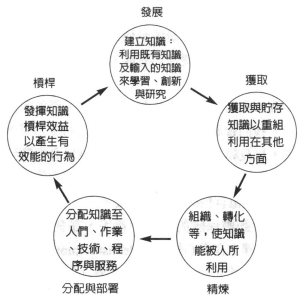

圖2-12 企業知識的演進迴圈

資料來源：Wiig（2004）。

- 知識分配與部署（knowledge distribution and deployment），透過教育訓練計畫、知識庫系統、專家網絡等，將知識分配至行動點（point-of-action），並嵌入在技術與作業程序上。
- 知識槓桿（knowledge leveraging），知識不是被運用，就是產生影響力。如同其他機制所闡述，藉由運用知識，知識變成進一步學習與創新的基石。

　　當企業內部的人考量到何時及何處建立、拓展結構性人力資本時，企業知識演進迴圈的重要性就顯而易見。

2.10 知識相關效能與效率

　　僅僅注重知識在工作上、企業績效與知識管理上的角色，

而沒有著手處理相關的效能（effectiveness）及效率（efficien-
cy），會是一項錯誤。知識與知識管理的流程，必須成就大範圍
的工作範疇，以推展企業的績效，並不會因此產生問題或是將
原本的職務導入他途。這個流程也必須做好整合，並且與其他
的管理方案與行動相互均衡。

⚛ 知識的效能與效率

　　若要讓知識協助個人及企業績效達到既定的目標，就必須
要有效能與效率。如同之前所談論過的，知識與其他智慧資本
資產，是個人行為與企業行為的主要驅動因子，也因此在現代
的組織中占有核心的位置。

✚ 知識效能

　　知識效能（knowledge effectiveness）在它對於狀況處理所
產生的效力。一旦知識是有效能的，就可以確保意義化的過程
會更佳，決策制定與問題解決會變得更快速，也更能創新、合
宜地處理狀況；所選定的行動方案更能準時完成任務，有效率
地達到欲達成的效果。而且監控的工作可使狀況處理的過程不
脫軌，同時能主動積極又放眼未來。為了要讓知識有效能，必
須要讓知識合於所應用的狀況，經由適切的觀念整合與調整以
應對新狀況。

✚ 知識效率

　　一旦知識能被需要它的人輕易地取得與應用，就有了**知識
效率**（knowledge efficiency）。知識被編譯與組織後，以致於容
易被理解、證實、擴展與更新，轉成另一種表現方式，像是結
構性的智慧資本。然許多內隱的知識並無這些特徵，但卻可由
一個人的心智自動把知識整合良好，因此可以迅速、正確又輕

> **知識效能**
> **knowledge**
> **effectiveness**
>
> 知識效能在它對於狀況
> 處理所產生的效力。一
> 旦知識是有效能的，就
> 可以確保意義化的過程
> 會更佳，決策制定與問
> 題解決會變得更快速，
> 也更能創新、合宜地處
> 理狀況；所選定的行動
> 方案更能準時完成任
> 務，有效率地達到欲達
> 成的效果。

> **知識效率**
> **knowledge efficiency**
>
> 一旦知識能被需要它的
> 人輕易地取得與應用，
> 就有了知識效率。知識
> 被編譯與組織後，以致
> 於容易被理解、證實、
> 擴展與更新，轉成另一
> 種表現方式，像是結構
> 性的智慧資本。

易地加以運用。

⋄ 知識管理的效能與效率

知識管理在今日的世界中，扮演非常重要的角色；因此我們必須將知識以特別的、專業化的方式加以處理，以符合所處的環境與欲成就的功效。知識管理必須與其他的企業行動相互整合與維持均衡，且列為優先的執行順序，以反映出知識在現代組織中，達成有效能的行為與績效的重要性。

✦ 知識管理的效能

一旦知識管理導致良好的知識創造、建立、部署與開發，並符合於人們、企業與利益關係人的目標，知識管理就有了效能。知識管理的效能一開始是產生於：展望知識管理行動將會如何輔助企業的永續成功生存，並建立合於企業文化與人們心態的知識管理方法。知識管理的範圍很大，並有數以千計的方法、步驟與實務。在特定組織中，知識管理行動的效能取決於合適的選擇工具、步驟與手法。還有，知識管理的行動必須受到組織高階管理者與一般員工的採納與支持。

✦ 知識管理的效率

當知識管理提供：準時產生所欲達成的結果，少有缺陷，花費最少的氣力，所運用的流程、手法與行動合乎自然，並且被企業的文化與個人所接受，知識管理就有效率。

重點摘錄

- 「資料」是我們所觀察或蒐集之紀錄、符號、數字、文字，僅在於顯示事實，無特別意義。資料通常是一系列企業活動，即外部環境的事實，其來源則包括有：高度結構化資料庫中的資料、競爭者相關資訊、人口統計資料，以及其他市場資訊等；資料可能是事實、圖片及數字，而且呈現時並沒有脈絡。

- 「資訊」為處理過的數據，是將經驗與構思加以整理的成果，是在某一脈絡中呈現有條理的資料。資訊是有目的整理來傳達意念，以文字敘述、表示資料、數據之關聯性和其意義的資料組合。資訊常被儲存在半結構化的內容中，例如：文件、電子郵件、多媒體等。

- 「知識」是經過分析處理的資訊；為一種資訊流動的綜合體，含有許多不同的元素；在脈絡中呈現有條理的資料。知識是開創價值之直接材料，是透過人的經驗、思考、分析，而掌握資訊間相互關係的認知。知識包括有：結構化的經驗、價值、文字化的資訊、專家獨特的見解，以及新經驗與資訊的整合等。

- 「智慧」是知識應用與行動後，所產生有價值的結果或效益；而智慧資本則是指每個人能為企業帶來競爭優勢的一切知識與能力的總和。智慧能自動地判斷，採取適當對應的能力；資料、資訊、知識則為處理固定狀況的能力。

- 根據知識的性質有如下分類：公共知識、個人知識；程序性知識、陳述性知識、事實性知識、概念性知識；個人知識、組織知識、結構知識；外部知識、內部知識；定領域知識、公司的知識、導引性知識、整合性知識；外顯性知識、嵌入性知識、內隱性知識；熟知的知識、未察覺的知識；核心知識、精進知識、創新知識。

- 企業在導入知識管理與推動知識分享文化的同時，有必要先制定一套新的企業知識價值觀，讓員工能往互相信任的制度與環境下，分享知識、貢獻所學，以增加企業的知識價值與競爭力。

- 若將此多元智慧的觀念往個體之外延伸，其實不只是個體，就連企業與組織都具備本身特有的多元智慧與多元價值。

- 知識價值鏈的定義為：在一群知識工作者中，僅存在有限比例的關鍵知

識價值貢獻者來創造知識價值。

- 知識社群的價值是讓經營者與企業員工能夠透過實體或虛擬的互動機制,成為知識經營者與知識工作者;同時,也讓企業早日導向智慧型企業與學習型組織。

- 結合知識社群跟企業智庫,可進一步協助企業創造、儲存、分享與更新知識,進而發揮知識分享與再使用的企業價值。

- 知識管理要能成功推動,除了採購一套具親和性、容易使用的知識管理平台外,一定要建置知識社群,才能使企業的知識管理動起來。

- 經營知識社群的優勢:開發員工內隱知識;逐漸養成員工開放思考與創新知識的訓練;讓員工彼此的知識在網路上相互分享、激盪;可把成員所學的最新知識,立刻在討論區呈現、引起討論;可以讓組織培養團隊學習的文化;可以在最短時間累積出充沛的知識能量。

- 針對知識經濟下企業迫切需要轉型的需求,設計一套知識轉型矩陣,透過優勢轉型、劣勢轉型、原地轉型、前瞻轉型所構成的轉型矩陣,配合企業知識盤點結果所呈現的競爭力檢核,有系統地找出企業與個人最適合的轉型方向。

- 每個企業與個人都有足以代表其競爭力的優勢轉型基因,再透過知識轉型矩陣,應可找出符合企業與個人優勢轉型的方向。

重要名詞

過程（process）

庫存（stock）

資料（data）

資訊（information）

知識（knowledge）

智慧（intellect）

事實（facts）

圖片（pictures）

數字（numbers）

脈絡（context）

智慧資本（intellectual capital）

認知型知識（cognitive knowledge）

高深的技巧（advanced skills）

系統理解（system understanding）

動機性創造力（motivated creation）

統合與專業直覺（synthesis and trained intuition）

公共知識（pubilc knowledge）

個人知識（personal knowledge）

程序性知識（procedural knowledge）

陳述性知識（declarative knowledge）

事實性知識（facutral knowledge）

概念性知識（conceptual knowledge）

外部知識（external knowledge）

內部知識（internal knowledge）

普遍分享的設施（pervasive sharing infrastructure）

文化（culture）

外顯性知識（explicit knowledge）

嵌入性知識（embedded knowledge）

內隱性知識（tacit knowledge）

資料庫（databases）

人工製品（artifacts）

網際網路（internet）

企業內網路（intranet）

熟知的知識（known knowledge）

未察覺的知識（unknown knowledge）

隱性對隱性（tacit-to-tacit）

核心能力（core competence）

學習能力（learning）

價值（value）

智力架構（frames of mind）

多元智慧理論（multiple intelligences theory）

多元價值（multiple values）

領航者（navigator）

知識價值鏈（knowledge value chain）

價值鏈（value chain）

知識價值鏈結點（node of knowledge value chain）

創造力（creativity）

個人知識的演進循環（personal knowledge evolution cycle）

內隱潛意識的知識（tacit subliminal knowledge）

唯心的洞察力與範例知識（idealistic vision and paradigm knowledge）

系統化綱要與參考方法論知識（systematic schema and reference methodology knowledge）

實際用於決策制定的知識（pragmatic decision-making and factual knowledge）

重要名詞

內化為日常作業的知識（automatic routine working knowledge）

唯心知識（idealistic knowledge）

實用知識（pragmatic knowledge）

自動化知識（automatic knowledge）

企業知識演進迴圈（enterprise knowledge evolution cycle）

知識發展（knowledge development）

知識獲取（knowledge acquisition）

知識精煉（knowledge refinement）

知識分配與部署（knowledge distribution and deployment）

行動點（point-of-action）

知識槓桿（knowledge leveraging）

效能（effectiveness）

效率（efficiency）

知識效能（knowledge effectiveness）

知識效率（knowledge efficiency）

問題與討論

1. 「資料」的意涵為何？試研析之。
2. 「資訊」的意涵為何？試研析之。
3. 「知識」的意涵為何？試研析之。
4. 「智慧」的意涵為何？試研析之。
5. 依知識的性質可將知識作何種分類？試研析之。
6. 何謂知識價值？其驅動公式為何？試研析之。
7. 何謂知識價值鏈？試研析之。
8. 何謂知識社群？知識社群的優勢為何？試研析之。
9. 請各舉五個例子來說明實體與虛擬知識社群的特性。
10. 何謂知識轉型矩陣？不同的轉型組合有何特性？試研析之。
11. 何謂知識創新？試研析之。
12. 個人知識的演進循環為何？試研析之。
13. 企業知識的演進迴圈為何？試研析之。

Chapter 3

知識管理的基本概念

本章節探討知識管理的基本概念，討論的議題有：知識管理的定義、知識管理的意涵、知識管理的原則、知識管理的步驟、知識管理的評估、知識管理的關鍵，以及新一代知識管理的觀點。

3.1 知識管理的定義

在探討知識管理議題前，有必要針對知識管理的定義作界定，本章節由學者、機構與學派的論點，來綜整陳述說明之。

✛ 學者／機構論點分述

知識管理乃是為了適應複雜化社會，以價值創造為目的之一種策略性議題。知識管理即透過所見、所知與萃取資訊的過程，來瞭解事物並將資訊轉為知識的一個過程，這個過程包括**取得知識**（knowledge acquisition）、**表現知識**（knowledge representation）、**尋找知識**（knowledge finding）。知識管理即是確認、獲取、槓桿知識的一套流程，以協助組織保持競爭優勢（Maglitta，1996）。知識管理是蒐集組織的經驗、技術及智慧，並讓他們可以為組織內的人任意取用（Alice，1997）；亦即發掘人們「如何想？」、「為何這樣想？」，以及如何處理知識和下決策等與知識相關資訊，並將之應用於企業上的一個過程，進而轉變成為管理策略（Hannabuss，1987；Laberis，1998）。

知識管理是以**知識為基礎之體系**（knowledge-based systems），為人工智慧（artificial intel-ligence）、**軟體工程**（software engineering）、企業過程之改進、人力資源管理，以及組織行為等之組合概念（Liebowitz，2000）。知識管理涉及整體組織人員的過程及其管理，還有需要一些諸如「**知識管理人員**」

（knowledge management officers）等重要的專業人員來負責及參與（Introduction to Knowledge Management，2000）。

知識管理可以同時提升組織內創造性知識的質與量，並強化知識的可行性與價值。知識管理是一種以取得、創造、擁有、統合、學習的系統化過程，並使用資訊、經驗強化表現出來（劉京偉譯，2000）。在企業組織脈絡中的知識，最為充分之描述用語是「能力」（competence），因此，知識管理是一種途徑，協助組織人員分享「能力」，並能夠更有效執行任務及進行活動（PLAUT International Management Consulting，2000）。

知識管理是促使人員運用知識的一種機制，並使人員能夠在特定情境中採取有效之行動。**知識**（knowledge）此一術語本身擁有多種解釋，包括「知道如何」（know-how）、「**技能**」（skill）、「**資訊**」（information）、「**能力**」（capability）、「**智慧**」（wisdom）等。其目的就是將組織內的知識，從不同的來源中萃取主要的資料加以儲存與記憶，使其可以被組織中的成員所使用，以提高企業的競爭優勢（Watson，1998）。若利用某些方法將個人的知識轉化成組織的知識，將有利於知識活用，並使得個人知識的使用範圍呈幾何倍增。

Wiig（1994）認為知識管理的定義為：一連串協助組織獲取自己及他人知識的活動，透過審慎判斷之過程，以達成組織任務。此類知識管理活動，需架構於科技技術、組織架構及認知過程，以培育知識領域之完整及新知創造。此認知過程除需要相互學習、解決問題及制定決策外，尚需結合組織、人、電腦系統及網路，以獲取、儲存及使用知識。如何能使知識管理，朝向非線性及更一致化方式發展以協助決策，並提供組織處理危機之能力，更重要的是應用知識以提高資訊技術處理能力，並經由此一共創過程提升人類之創造性，是更具挑戰性的事務（洪志昇，2001）。

知識管理係以價值創造為目的之一種策略性議題，如果企

業的最高管理階層沒有堅強的意志，便不可能實現知識管理。知識管理可以同時提升組織內創造性知識的質與量，並強化知識的可行性與價值。因此，知識管理必須與人力資源、資訊科技、競爭策略作整合，方能發揮到最高的效益（Hansen, Nohria & Tierney，1999）。依陳永隆（2001）對知識管理的看法，其定義為：能協助企業組織或個人（people），透過資訊科技（technology），將知識經由創造、分類、儲存、分享、更新，並為企業或個人產生實質價值的流程（process）與策略（strategy）。楊政學（2004a）則將知識管理（knowledge management）定義為：知識經由資訊系統的建置，而融入文化生態的價值，是為知識資訊化與價值化的過程。

知識管理
knowledge
management

知識管理定義為：知識經由資訊系統的建置，而融入文化生態的價值，是為知識資訊化與價值化的過程。

❖ 學者／機構論點整理

本章節針對許多學者對知識管理的定義，作不同角度與議題論點的整理，茲整理如（**表3-1**）所示，以供參考之。

表3-1　知識管理定義的不同論點整理

提出者	知識管理定義
Drucker（1993）	一個組織社會，因此其中心和重要的機制就是管理，而管理的精髓就是使知識產生作用，也就是有系統、有組織地運用知識去創新知識。
Bukowitz & Williams（1995）	知識管理是一種組織從智慧或以知識為基礎的資產中獲得財富的程序。
Wiig（1994）	知識管理為一連串協助組織獲取自己及他人知識的活動，透過審慎判斷之過程，以達成組織任務。
Malhotra（1996）	知識管理為以知識的角度來組織資訊的程序，而這些程序是藉由資訊相關科技的能力來處理資訊，以及將資訊轉換為行動。
Maglitta（1996）	知識管理即是確認、獲取、槓桿知識的一套流程，以協助組織保持競爭優勢。
O'Dell（1996）	知識管理為應用系統性的方法來尋找、瞭解並使用知識，以創造出價值。

表3-1　知識管理定義的不同論點整理（續1）

提出者	知識管理定義
Alice（1997）	知識管理為蒐集組織的經驗、技術及智慧，並讓它們可以提供給組織內成員方便使用。
Gartner Group（1997）	知識管理為企業在組織上與科技上的基礎建設，促使知識能夠分享與再使用，並且是企業一項整合作業能力，以達到確認、管理與分享所有組織的資訊資產；資訊資產包括：所有資料庫、文件、組織的政策與程序，以及知識工作者內隱的技能與經驗。
J. Laurie（1997）	知識管理為經由一連串的創造知識、獲取知識以及使用知識的程序，以提升組織執行的績效。
Spek & Spijkervet（1997）	知識管理為提供給組織中所有成員，協助他們控制及管理知識，以支援組織學習的能力。
O'Dell & Grayson（1998）	知識管理為將正確的知識，在正確的時機，傳遞給正確的人，幫助人們分享知識，並將所知付諸行動以增進組織的表現並被運用以完成組織的任務的一種過程。此過程包括：知識創造、確認、蒐集、分類、儲存、分享、利用、改進和淘汰等步驟。
Watson（1998）	知識管理為將組織內的知識，從不同的來源中萃取主要的資訊，並加以儲存、記憶，使其可以被組織中的成員所使用，用來提高組織的競爭優勢。
Lotus（1999）	知識管理為促進個人和組織之間有系統之合作的一種程序。
Rossett & Marshall（1999）	知識管理包括：確認、文件化，以及分類存在於組織員工與顧客的顯性知識。
Hansen（1999）	知識管理必須與人力資源、資訊科技、競爭策略整合，方能發揮到最高的效益。
尤克強（1999）	知識管理為把人腦中的知識化為具體的槓桿效應，來為組織增進資產。
莊素玉（1999）	知識管理是組織內的經驗能有效的紀錄、分類、儲存、擴散及更新的過程。
劉培楠（1999）	知識管理為資料蒐集、組織內知識的分享與應用、管理資訊系統、流程管理及經驗學習的整合。
劉常勇（1999）	知識管理包括有關知識的清點、評估、監督、規劃、取得、學習、流通、整合、創新活動，並將知識視同組織資產進行管理，凡是能有效增進知識資產價值的活動，均屬於知識管理的內容。
Snowden（2000）	知識管理是智慧資產的確認、最佳化與積極管理，這種智慧資產包括人工成品具有的顯性知識，或是個人、社群擁有之隱性知識。

表3-1　知識管理定義的不同論點整理（續2）

提出者	知識管理定義
Liebowitz（2000）	知識管理是以知識為基礎之體系，為人工智慧、軟體工程、企業過程之改進、人力資源管理，以及組織行為等之組合概念。
PLAUT International Management Consulting（2000）	知識管理是一種途徑，協助組織人員分享「能力」，並能夠更有效執行任務和進行活動。
馬曉雲（2000） 勤業管理顧問公司（2000）	知識管理為管理知識轉化為資訊的過程。 知識管理＝（P+K）^{S}，其中，P係指人，意謂知識運載者；K代表知識；+表示資訊科技；而S代表分享。
衆信企業管理顧問公司（2000）	知識管理＝（K+L+D）^{I}，其中，K：Knowledge，知識；L：Learning，學習；D：Database，資料庫；I：Internet/Intranet，網際網路／企業內網路；+：企業機制與溝通網路。
陳永隆（2001a）	知識管理為能協助企業組織或個人，透過資訊科技，將知識經由創造、分類、儲存、分享、更新，並為企業或個人產生實質價值的流程與策略。
Sydänmaanlakka（2002）	知識管理是知識的創造、獲取、儲存、分享與應用之流程，其最終目的在於決策時能夠有效的運用知識。他認為知識本身並不重要，重要的是它必須具有意義、而且可被應用。對組織來說，重要的是，只是可以輕易的被取得，並且可以實際應用的。
楊政學（2004a）	知識管理係指知識經由資訊系統的建置，而融入文化生態的價值，是為知識資訊化與價值化的過程。

資料來源：楊政學（2004c）；李宗澤（2001）。

❖ 學派論點整理

　　知識管理的目的，在於同時提升組織內創造性知識的質與量，並強化知識的可行性與價值。此外，期能透過知識管理建構一個有效的知識系統，讓組織中的知識能夠有效地創造、流通及加值，進而不斷地產生創新性產品。一般學者對知識管理的定義，若由學派的角度切入，則可以劃分為：操作程序、生產工具、專業學科等三個學派，如（**表3-2**）所示。

表3-2　三個知識管理定義之學派

學派	學者	論點簡述
操作程序	Abernathy（1999）	知識管理如同一般組織內部計畫程序，故應有其先後順序。
	Weggeman（1997）	以價值鏈（value chain）方式最能顯示知識管理程序。
	Allee（1999）	需以價值網路（value network）取代直線式價值鏈。
	譚大純（1999）	將知識管理程序以價值網路分成九大類。
生產工具	Bill Gates（1999）	知識管理藉由IT與電子搜尋索引等軟體處理，故知識管理是工具。
	Kirrane（1999）	知識管理主要由資料庫及網路套裝軟體實現。
專業學科	Seviby引述自Uit Beijerse（1999）	強調知識管理是「由組織創造價值的學科」，背後原則有兩大學派：「資訊學派」與「行為學派」。
	Despres & Chauvel（1999）	認為知識管理概念多元，它受經濟學、社會學、心理學、動力學及人力資源管理等科目啟發。

資料來源：張志明、劉淑娟（2000）。

3.2 知識管理的意涵

針對知識管理的意涵，本章節分別由勤業及眾信等兩家管理顧問公司，以及知識管理價值鏈來說明之。

勤業管理顧問公司

勤業管理顧問公司（Arthur Anderson Business Consulting）（1999）提出知識管理的方程式，如（圖3-1所示），圖中說明知識管理=$(P+K)^S$，其中，P：People，人，知識運載者；K：Knowledge，知識（資料、資訊、知識、智慧）；+：Technology，資訊科技，資訊科技協助知識管理的建構；S：

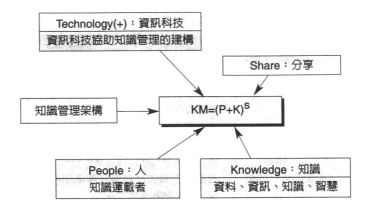

圖3-1 知識管理組成元素架構圖一

資料來源：劉京偉譯（2000）。

Share，知識的分享。

眾信企業管理顧問公司

眾信企業管理顧問公司（Deloitte & Touche Business Consulting）（2000）提出知識管理的方程式，如（圖3-2所示），圖中說明知識管理 = $(K+L+D)^I$，其中，K：Knowledge，知識；L：Learning，學習；D：Database，資料

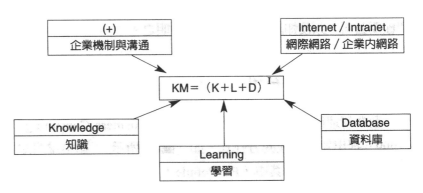

圖3-2 知識管理組成元素架構圖二

資料來源：眾信企業管理顧問公司（2000）。

庫；I：Internet/Intranet，網際網路／企業內網路；＋：企業機制
與溝通網路。

知識管理價值鏈

　　為瞭解知識管理活動，如何在企業經營中創造價值，傅清
富（2001）曾以知識管理活動流程與功能，透過Porter在策略分
析上的企業價值鏈觀念，發展出所謂的「知識管理價值鏈」，如
（圖3-3）所示。

　　Porter（1985）曾以價值鏈觀點，檢視企業價值體系中的技
術能力，以做為經營策略上競爭優勢來源的考量基礎。因此，我
們也可以運用圖中類似的架構，來呈現知識管理活動的價值，這
個價值鏈包括：知識管理基礎建設、知識管理流程活動，以及知
識管理績效（傅清富，2001）。首先，知識管理的基礎建設，主
要包括知識管理活動的促動要素，也就是用來支援知識管理活動
的一些組織基礎建設。可將其歸類為：領導與管理、資訊科技的
應用、組織文化塑造、人力資本維持等四項要素。

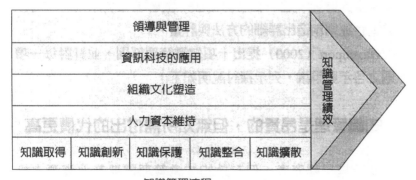

圖3-3　知識管理的價值鏈
資料來源：傅清富（2001）。

再者,知識管理的流程架構,則可歸類為:知識取得、知識創新、知識保護、知識整合與知識擴散等五個階段。最後,知識管理的績效評估,則可以以兩種指標來衡量(Buren,1999):一種是財務績效,如投資報酬率之類,但不易用來衡量知識管理的成效;另一種屬於非財務性的衡量,包含前置時間、顧客滿意度、新產品開發績效等。學習方面的衡量,則包括溝通績效、員工能力成長、團隊共識等。這些非財務指標,也就是一段所謂的智慧資本或無形資產,與公司的核心競爭力有很大的關聯性。

3.3 知識管理的原則

目前已有許多組織開始覺得其員工的知識,是組織中最有價值的資產,此觀點可能是正確的,但實務上甚少組織實際開始積極管理其知識資產。知識管理通常只由哲學或技術層次來予以描述,甚少針對可以如何管理知識,以及如何在日常中更有效運作,給予使用或進行的實務性探討。在組織謀求知識管理之際,初期階段最合適的討論焦點,並不是詳細的策略,而是高層次的原則。當一個組織確立知識管理相關原則時,可以根據這些原則創造出詳細的方法與計畫。

Davenport(2000)提出十項知識管理原則,並針對每一項原則之啟示與爭議,列示探討說明如下:

❖ 知識管理是昂貴的,但無知所需付出的代價更高

知識是一種資產,但有效的知識管理需要其他資源之投入。有許多特別的知識管理活動,需要金錢或勞力之投入,而這些投入項目包括:

- 為掌握知識而製作成文件，並將文件存入電腦系統中。
- 透過編輯、包裝與修飾，來增添知識之價值。
- 發展知識分類的方法，並促使這種分類對知識產生新的貢獻。
- 為知識分配而開發之資訊科技的基礎設施及其應用。
- 教育員工創造、分享並使用知識。

顯然知識管理需要付出成本，雖然知識管理是昂貴的，但不管理知識的成本可能會更高。什麼是無知與愚昧之成本？一個組織忘卻重要的員工知識，無法快速回答顧客之問題，或作成粗糙的決策之成本會有多高？

有效的知識管理需要人員與科技之整合

管理者與專業人員自1950年代以來，即已聽到以機器為基礎的知識，唯事實上，想要有效管理知識的組織，仍依然相當仰賴人力。人類對某種類型活動非常勝任，但電腦對其他活動亦相當在行；人是昂貴而難相處的動物，但人相當熟練於某些知識技能。當我們尋找瞭解知識並需要在較廣泛脈絡下，來予以解釋之際，或者與其他類型資訊相結合，或綜述各種無結構的知識類型時，人是受到高度肯定的工具。

電腦與通訊系統專精於其他類型事務，在快速變化的高度結構化知識之掌握、傳送與分配上，電腦比人類更有能力。電腦及通訊系統已變得日趨有用，但在較不具結構性脈絡下及看得見的知識上，電腦在完成相同任務時，會顯得有點笨拙。然大多數想要在某一特別知識領域中，獲得豐富意義的人，會較少求助於電腦與通訊系統。因此，需要建構整合的知識管理環境，以便人員與科技之運用能夠相輔相成，此概念亦為本書在建構個案公司知識管理模式的理念。

知識管理具高度政治性

知識是力量並不是一項秘密，因而知識管理也是高度政治性的行動。如果知識是與權力、金錢與成功相互關聯的話，它也會與利益團體（interest groups）密謀、交易有關。如果沒有政治出現於知識管理方案周遭，則顯示的訊息是：組織及其人員可能覺得，正在發生的事務並沒有價值。有些管理者會責難政治現象，但機靈的知識管理人員會承認並培養政治活動。知識管理人員會遊說知識的價值及使用，其會扮演擁有知識者與使用知識者間交易之經紀人。他們會培養有影響力之「意見領袖」（opinion leaders），使其成為知識管理途徑之早先採納者。在最高的層次上，他們會試著型塑知識管理，並使其在整體組織上能有較佳之運用。

知識管理需要知識管理人員

重要的組織資源，諸如勞力與資本會分配至管理的任務上。但除非組織內有一些人員肩負這方面的明確職責，否則知識將不曾獲致良好的管理。此一團體或人員是負責蒐集並分類知識，建立知識導向科技的基本設施，並監控知識的使用。如果是尋求組合並控制所有的知識，知識管理的功能可能會激起組織內的怨恨或關注。組織的目標應僅是助長他人的知識生產、分配與使用。再者，知識管理人員本身，不應以言語或行動，來顯示自己比其他人更具有知識。

知識管理自圖像獲得的利益甚過於模式，自市場甚過於階層制度

當管理知識係以創造類似百科全書之階層模式或知識結

構，而且能夠管理知識的蒐集與分類，其相當具有吸引力。但大多數組織最好讓知識市場自行運作，而且只要提供並繪製顧客需要之知識圖像即可。這種描述於圖像中的知識傳播，可能不符合邏輯，但對於使用者而言，其用途甚於假設性的知識模式，因為模式通常只為創造者所瞭解，但甚少能完全付諸實踐。將組織知識繪製成圖像，是有助於進入使用知識之單純活動。

知識管理人員可以從資料管理者的經驗中獲得學習，根據資料管理者的經驗，其資料組成為未來可利用的結構之複雜模式，甚少付諸操演，但組織亦甚少會主動創造資料圖像。因此組織甚少擁有任何指南，以獲悉現存的資訊。讓市場運作意味著，知識管理者試著使知識具有吸引力，以及儘量使人容易予以使用。

✦ 分享並使用知識通常是不自然的行動

如果知識是有價值之資源，為何應該予以分享呢？如果我的工作是創造知識，為何我應該使用你的知識來替代我的知識，而使得我的工作不保呢？有時我們會對知識沒有被分享或使用而感到奇怪，但我們最好正視知識管理者的假定，亦即人類很自然的傾向，反而是去貯藏本身的知識，而且對其他人的知識，會有很深的存疑。讓別人進入我們的知識體系，以及尋求來自他人的知識，不僅會讓其感到有威脅，而且也需要徹底的努力。因此，我們必須受到高度的激勵，才會願意去從事此種活動。

如果知識管理者採納此項原則，我們不會將知識的分享與使用視為理所當然。我們不會假定裝設某項知識管理資訊系統，便會導致知識的普遍分享，或者促成資訊的可資利用，便會必然導致知識的使用。我們將會瞭解知識的分享與使用，必

須透過時間信譽技術（time-honored techniques），例如，表現的
評價、補償等；而有些公司亦已經開始評價並獎勵，願意進行
知識分享與使用之人員。

知識管理意味著改進知識的工作程序

提出並改進一般知識管理程序是相當重要的，但在一些特
別的知識工作程序中，知識的生產、使用與分享是相當密集
的。這種特別的程序會隨著組織類別而異，因此可能會包括市
場研究、產品設計與發展，以及甚至於是訂購體系與訂定價格
的執行程序。如果知識管理能夠獲得真正的改進，這種改進必
定是在重要的企業流程中形成。根據Davenport及其同事的研究
發現，最有效的改進途徑是由上而下（top-down）的流程「再
造」（reengineering），和藉由自主知識工作者由下而上（bottom-
up）的設計兩者之間的折衷方式。具有創意的知識工作較少會
需要由上而下的介入，而知識應用流程則需要稍微多一點的介
入。然而對於組織再造之調查顯示：卻很少會在程序改進方案
中，提出任何類型之知識工作程序，因而忽視知識管理的重要
性。

知識的進入機會只是起始而已

知識的進入機會是重要的，但成功的知識管理也需要人員
的注意力與約定。注意力是資訊時代的流通現金，為使知識消
費者能注意知識，知識消費者必須超越只是被動接收者的角
色。更積極得參與知識，可以透過對其他人描述及報導知識來
達成；也可以透過基於知識運用的角色扮演與遊戲方式，還有
經由與提供者的密切互動來接收知識。當被接收到的知識是誠
如Nonaka指出的內隱性知識時，則會顯得特別重要。有一些組

織已經開始協助其管理者及成員參與知識，這種作法是相當值
得稱許的。

知識管理是永無止境的

　　知識管理者可能會覺得，如果能夠使其組織的知識獲得控
制的話，他們便已完成工作，然知識管理的任務卻是永無止境
的。如同人力資源管理或財務管理一般，從不會有知識已經完
全受到管理的時刻。知識管理永無止境的另項理由是，所需要
的知識總是變動的。新科技、新管理途徑與新規範議題，以及
新的消費者關係，總是不斷地出現及被討論。組織必須改變經
營策略、組織結構、產品與服務重點，而新的管理者與專業人
員，亦會有新的知識需求。知識環境的快速變遷顯示，組織不
應花太多時間於製作知識圖像，或模式化某項特別的知識環
境。因為在接近完成之前，事實上這種環境可能已不復存在。
因此，知識環境的描述應是快速而且容許模糊，並且只擴展至
保證受到使用的程度。

知識管理需要知識契約

　　在大多數的組織中，並不清楚誰擁有或具備使用其成員知
識的權利。員工的知識是組織所擁有的或是租用的？是否所有
員工腦中的知識是雇主的財產？在檔案室或電腦磁片傳動裝置
中的知識又是如何？在進行諮詢時，什麼是顧問的知識？很少
組織會有處理這些議題的措施。很多組織擁有員工的知識，至
少在員工上班時間是如此，然有一些社會變遷導致此種區分益
形困難。員工更快速轉移至新的工作及新的組織；工作生活與
家庭生活間之區分變得更為模糊；出現更為彈性的工作者。過
去甚少組織會將員工的知識，予以萃取並形諸於文件之中。如

果知識確實成為更有價值的組織資源,我們可以期待看到的是,會有更多的注意力投注於知識管理之合法性。**智慧財產** (intellectual property) 法律已經是法律專業中,成長最為快速的領域,而且未來只會更快速成長。

3.4 知識管理的步驟

本章節探討知識管理的步驟,分別由PLAUT國際管理顧問公司,以及不同學者論點來加以說明之。

❖ PLAUT國際管理顧問公司觀點

普羅特國際管理顧問公司 (PLAUT International Management Consulting) 曾主張有效的知識管理,會遵循下述三項步驟 (PLAUT International Management Consulting,2000):

✚ 進行知識內容分析

透過程序分析與製作文件,可指認出在每一程序被應用至任務之知識所在。此時知識的核心被指認出來,而且特別的知識內容,必須由每一個知識核心的專家,予以發展並揀選出來。

✚ 激勵人員與文化

指認所需的知識、知識核心與這些核心知識的專家,必須建立透過內部溝通與表現管理機制,來支持知識分享的環境。必然需要的是,人員必須對分享與再次使用知識作出承諾,才能提升其表現。在此階段,知識維持的方法,以及增加並更新知識之責任,必須予以正式化。此時,可能需要提供一位知識

編輯者，來負責維持知識水準及一致性。

✚ 資訊科技

最後的一項步驟是，設計促使知識快速可供消費及更新之技術性工具。知識管理之**資訊科技基本設施**（IT infrastructure），應該包括：

- ·知識之儲存處。
- ·溝通之基本設施。
- ·環繞著團隊網路與工作流通，而建立的應用環境。

此時，網際網路與網路之套裝設備，是促使組織知識快速可資利用之有效機制。

❖ Boynton觀點

Boynton（1996）亦曾提出，開始從事知識管理的四個步驟：

- ·**使知識顯現出來**（making knowledge visible）。
- ·**建構知識的強度** （building knowledge intensity）。
- ·**發展知識文化** （developing knowledge culture）。
- ·**建構知識的基本設施** （building knowledge infrastructure）。

Boynton所提知識管理的四個步驟，如（圖3-4）所示。步驟之間是相互依賴、相輔相成的，因此若僅從事其中一項步驟，而忽視其他步驟，將會阻礙整個知識管理的推行是否成功，而且造成知識管理無法成為組織之重要核心事務（Broadbent，1998）。對於知識管理而言，這四個步驟的統整與並行相當關鍵，而且事實上，這種整合的方法與其它的管理技術是相互一致的。

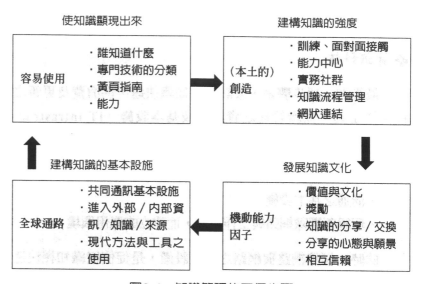

圖3-4　知識管理的四個步驟
資料來源：Broadbent（1998）。

✛ 馬曉雲觀點

　　知識成為企業競爭的優勢，在建立知識管理時，除需要有明確的知識架構外，應同時考量：產業動態、組織現況、競爭者、核心專長、關鍵優勢等，如此才能建立富競爭力的知識管理系統。另外，在企業推動的方式上，有問題導向、客戶導向、策略導向與標竿導向等四個方式（馬曉雲，2000a；2000b）。

　　無論何種推動方式都可以達成知識企業的目的，只是程度上的不同而已。一旦建立好知識管理架構後，即進入實質推動的階段，而知識管理的推動，則有如下的五個步驟：

✛ 組織知識管理團隊

　　在步驟一組織知識管理團隊（task force）下，其行動計畫為：溝通建立知識管理的必要性與推動計畫，如擬訂推動計

畫、種子人員訓練、知識執行長等，其階段目標在於凝聚組織共識。

✤ 知識分析與盤點

在步驟二**知識分析與盤點**（knowledge analysis and check）下，其行動計畫為：瞭解組織知識管理的現況與作法，如檢視策略、目標、願景等組織現況，其階段目標在於迎向未來。

✤ 知識整合

在步驟三**知識整合**（knowledge integrated）下，其行動計畫為：有系統、有目的、有組織的學習，知識才能產生力量，如整合性管理系統、標竿學習等，其階段目標在於建立競爭優勢。

✤ 知識規劃與設計

在步驟四**知識規劃與設計**（knowledge planning and design）下，其行動計畫為：管理知識轉化資訊的過程，如知識管理架構，其階段目標在於善用組織智慧。

✤ 數位化學習與實施

在步驟五**數位化學習與實施**（e-learning and implemented）下，其行動計畫為：建立虛擬化的學習系統，以提升知識工作者的工作能力與創造力，如知識管理系統、學習型組織等，其階段目標在於塑造企業文化。

3.5 知識管理的評估

對於企業而言，有了知識管理技術平台，並完成知識行銷

後，必能活化企業內部的流程、提升企業的競爭力。但是，我們如何正確地評估這些有形或無形的知識管理推動成效？

目前許多管理顧問公司提出不同的績效評估方式，共通點就是試圖量化無形成效的部分。本章節針對於知識管理的績效評估，提出「知識獲利指數」（Knowledge Profit Index，簡稱KPI）與「知識價值貢獻度」兩套觀念，從企業有形與無形的獲利，以反量化知識價值的貢獻來討論，以評估企業推動知識管理的成效（嚴啓慧、陳永隆等，2001；陳永隆、林再興，2002）。

❖ 知識獲利指數

知識獲利指數
Knowledge Profit
Index

知識獲利指數，係指導入知識管理後的有形獲利與無形獲利總和，與導入知識管理總成本的比值。

所謂知識獲利指數，係指導入知識管理後的有形獲利與無形獲利總和，與導入知識管理總成本的比值，如（圖3-5）所示。所謂有形獲利，是指因為導入知識管理後，本業、商品、會員收費、廣告收益、服務收費等實質的收益值；無形獲利則事先由企業主設定評估項目，如知識分享、文件分類、員工競爭力、工作效能提升等，滿意度則由企業內部高階主管（知識管理評估小組）共同評分，再將各項滿意度經加權計算後，轉換成無形獲利的值。至於，有形獲利與無形獲利的比重，則由企業主於導入前先行設定。一般而言，要評估知識管理導入後的效益，可以在技術平台導入完成並開始使用後，每半年進行一次評估，至少持續兩

$$KPI = \frac{\text{有形獲利} + w \times \text{無形獲利}}{\text{KM導入成本}}$$

w：無形獲利加權值

圖3-5 知識獲利指數
資料來源：陳永隆、莊宜昌（2005）。

年，較能具體看出導入成效。

在KPI的公式中，無形獲利的加權值，必須在知識管理導入前，依據公司經營決策者對於無形獲利的項目與認知比重程度，事先賦予適度的權重。陳永隆與莊宜昌（2005）建議此無形獲利之加權值在20～100為最適宜，但若企業主認為無形效益應完全轉為有形獲利，亦可將加權值設定為零。同樣地，若企業主認定無形獲利將成為公司最大資產，則可將無形獲利權重調高為200%、300%。將加權後的無形獲利與有形獲利進行加總後，除以當時投入知識管理導入的總成本（含組織教育訓練、顧問專案導入、技術平台採購費用等開銷），即為知識獲利指數。

❖ 知識價值貢獻度

知識雖然無法直接測得，但知識應用後的產出，即所謂的知識價值貢獻度，卻可以具體測出企業的知識能量。所以，物體受力後，可以由產生的加速度而知道力的大小；同樣地，企業受到知識作用後，可以由產生的價值貢獻度而知道知識能量的多寡。

雖然知識不容易被量化評估，但知識管理導入企業後，若能事先定出明確的價值構面，並在每個價值構面下，定出可量化的評估指標，再透過賦予每個指標量化評估的標準，仍可以協助企業在導入知識管理後，進行持續追蹤與評估知識價值貢獻度。

❖ 評估流程

企業在制定「價值評估指標」時，可以採用「德菲法」（Delphi）的評估流程進行，如（圖3-6）所示。德菲法之評估者人數與評估循環次數，均會影響整體評估時程。其評估重點如下：

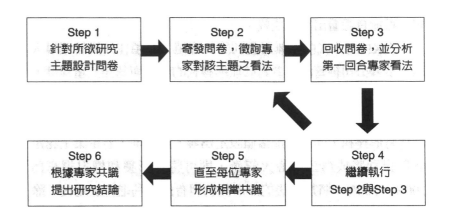

圖3-6 德菲法評估流程圖
資料來源：陳永隆、莊宜昌（2005）。

・選取評估者式專家級受試者，並以匿名方式詢問其對問卷主題的觀點、建議、批評與預測。

・每一位受試者均接受全體平均反應之回饋，以確認對這次全體平均的評估反應表示同意或反對，並開始第二輪的德菲法。

・再次呈現全體平均評估反應給受試者回饋，並說明爲何不同意全體平均評估反應之原因。

・當受試者瀏覽全體受試者多數的評估意見之後，再作新的評估回應。

・經過一輪的德菲法之後，如果意見的收斂並未明顯增加，步驟三與步驟四可以再重複，直至評估反應有了大概的共識。

❖ 評估方法

　　執行績效之評估方法則以楊國安等人於2001年所提出的「組織學習能力」之衡量評估方式爲應用依據。其評估方式乃包含下列重點（陳永隆、莊宜昌，2005）：

‧依評估性質與目的確立評估構面與方向。

‧依據評估方向與構面，設定若干評估問題。

‧將評估問題列表，並採用「五分法」（1～5分）或「十分法」（1～10分）的評估方式，進行對評估問題的權重與順序評估工作。

‧將各評估構面所屬的評估問題之得分加總，以辨別各評估構面之評估權重與順序。

‧藉由評估構面的權重與順序，作為分析各評估結果的資訊來源。

　　假設某企業已經決定五個價值構面，分別為：顧客滿意、員工成長、企業獲利、流程改善、全面創新。依據上述評估時程與方法之概念，在各價值構面確認後，企業應先交由各子單位負責人在每個價值構面下，先行制定十五項其本身認為最具代表性的價值評估項目，並視其各價值構面的評估項目之影響重要性施以權重處理，再將各部門所提出價值構面評估項目予以彙整。

　　接著將重複或類似的價值構面評估項目加以整合，並挑選出各價值構面權重最高的前十個價值評估項目；然後再以權重大小順序不公開的情況下，將這些價值構面評估項目發放到各大事業部單位進行再評估。

　　經過上述幾個階段的評估處理後，所得到的各價值構面之十大權重項目，以及各單位之評估最後結果，整理如（**表3-3**）所示：

表3-3 價值構面之評估項目與衡量指標

價值構面一:顧客滿意	
・顧客滿意度	・顧客問題解決次數／率
・市場／營業額成長率	・顧客獲利率
・顧客忠誠度／延續率	・新產品需求供應效率
・顧客抱怨／讚許次數(或比率)／	・新顧客成長率
品質反應	・知識庫文件建檔成長率
・市場占有率	

價值構面二:員工成長	
・員工產值／生產力	・員工出勤狀況／率
・教育訓練時數	・個人發表文章次數
・員工提案成功率	・職涯諮詢次數
・專業知識／技能評鑑分數	・員工流動率
・員工提案次數／率	・員工績效評核等級／分數

價值構面三:企業獲利	
・淨利／淨利率	・預算達成率
・投資報酬率	・新產品獲利比例
・產品線獲利率	・研發報酬率
・市場成長率	・員工平均產值
・總營業額(金額或數量成長率、預算	・專利授權利潤
達成率)	

價值構面四:流程改善	
・作業流程簡化(減少經手單位,	・標準作業流程建立數目
時間…)	・作業稽核標準的設立
・產品線溝通效率	・目標與實際工作進度差異
・SOP改善效益(成本降低…)	・售後服務效率
・成本降低	・「互動／協同作業」工具使用率
・營運成本降低率	

價值構面五:全面創新	
・產品競爭力提昇	・跨部門協同合作頻率／團隊運作
・新價值觀念引進數目	比例
・工作改善提案(重要度、次數)	・知識社群創意提案數
・研發戰力提升	・產品新開發創新率
・改善問題創新率	・提案效益(銷售增加、降低成本…)
	・科技應用普及率

資料來源:陳永隆(2002)。

3.6 知識管理的關鍵

本章節探討知識管理推行的關鍵，包括實施成功與否的關鍵要素、失敗的原因，以及所產生的問題。

✦ 成功關鍵要素

在知識管理實施成功的關鍵要素（陳永隆，2001），有如下要項：

- ·高階主管的決心與支持。
- ·員工全力投入參與。
- ·預期目標量化且明確。
- ·企業策略目標與員工核心優勢結合。
- ·優秀的高階知識經理人。
- ·提供獎賞與參與的誘因。
- ·不斷的溝通與推廣。
- ·成效評估追蹤。
- ·認為一定會成功。

✦ 失敗原因

知識管理推行失敗的原因（陳永隆，2001），有如下要項：

- ·缺乏使用者參與（20%）。
- ·系統沒有融入工作流程中（19%）。
- ·系統過於複雜（18%）。
- ·使用者缺乏訓練（15%）。

- 使用者看不到利益（13%）。
- 高階主管未能參與（7%）。
- 技術問題（7%）。

其中，我們不難發現第一項至第六項（即除第七項之技術問題外），均是有關於人的因素，可見在企業知識管理的推行上，人的因素占有非常重要的關鍵地位。

❖ 知識管理的問題

在1990年代資訊科技跨入知識管理領域，但大多是針對特別的目的，而無堅實的理論依據，無法深入瞭解像是人們在工作中的認知過程、企業的效能或是管理哲學與實務等。粗糙的供應商只注重極為簡單的解決之道，其原因或多或少可歸咎於對客戶缺乏高度的認識與理解。

許多組織在導入一套知識管理或企業資源規劃系統時，會感到訝異並且發現，他們所載入的不只是一個大範圍的資訊管理工具，同時得到的是一套精密的管理體系與運作實務，致導入的系統並不符合他們的管理哲學與信念、企業方針與實務。其他已浮上檯面的問題還有：

- 有些高階管理者獨力創造理想化的知識管理系統，建立在他們的個人信念與對最佳操作實務的認知，但卻不符合企業所需要的。因此會使產生的知識能力無法為企業廣泛運用，或是導致實務運作之結果無法符合於企業最高的利益。
- 知識管理系統已發展到不切實際的用途，最後產生挫敗與失望，並且經常被迫取消執行。
- 有別於著眼在企業需求與機會，而將知識管理系統放在一般工作的應用。許多這類知識管理作業的結果，能為

企業產生的價值並不高。

· 許多知識管理在導入時沒有配置足夠有能力的人員與相關資源，因而導致失敗。

· 在知識管理起始之初，對於長期持續進行的重要性缺乏認知，造成只能讓企業得到最低程度的結果。

大多數的知識管理實行者能察覺到這些問題，並且致力於提高知識管理所需的認知層級，以及改進知識管理與相關的理論、方法與實務。這些努力造就了新一代知識管理的產生，並且提供知識管理實行者有效的執行能力。

3.7 新一代知識管理的觀點

實際的知識管理工作需要有效能的溝通，在企業內的各個層級都能分享知識與看法。為了達成這個目的，瞭解不同職位的人所持的考量與觀點，將會有所助益。知識管理及較為廣博的智慧資產之控管，皆可以由不同的觀點來看，範圍從國家社會的層級至企業的層級，再到操作實施的層級。

（表3-4）列出智慧資產控管與知識管理觀點的五項層級，茲說明如下：

❖ 全球／社會的觀點

全球／社會的觀點（societal/global perspectives）注重於建立知識相關的能力，以改善地區與社會的競爭力。例如，將教育課程系統化，以儲備現今及未來的整體工作力，還有發展高品質的工業及商業的專門技術等。

表3-4 智慧資產控管與知識管理觀點的五項層級

觀點	重點	範疇	行動實例	理論領域
全球／社會的觀點	・智慧資本的控管	・建立知識相關的能力，以改進社會的競爭力與能力	・教育學程系統化，以儲備現今與未來的整體工作力 ・尋找全球最佳的專業技術合作	・社會經濟科學 ・政治學
策略觀點	・智慧資本的控管	・創造產品與服務 ・建立並擴展與客戶、供應商及其他利益關係人之間的關係	・將創意發展委外給供應商 ・學習可使客戶成功的事項 ・智慧資本資產互相交換	・市場理論 ・管理學理論 ・經濟學
戰術觀點	・知識管理	・利用知識流程以達到更有效能的企業營運	創新可以減少： ・上市時間 ・員工流動率 ・低劣品質	・公司的經營哲學 ・管理科學／作業研究
實作觀點	・知識管理	・建立並培養整體性的知識管理實務 ・選擇、發展及管理個別的知識流程	・課程學習計畫 ・專家網路 ・知識領域地圖	・管理科學／作業研究 ・社會科學
知識實行、控制及應用的觀點	・知識管理 ・知識工程	・控制及應用知識，以反映出人們、組織與無生命的器材如何處理知識	・將知識與思考風格和工作需求互相結合 ・傳遞專業知識給其他員工	・認知科學 ・系統科學 ・資訊科學

資料來源：Wiig（2004）。

策略觀點

策略觀點（strategic perspectives）注重在建立、擴展企業與客戶、供應商與其他利益關係人之間的關係，以產出策略性的產品與服務。例如，那些基於知識能力所發展出的新策略，還有將創意發展委託給供應商，以智慧資產互相交換等。

戰術觀點

戰術觀點（tactical perspectives）注重在利用知識流程，以達到更有效能的企業營運。例如，以知識管理支援創新概念，以減少營運成本、縮短上市時間、降低員工轉職率及改進品質等。

實作觀點

實作觀點（operational perspectives）注重在建立與培養一致性的知識管理實務，並管理個別的知識流程。例如，知識管理實務的執行，像是課程學習（lessons learned）、專家網絡（expert network）、知識領域地圖（knowledge landscape mapping）等。

知識實行、控制及應用的觀點

知識實行、控制及應用的觀點（knowledge implementation, manipulation, and application perspective）注重在控制與應用知識，以反映出人們、組織及無生命的器材如何處理知識。例如，將知識與思考風格及工作需求互相結合，傳遞專業知識給其他員工等。

（圖3-7）說明了智慧資產控管與知識管理觀點五個層級中的特定項目；隨著人們所扮演角色的改變，其所處觀點也不同，對於工作範疇的見解也會從廣博長遠的策略，考量轉換成特定工作上（較狹義的）的短期任務，以完成具體工作事項。

在任何族群中，分享見解是很重要的，甚至是必要的，可以在狀況中運用最小的力量將智慧資本資產做出最有效能的利用，像是那些由一般階層員工用來實行企業策略所展現的知識

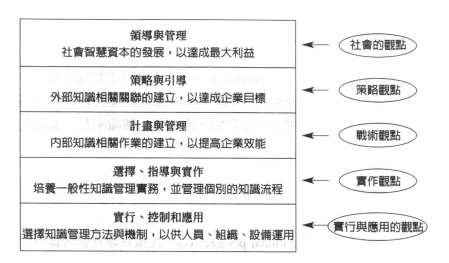

圖3-7 智慧資產控管與知識管理中五項層級所代表的角色
資料來源：Wiig（2004）。

密集工作。大多數主要的員工似乎僅僅對實作的工作有興趣，也就是在實作與應用這方面有興趣；而小部分的人卻是對於監督與管理的工作有興趣；較高層級的（較宏觀的）工作似乎只能引起更少數族群的興趣。這就是說，至少在一開始時，我們需要精明的方法並專注心力，才能做到對於智慧資本控管與知識管理工作大範圍觀點的認知。

重
點
摘
錄

- 知識管理乃是為了適應複雜化的社會，以價值創造為目的之一種策略性議題。如果企業的最高管理階層沒有堅強的意志，便不可能實現知識管理。知識管理可以同時提升組織內創造性知識的質與量，並強化知識的可行性與價值。

- 本書將知識管理定義為：係指知識經由資訊系統的建置，而融入文化生態的價值，是為知識資訊化與價值化的過程。

- 一般學者對知識管理的定義，若由學派的角度切入，則可以劃分為：操作程序、生產工具、專業學科等三個學派。

- 面對知識經濟時代來臨，所有的組織都應成為學習型組織，而這種組織的形成，係以知識與學習為基礎，且需具備學習與知識管理的能力與實際行動。唯有充分發揮知識管理的功能，將學習與知識文化融入到組織文化中，組織方能轉變成為知識化的學習型組織。

- 在知識管理的目標上，知識管理不是專注於個人，其目標是針對組織，而且包括組織的三個層次：意即為個人、過程與組織等層次，以獲致最高之組織表現。

- 以價值鏈觀點，來呈現知識管理活動的價值，這個價值鏈包括：知識管理基礎建設、知識管理流程活動，以及知識管理績效。

- 知識管理的幾項主要特徵：關注「人力資本」層面；對象是人員知道如何的能力；目標在於提升組織的生產力與創新力。

- Davenport提出十項知識管理原則：知識管理是昂貴的，但無知所需付出的代價更高；有效的知識管理需要人員與科技之整合；知識管理具高度政治性；知識管理需要知識管理人員；知識管理自圖像獲得的利益甚過於模式，自市場甚過於階層制度；分享並使用知識通常是不自然的行動；知識管理意味著改進知識的工作程序；知識的進入機會只是起始而已；知識管理是永無止境的；知識管理需要知識契約。

- 普羅特國際管理顧問公司曾主張有效的知識管理，會遵循下述三項步驟：進行知識內容分析；激勵人員與文化；資訊科技。

- Boynton提出開始從事知識管理的四個步驟：使知識顯現出來；建構知識的強度；發展知識文化；建構知識的基本設施。

重
點
摘
錄

- 馬曉雲認為知識管理的推動，則有如下的五個步驟：組織知識管理團
  隊；知識分析與盤點；知識整合；知識規劃與設計；數位化學習與實
  施。

- 所謂知識獲利指數，係指導入知識管理後的有形獲利與無形獲利總和，
  與導入知識管理總成本的比值。

- 雖然知識不容易被量化評估，但知識管理導入企業後，若能事先定出明
  確的價值構面，並在每個價值構面下，定出可量化的評估指標，再透過
  賦予每個指標量化評估的標準，仍可以協助企業在導入知識管理後，進
  行持續追蹤與評估知識價值貢獻度。

- 企業在制定價值評估指標時，可以採用德菲法的評估流程進行，而德菲
  法之評估者人數與評估循環次數，均會影響整體評估時程。

- 知識管理實施成功的關鍵要素有：高階主管的決心與支持；員工全力投
  入參與；預期目標量化且明確；企業策略目標與員工核心優勢結合；優
  秀的高階知識經理人；提供獎賞與參與的誘因；不斷的溝通與推廣；成
  效評估追蹤；認為一定會成功。

- 知識管理推行失敗的原因有：缺乏使用者參與（20%）；系統沒有融入
  工作流程中（19%）；系統過於複雜（18%）；使用者缺乏訓練
  （15%）；使用者看不到利益（13%）；高階主管未能參與（7%）；技術
  問題（7%）。

- 知慧資產控管與知識管理觀點的五項層級：全球／社會的觀點；策略觀
  點；戰術觀點；實作觀點；知識實行；控制及應用的觀點。

重要名詞

取得知識（knowledge acquisition）

表現知識（knowledge representation）

尋找知識（knowledge finding）

知識為基礎之體系（knowledge-based systems）

人工智慧（artificial intel-ligence）

軟體工程（software engineering）

知識管理人員（knowledge management officers）

能力（competence）

知識（knowledge）

知道如何（know-how）

技能（skill）

資訊（information）

能力（capability）

智慧（wisdom）

個人（people）

科技（technology）

流程（process）

策略（strategy）

知識管理（knowledge management）

利益團體（interest groups）

意見領袖（opinion leaders）

時間信譽技術（time-honored techniques）

由上而下（top-down）

再造（reengineering）

由下而上（bottom-up）

智慧財產（intellectual property）

資訊科技基本設施（IT infrastructure）

使知識顯現出來（making knowledge visible）

建構知識的強度（building knowledge intensity）

發展知識文化（developing knowledge culture）

建構知識的基本設施（building knowledge infrastructure）

管理團隊（task force）

知識分析與盤點（knowledge analysis and check）

知識整合（knowledge integrated）

知識規劃與設計（knowledge planning and design）

數位化學習與實施（e-learning and implemented）

知識獲利指數（Knowledge Profit Index，KPI）

德菲法（Delphi）

全球／社會的觀點（societal/global perspectives）

策略觀點（strategic perspectives）

戰術觀點（tactical perspectives）

實作觀點（operational perspectives）

課程學習（lessons learned）

專家網絡（expert network）

知識領域地圖（knowledge landscape mapping）

知識實行、控制及應用的觀點（knowledge implementation, manipulation, and application perspective）

問題與討論

1. 本書對知識管理所做的定義為何？請談談你個人的看法為何？並研析之。

2. 一般對知識管理定義的角度切入有哪三個學派？試研析之。

3. 知識管理的目標與層次為何？試研析之。

4. 何謂知識管理的價值鏈？試研析之。

5. 知識管理的特徵為何？試研析之。

6. Davenport所提的知識管理原則為何？試研析之。

7. 普羅特國際管理顧問公司主張有效知識管理的步驟為何？試研析之。

8. 何謂知識獲利指數？試研析之。

9. 企業在制定價值評估指標時，可採何種方法評估？試研析之。

10. 知識管理實施成功的關鍵要素為何？試研析之。

11. 知識管理推行失敗的可能原因為何？試研析之。

12. 新一代知識管理的觀點，有那五項層級？其個別的特性為何？試研析之。

Chapter 4

知識管理的學理觀點

本章節探討知識管理的學理觀點，討論的議題有：Nonaka與Takeuchi的組織知識轉化理論、Nonaka與Takeuchi的知識螺旋理論、Weggeman的知識價值鏈理論、Nonaka與Takeuchi的知識創造理論、Borghoff與Pareschi的知識生命週期理論、Tomaco的知識管理理論、Krebsbach-Gnath的知識管理組織變革理論、Hedberg與Holmqvist的知識管理競技場理論、知識管理變革促動理論，以及全面性知識管理。

4.1 Nonaka與Takeuchi的組織知識轉化理論

Nonaka（1991）認為知識有「內隱知識」與「外顯知識」二種。「內隱知識」只是個人的財產，知識要知道之後才有價值，亦有將其翻譯為「默認認知」更能傳神。這種知識存在於我們的大腦，不用言語表達，不露痕跡，由外表完全察覺不出。「默認認知」只有單方面或當事人知道，以致於好東西無法與人分享。一般不會去評估它的價值，像傳統師傅的技術或是工廠工人的精密技藝，一但失傳會令人相當惋惜，這些技術如何留給下一代，便是個很貼切的例子。好的知識如果只限於個人，而沒有被廣泛應用的話，終究只是徒勞無功，唯有知識的價值被認同，受到好的評價，知識才能化為力量，將「內隱知識」呈現於外，就是「外顯知識」，又稱「形式認知」。

（圖4-1）與（圖4-2）表示，從「內隱知識」轉化成為「外顯知識」的過程。其中，（圖4-1）先行說明內隱知識與外顯知識的特性與差異，再討論其間轉換的程序，如（圖4-2）所示。

Nonaka與Takeuchi兩位學者引進「顯性與隱性知識」（explicit and tacit knowledge）的概念，揭開了知識管理的序幕（Nonaka，1991；Nonaka & Takeuchi，1995； Nonaka，1998）。兩位學者主張隱性知識（tacit knowledge）：是諸如直覺、未清

隱性知識
tacit knowledge

隱性知識：是諸如直覺、未清楚敘明的心智模式與擁有之技術能力。

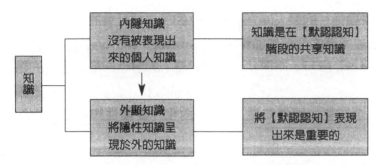

圖4-1 內隱知識與外顯知識的特性
資料來源：吳承芬譯（2000）。

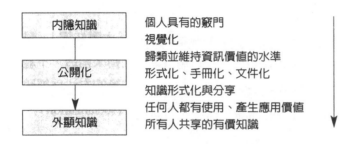

圖4-2 內隱知識轉外顯知識的程序
資料來源：吳承芬譯（2000）。

楚敘明的心智模式（mental models）與擁有之技術能力；而**顯性知識**（explicit knowledge）：是指使用包含數字或圖形的清晰語言，用以敘明意義之整組資訊。一般而言，日本重視隱性知識，亦即個人的、脈絡特有的，而且不易於溝通之知識；反之，西方學者則較為強調顯性知識，也就是正式的、客觀的、可分類編碼的知識。

根據Nonaka、Umemoto與Sasaki（1998）的觀點，前述兩類知識是互為補充之實體。兩者彼此互動，而且有可能曾透過個人或集體人員的創意活動，從其中一類轉化為另一類。更精確而言，這種基本假定是：新的組織知識是由擁有不同類型知識

> **顯性知識**
> **explicit knowledge**
>
> 顯性知識：是指使用包含數字或圖形的清晰語言，用以敘明意義之整組資訊。

（隱性或顯性）的個人間互動所產生的。這種社會的與知識的過程，構成所謂的四種知識轉換（knowledge conversion）方式，如（圖4-3）所示。亦即共同化（從個人的隱性知識至團體的隱性知識）、外化（從隱性知識至顯性知識）、結合（從分離的顯性知識至統整的顯性知識），以及內化（從顯性知識至隱性知識）。

（圖4-3）說明，從「內隱知識」到「外顯知識」的轉換過程中，所產生的四種不同知識轉換架構，茲說明其要點如下：

✛ 共同化

共同化
socialization

由個人的「內隱知識」轉換到團體的「內隱知識」，尋求個人相互達成知識共享的過程。

由個人的「內隱知識」轉換到團體的「內隱知識」，尋求個人相互達成知識共享的過程。知識可透過互動來創造，不經由語言即可獲得靜態的知識，而主要獲得靜態知識的方法為經驗，藉著經驗分享而獲得的知識，稱之「共同化」（socialization）。

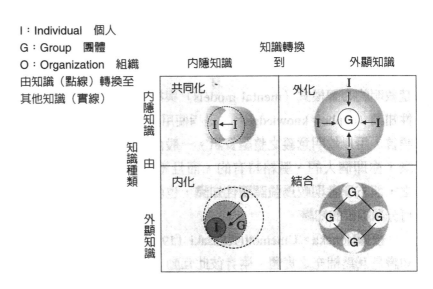

I：Individual　個人
G：Group　團體
O：Organization　組織
由知識（點線）轉換至其他知識（實線）

圖4-3　四種知識轉換的方式
資料來源：Nonaka & Takeuchi（1995）；Nonaka, Umemoto & Sasaki（1998）。

❖ 外化

由「內隱知識」轉換到「外顯知識」，將構想及知識言語化。將「默認認知」的知識轉為「形式認知」的知識，稱之「外化」（externalization），所以「隱喻」在這個過程中，就扮演著很重要的角色。

> **外化**
> **externalization**
>
> 由「內隱知識」轉換到「外顯知識」，將構想及知識言語化。

❖ 結合

由分離的「外顯知識」轉換到統整的「外顯知識」，將知識與既存知識及資訊結合在一起，化成具體的形式。運用社交過程結合不同人的明確知識，如開會、電話等，來交換或組合知識，這種方式稱之「結合」（combination）。

> **結合**
> **combination**
>
> 由分離的「外顯知識」轉換到統整的「外顯知識」，將知識與既存知識及資訊結合在一起，化成具體的形式。

❖ 內化

由「外顯知識」轉換到「內隱知識」，個人依實驗及實踐來導入。這類將「形式認知」的知識轉為「默認認知」的知識轉移，稱之「內化」（internalization），**行動**（action）與此過程有著密切的相關。

> **內化**
> **internalization**
>
> 由「外顯知識」轉換到「內隱知識」，個人依實驗及實踐來導入。

4.2 Nonaka與Takeuchi的知識螺旋理論

組織知識的創造，是透過所謂的穿越四種知識轉換方式之知識螺旋。知識的螺旋可能始於任何一種知識轉換方式，但通常是由共同化開始，如（圖4-4）所示。例如：在消費者的隱性知識上，「共鳴性知識」（sympathized knowledge）可能會透過共同化與外化，而成為一項新產品之顯性「**概念性知識**」（con-

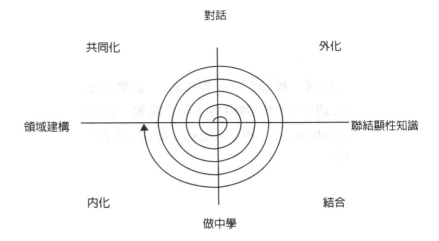

圖4-4 知識螺旋
資料來源：Nonaka & Takeuchi（1995）。

ceptual knowledge）。

概念性知識（例如一項新產品的概念）也會引導組合的步驟，將新發展的知識與現有的顯性知識相結合，以建立所謂「**系統性知識**」（systemic knowledge）之原型。隱藏於新產品生產流程中的系統性知識，也會透過內化而轉爲大量生產之「**操作性知識**」（operational knowledge）。同理，使用者的產品隱性操作知識，以及工廠員工的生產流程隱性知識，通常會被共同化，而且成爲傳遞改進產品之知識，或是造成另一項新產品之發展。

知識「共同化」之目的在分享「內隱知識」，而此種「共同化」只是知識創造的一種有限形式，很難產生績效。除非分享的知識能夠「外化」，否則它很難爲組織整體所應用。單純「結合」互不相關的外顯資訊，也無法擴大一個組織的既有知識基礎，但當「內隱知識」與「外顯知識」發生互動時，創新的活動就會發生，而「組織知識」是「內隱知識」與「外顯知識」相互持續互動的結果（楊子江、王美音譯，1997）。這種互動的形式取決於不同知識轉換模式的輪替，而這些輪替又導因於以下不同的機制，如（**圖**4-5）所示。

知識的轉換

內隱知識　　到　　外顯知識

	內隱知識 到 外顯知識	
內隱知識 由	共同化 共鳴性知識	外化 觀念性知識
外顯知識	內化 操作性知識	結合 系統性知識

知識的種類

圖4-5　知識轉換模式與所創知識內容
資料來源：Nonaka & Takeuchi（1995）。

茲將四種模式所創造的知識內容，列示說明如下：

· 「共同化」模式常由設立互動的「範圍」開始，這個「範圍」促進成員經驗與心智模式的分析。所產生的知識可稱為「共鳴性」知識，例如：共享的心智模式與技術性的技巧。

· 「外化」通常由「對話或集體思考」開始，應用適當的譬喻或類比，協助成員說出難以溝通的「內隱知識」。可透過如腦力激盪等方法，產生「觀念性」知識。

· 「結合」模式來自結合新創造的，以及組織其他部門已有的知識，使它們具體化成為新產品、新服務或新管理系統，所以會產生原型與新元件技術等「系統性」知識。

· 「內化」原動力來自「邊做邊學」，會產生專案管理、製造過程、新產品使用及政策執行等「操作性」知識。

在此四種模式及組織螺旋運作下，將會產生兩種層面，企業願景與組織文化提供探索「內隱知識」的知識庫，而資訊科技則探索「外顯知識」。目前市面上「知識管理」系統軟體，幾乎集中於「外顯知識」與資訊科技的結合應用，只及於探討

「外化」與「結合」，對於隱藏於個人深層的「內隱知識」則較少提及，是知識管理學理探討的不足處。

　　除了前述的組織知識創造流程之**認識論層面**（epistemological dimension）外，知識螺旋也可以從**本體論層面**（ontological dimension）來予以瞭解，亦即可跨越知識創造，諸如個人、團體、組織及**集團組織**（collaborating organizations）之實體層次，如（圖4-6）所示。個人的隱性知識是組織知識創造之基礎，組織會使個人層次創造出與累積形成的隱性知識產生流通，而且透過知識轉換之四種方式，將它擴展至上層的本體論層次。同時，在較低層次的組織知識，則會被使用並產生內化。

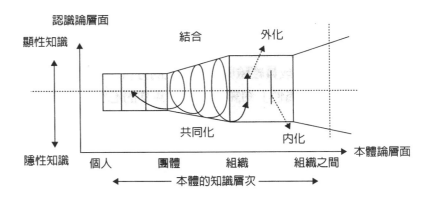

圖4-6　組織知識創造的螺旋
資料來源：Nonaka & Takeuchi（1995）。

4.3 Weggeman的知識價值鏈理論

　　依照Weggeman（1997）的觀點，可將知識的價值鏈繪製如（圖4-7）所示的流程圖。知識槓桿的一端從知識需求的確認開始，因此組織在任務、願景、目標、策略的方針指導之下，需要先決定需求的知識，透過組織中一個知識稽核的機制，決定

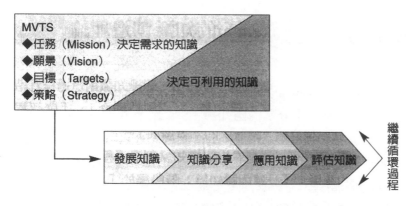

圖4-7 知識的價值鏈理論

資料來源：Weggeman（1997）。

出可資利用的知識。

其次進入發展知識階段，在此階段中，知識的取得途徑，究竟由外部購買或內部發展，也決定了發展知識的需求、程序，當確定由組織內部進行發展時，團隊運作的方式是重要的策略。於是依序進行團隊的知識分享以及組織層級的知識分享，進而應用知識與評估知識。如此不斷的循環，才能發揮組織知識價值化的槓桿效果。

仔細觀察在（圖4-7）中，並沒有知識創新、知識保護或知識傳播等部分，似乎Weggeman提出的概念並沒有充分的將知識管理的全貌完整呈現出來，事實上，自1999年以後有許多的文獻也出現類似的情況。不可否認的，任何一門的領域知識總是在既有的基礎上不斷的研究與發展，知識管理與創新亦同。如發展至2000年時，Lee 與 Yang（2000）提出與知識價值鏈結合的知識管理價值鏈模式。

4.4 Nonaka與Takeuchi的知識創造理論

Nonaka與Takeuchi教授進一步指出，組織知識創造過程五階段模式，分別為「分享內隱知識」、「創造觀念」、「確認觀念」、「建立原型」與「跨層次的知識擴展」。

由（圖4-8）可以清楚看出組織知識創造過程五階段模式與知識轉換的關係：「分享內隱知識」階段屬於「共同化」，「創造觀念」階段屬於「外化」，「確認觀念」階段屬於「內化」，「建立原型」階段屬於「結合」，最後的「跨層次的知識擴展」屬於「水平展開」。在市場運用上，則由相關的互助組織獲得開始，「內隱知識」產生，繼而是使用者獲得知識，經過內化後，透過廣告、專利、產品／服務，形成外化的知識，並在組織內全面性應用。

至於五種有利狀況：「意圖」係指知識螺旋的推動力，來

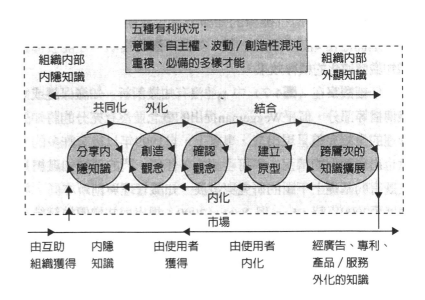

圖4-8　組織知識創造過程與轉換的關聯性

資料來源：Nonaka & Takeuchi （1995）。

自組織的企圖心,通常會以策略方式出現;「自主權」所指為在企業組織中,最能夠創造個人自主性環境的自動自發團隊之運作;「波動/創造性混沌」所指為因應外在環境的變化所形成的知識,包括曖昧不明、重複,或者雜音,來改善自身的知識體系;「重複」所指為跨部門知識之認知,屬於多職能的範圍;「必備的多樣才能」屬於多職工作,如第二、第三專長等。

4.5 Borghoff與Pareschi的知識生命週期理論

Borghoff與 Pareschi(1998)將Nonaka與Takeuchi的四種知識轉換方式,視為是一種知識之生命週期(knowledge life-cycle),如(圖4-9)所示。其中,知識生命週期之關鍵,在於隱性知識與顯性知識之區分。如前所述:顯性知識是正式的知識,可以被包裝成為資訊(information);此種知識可以形諸於組織的文件之中,包括:報告、文章、專利(patents)、圖片、影像、形象、聲音、軟體等。同樣亦可見諸於組織本身所擁有

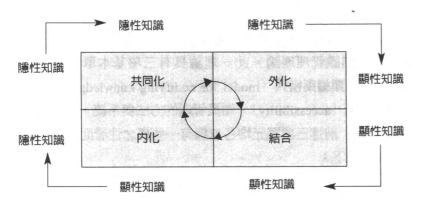

圖4-9　知識轉換模式形成知識生命週期

資料來源:Nonaka & Takeuchi(1995);Nonaka, Umemoto & Sasaki(1998)。

之狀況描述,如:組織圖、程序圖、任務宣示、專門技術領域等。相對地,隱性知識是個人知識,其與個人的經驗緊密相結合,而且是透過直接、面對面的接觸方式,來分享並傳遞知識。

顯性知識可用直接且有效的方式來進行溝通;相對地,隱性知識的獲得是非直接的,此類知識必須進入一個人的心智模式中,然後內化成為個人的隱性知識。事實上,這兩類知識是一體的兩面,而且對組織的整體知識而言,是同等重要的。隱性知識是**實務性知識**(practical knowledge),這是完成任務之關鍵。但很可惜地在過去卻經常受到忽視,而且往往成為最新管理思潮之受害者。例如:在企業流程再造的新方案潮流中,降低成本被等同於裁撤人員,但人員是真正且唯一的隱性知識寶庫,因而破壞了許多組織原已擁有之隱性知識。

顯性知識是組織擁有獨立於其員工之外的認同、能力與智慧資產;顯性知識也是組織的標準知識,但此類知識本身卻必須仰賴豐富的隱性知識背景,才得以繼續維持與成長。

4.6 Tomaco的知識管理理論

Tomaco(1999)曾應用Dobin(1978)的理論建構方法,發展出一項知識管理理論。此一理論具有三項基本單元,分別是:**知識分類編碼模式**(model for codifying knowledge)、知識的**可接近性**(accessibility)、知識管理的方法與系統,如(圖4-10)所示。 前述三項單元均各自擁有一些概念性層面,茲分項列述說明如下:

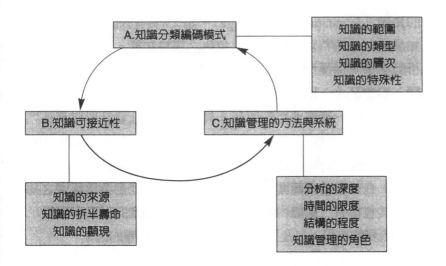

圖4-10　Tomaco的知識管理理論

資料來源：Tomaco（1999）。

知識分類編碼模式

　　此一單元有助於：確定分享什麼知識，以及如何分享。雖然有多元的組織知識觀點，但此一模式描述的是個人知識之分類編碼。

　　組織也會支持個人的知識創造，以及成員之間的知識分享。組織的知識管理角色，包括：建立信任並支持分享知識的氣氛，發展分享知識之基本設施，以及扮演其他的知識分享相關角色（王如哲，2000）。知識分類編碼模式，共包含四個層面：**知識的範圍**（scope of knowledge）、**知識的類型**（type of knowledge）、**知識的層次**（level of knowledge）、**知識的特殊性**（specificity of knowledge）。茲分別說明如下：

知識的範圍

　　係指敘述個人知識範圍的四個層級結構。最下底層是**基礎**

的知識（foundational knowledge），如人們的技能。次一個層級知識是某一項特別的工作，或角色之獨特知能，如資訊系統分析師必須具備操作程式的技能，以便診斷出資訊系統之操作問題。接續更上一層級的知識可能是功能性的知能，此一層級知識適用於某一特殊部門的所有人員，如所有在會計與財務部門服務的人員，均須具備財務分析的知能；每一位人力資源領域之專業人員，則均必須擁有參照獎勵機制，來考評人員表現的知能。在知識結構範圍的最頂端，是以組織或企業為範圍之知識，其包括有：組織內的整體業務知識、組織的優點與弱點、組織服務的市場，以及對組織成敗具關鍵性影響的因素。

✤ 知識的類型

在前述知識範圍中的四個層級知識，每一層級均有兩類知識，即**顯性知識**（explicit knowledge）與**隱性知識**（tacit knowledge）（Johnston， 1998；Nonaka，1998；Polanyi，1966）。顯性知識的呈現，是透過使用特別的工具與方法之專門技術；而隱性知識之出現，則是無法對他人清楚敘述，係屬於較為深層與非意識的層次。

✤ 知識的層次

前述的顯性與隱性知識，每一類均有四個知識層次：即為基本的、工作的、領導的、專家的。對於特定的知識類型，這些知識層次會記載於一些清楚且可測量之聲明書中，而一個人的知識層次，可由管理者、同儕、顧客，來共同予以評定。

✤ 知識的特殊性

最後知識的特殊性，是指確認一個人擁有某一特殊領域，或是多元領域之個人知識。例如：一位組織主管擁有學習理論知識，這是來自單一領域的知識。此位主管也必須知道如何使

用資源，並創造鼓勵所屬之誘因，來建立更有利於學習之組織環境。這種知識是來自於多元領域，包括：學習理論、績效管理與組織變革。

知識可接近性

知識可接近性（accessibility of knowledge）係指，在整個體系內知識可以被分享之程度。此一單元包含三個層面：**知識的來源**（source of knowledge）、**知識的折半壽命**（half-life of knowledge）、**知識的顯現**（exposure of knowledge）。茲分別簡述說明如下：

知識的來源

經過整理與來自單一知識來源之情況下，會增強知識的可接近性。相對於來自單一、集中來源的知識，是存在於多重來源之知識。在多重來源間散播的知識，尤其是不同類型的來源，會較單一、集中來源的知識不易於接近與利用。

知識的折半壽命

在知識經歷一半壽命之際，大約會有50%的知識過時，並由新知識所取代。新知識之新鮮感會增加能見度，至少在短期內會吸引更多人員，來接近利用此一知識。另一方面，壽命較長的知識本身雖然擁有超過一半壽命之潛力，但卻必須持續承受新興理念之長期檢視。

知識的顯現

是知識可以為觀察者獲悉之明顯程度。**程序性知識**（proce-dural knowledge）可從行為表現者直接推得，這種知識是觀察者在觀察其他人員的行動順序與表現方式後，本身容易表現出來

的知識。此種知識本質上屬於概念性知識，比直覺性知識更能夠明顯對觀察者顯現出的知識。因為概念性知識之重現是屬於較深的層次，較少會直接顯現給觀察者，此為所謂的隱性知識（Nonaka, Umemoto & Sasaki，1998；Nonaka，1994；Polanyi，1962）。

✛ 知識管理的方法與系統

這是用來指認知識的策略與技術，以促使知識的外顯化，而能夠為其他人所利用。此一單元共有四個層面：分析的深度、管理知識的時間限制、方法系統的結構程度、知識管理的角色（王如哲，2000）。

✛ 分析的深度

指敘述知識管理系統能夠使知識對其他人外顯化之程度。某人擁有的工作知識之詳細描述，是指用口語故事或與其他人員談及本身的工作案例來進行溝通，或者透過書面的研究報告及其他的文件。另一方面，知識管理系統可能只是簡單指出知識來源，因而其他人可以直接詢問並善加利用。**知識製圖**（knowledge mapping）可簡單指認組織重要知識之所在位置，而其是使用某種圖表或指南來將此種資訊公開（Ward，2000）。

知識製圖之主要好處在於，可顯示出人員需要專門技術時之指引。因此，知識管理系統可呈現出對於知識本身之詳細描述。例如：透過**線上資料庫**（on-line database）或直接進入使用技術報告，或者用知識製圖來指引使用者，取得所需要的知識來源。就概念而言，分析的深度與知識的深度並不相同，因為分析的深度是指知識管理系統可促使知識外顯化之程度。

知識製圖
knowledge mapping
知識製圖可簡單指認組織重要知識之所在位置，而其是使用某種圖表或指南來將此種資訊公開。

✚ 時間的限制

對尋找對策者而言，時間的限制也會決定知識管理所使用的方法與系統。有很多種情況會容許我們進行知識的搜尋、反省與綜合分析。但有些情況，尤其是涉及顧客的服務時，因為顧客需要立即性的協助，因此需要的是**立即性的表現**（real-time performance）。此時，有助於快速搜尋及知識儲存的方法是「**服務台**」（help desk）的應用，這可允許使用者輸入資料來歸類顧客的問題，並由先前已準備好的解決方案中，選出與問題相對應之對策。這種立即系統係透過**個案為基礎之推理**（case-based reasoning）技術，來傳遞特別領域的相關知識。在不受時間拘束的情況下，口語或電子之知識交換（如電子郵件），會更符合實際的需要。

✚ 結構的程度

指知識管理的方法與系統之結構性程度，也就是最適合量化、結構性知識的方法，相對於最適合質性、非結構性知識兩者間的差異程度。結構性內容，諸如關於顧客、產品、價格與服務、保證與運送之說明資料等，非常適合採用提供使用者桌上型電腦，來進入使用相關資料庫的方案。資料庫型態可使資料之組成遵循幾種方式（例如，經由顧客或產品），俾利於使用所有相連接之有關資料。

另一方面，非結構性內容，諸如專家的故事與經驗，最好呈現於資訊網頁上，以及其他的網內網路科技中，這有助於使用者建構自己的**敘述**（narratives）；並用結構與非結構方法，提供將廣泛知識整合的機會，而且可防止無定形的、隱性知識，因被迫變成固定的結構，而受到破壞之情形發生。這種知識管理系統的結構化程度，是由將再次呈現的知識類型所決定。

✛ 知識管理的角色

知識管理的角色是需要傳遞,並管理取得及傳播知識的方法與系統。因為知識存在於員工之中,應該由所有成員來共同負責知識管理活動,而非只負責發展知識管理系統人員的責任而已。雖然成功的方案需要全時人員的投入,以維持動態的知識管理系統,但最後管理者與執行組織任務的工作者,也必須負責管理知識之日常活動。這些人員必須願意將他們的知識與他人分享,並使用他人的知識。

在敘述構成此一知識管理理論的三項單元後,必須進一步闡述四項規範這些單元關係的互動法則。特別是對於**知識**工作者(knowledge workers)而言,知識甚少會完全適合於歸併知識分類編碼模式中的某一類。雖然目前無法精確描述並分類知識,但組織必須運用知識管理,來增進革新與學習的機會。知識既是重要而且難以捉摸,此種兩難困境是此理論第一條互動法則之基礎 (Tomaco,1999)。

4.7 Krebsbach-Gnath的知識管理組織變革理論

Krebsbach-Gnath認為知識管理是組織變革的工具之一,意即知識管理是企業組織進行變革必要的輔助工具。一個可參考的改變與學習知識的過程模式,如(圖4-11)所示,知識管理在組織變革以及必要的學習行動中,扮演著重要的整合性平台(Krebsbach-Gnath,2001)。

由圖中吾人可知,整個模式可被描述為四個主要區塊:

❖ 以願景為引導

個人或組織的改變與學習願景,完全以組織外的商場競爭

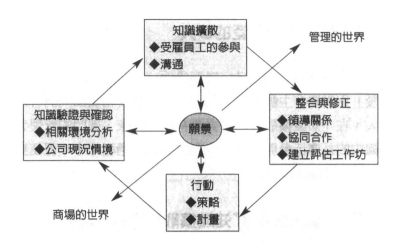

圖4-11　Krebsbach-Gnath的知識管理組織變革理論
資料來源：Krebsbach-Gnath（2001）。

需要，以及組織內部經營管理的需求為導向。在此兩大方向的
需求滿足之下，願景支配了知識管理系統的規劃與設計，也導
引著組織學習的過程，其意義即在於：

- 從知識的驗證與確認作為啟始：強調相關內外在環境的
  分析，以及企業組織所處的現況環境。
- 進而達到知識在組織中擴散：注重企業受雇員工的參
  與、人員之間的溝通，以及採行必要的教育訓練行動。
- 進一步作知識的整合與修正：強調領導關係的運用、協
  同合作的運作，以及評估工作坊如何配合採行，以發揮
  整合與修正的效果。
- 採取學習知識的行動：強調應採取何種必要的策略，以
  及規劃短、中期的知識學習與知識管理發展的計畫。

以上四個不斷循環的過程當中，均環繞著以達成組織的願
景為依歸。

❖ 知識學習需要廣泛的參與

要得到知識學習的良好學習成效，在知識的「驗證與確認階段」即需要有主動參與的領域專家，以及相關部門的管理者投入；在「知識擴散階段」更要有領域專家、部門的管理者與組織中的員廣泛參與，才能在環境的改變過程之中，促使整體組織有好的知識擴散成效。

❖ 溝通與訓練決定了知識擴散的深度與廣度

為了增加知識在公司內部擴散的深度與廣度，需要增加投資在組織內部的溝通與訓練上。這些投資將表現在員工的市場競爭力上，以及表現在商業的利潤上。此處的溝通，包括資訊科技應用的溝通，以及員工之間的人際溝通。

❖ 運用領導關係促成合作

領導關係與共同合作，此兩者扮演整合與修正（integration and modification）組織知識的角色。透過領導行為，建立評估組織知識的工作坊（workshop），並且在工作坊的運作上採取共同合作的方式，凝聚出因應改變需要的行動策略與行動計畫或方案，進一步促成知識管理在組織中落實。

4.8 Hedberg與Holmqvist的知識管理競技場理論

Hedberg與Holmqvist（2001）提出知識管理的競技場概念，如（圖4-12）所示。茲分別列示說明如下：

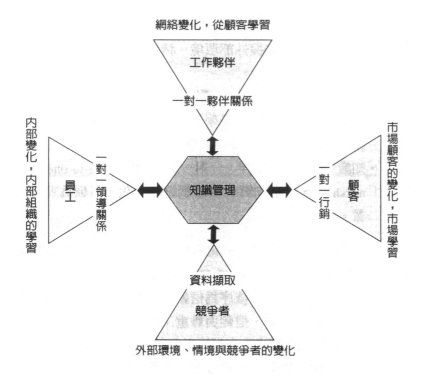

圖4-12　Hedberg 與 Holmqvist的知識管理競技場理論
資料來源：Hedberg & Holmqvist（2001）。

❖ 組織中的知識管理與知識創造

　　在**虛擬的組織**（imaginary organization）中，知識管理的**競技場**（arenas）概念由四個主要部分組成，如（**圖4-12**）所示。此即為以知識管理為核心，以顧客、競爭者、組織員工、工作夥伴等四者為互動與服務的對象（Hedberg & Holmqvist，2001）。

　　·知識管理與顧客：**一對一行銷**（one-to-one marketing），
　　　注重顧客市場的變化，向市場中的顧客學習，可稱為**市場學習**（market-learning）。

‧知識管理與競爭者：**資料擷取**（data mining），注重外部環境的變化，掌握外部環境、情境與競爭者的變化，可稱為外部環境學習。

‧知識管理與組織員工：**一對一領導關係**（one-to-one leadership），注重內部組織學習的變化，強調階層與部門的組織學習，可稱為內部組織學習。

‧知識管理與工作夥伴：**一對一夥伴關係**（one-to-one partnership），著重向夥伴學習網絡的變化，可稱為夥伴學習。

在一個虛擬的組織中，知識的創造過程奠基於**信賴感的建立**（trust-building）（Hedberg & Holmqvist，2001）。整個信賴感的建立係由一個大迴圈，依序為信賴、尊重、實行與明瞭等四者的順序所構成。其中，信賴與尊重又成一個不斷循環的小迴圈，而由小迴圈的累積產生大迴圈所預期達到的領導效應。

換言之，由信賴開始，尊重團隊成員，相信成員具有工作的執行力，開始執行工作，透徹明瞭工作過程而透明化工作的績效，以產生團體對該成員更堅實的信賴感。此信念感結合了團隊中的每個人，在被信賴而接受委任執行工作產生的高績效，此對知識工作者的工作型態與內涵具有正面的深層意義。此信賴感實與1980年代倡導的「無領導的領導者」管理概念，有異曲同工之妙。

4.9 知識管理變革促動理論

柯全恆（2001）認為推動知識管理的變革促動是一個連續的過程，「變革促動」的意義在於支持組織與知識工作者個人轉型的持續不斷之過程。在此過程當中，知識管理策略以及相關活動，持續的視需要而推陳出新。對一個知識型的企業而

言，發展變革促動的策略與行動方案，其目標在協助組織建立知識共享的行為與文化。在此目標的導引之下，企業組織經由組織變革流程，以及組織中的個人成功的轉變，促使由現況順利過渡到企業組織所顧盼的未來願景。（圖4-13）為一個知識管理變革的促動模式（柯全恆，2001），在此模式中彰顯下列特點。

在（圖4-13）的知識管理變革促動模式中，組織現況由組織變革流程促使員工個人成功的轉變為企業組織所期望的行為與態度。在整個過程當中，組織變革流程部分的焦點集中在：

・知識管理目標的釐清。
・組織變革的設計規劃。
・組織變革的落實執行。

在員工個人成功轉變的部分，其焦點集中在：

・個人需要擺脫舊俗。
・學習促進知識技能的成長。

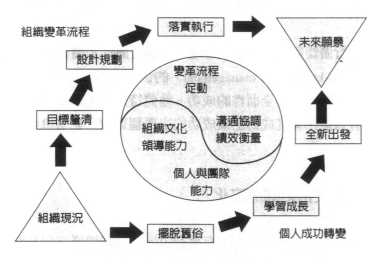

圖4-13　知識管理變革促動理論
資料來源：柯全恆（2001）。

‧獲得全新的自我再出發。

在整個變革流程的核心，則由四個重點所組成：

‧組織文化轉變及強化領導能力。

‧強化變革流程促動的動能。

‧增強個人與團隊的能力。

‧加強溝通協調與績效衡量。

　　上述四者之間並沒有明確的鴻溝需要跨越，其意義即是指組織變革促動的過程，並不一定很順暢的由組織現況過渡到所期望的理想境地，因此四者之間常會產生不斷的轉換，並且有交互作用的現象產生。當四者之間轉換頻率太高，導致進展速度太慢時，企業中的知識管理部門主管，尤應進一步思索如何加重在組織文化改變的比率上著手，才能透過企業文化的輔助順利達成知識管理變革促動的目標。

4.10 全面性知識管理

全面性知識管理
comprehensive
knowledge
management
實行廣泛與系統化知識管理，或謂全面性知識管理的企業發現：有些作業實務整體而言可以促使全面性的成功。

　　實行廣泛與系統化知識管理，或謂**全面性知識管理**（comprehensive knowledge management）的企業發現：有些作業實務整體而言可以促使全面性的成功。他們特別留意如何使知識工作更有效能，使其成為企業成功的主要驅策力，期望達到如下要項：

✜ 培養支持知識的文化

　　此公司文化特徵包括：安全的環境、遵守道德又相互尊重的行為、鬥爭角力微乎極微、群體合作，以及有共識完成高品

質的工作且不延宕等，也就是盡快將事情做對，盡可能減少摩擦。

提供知識分享

對於企業的使命、發展方向以及個人所扮演的角色，發展出一個廣泛被分享的共同見解，以促進企業與個人的利益。

注重實務以符合企業方針

知識管理的實踐人員皆能瞭解企業的方針，以確保知識相關因素皆能符合企業的方向，並持續維護這些相關因素。

以實務加速學習

實行一個大範圍的知識傳遞行動，可確保人們擷取有價值的知識，並且加以組織、架構、廣泛部署與多方應用，發揮最大的知識槓桿效用。可促進重要的知識加速流通，以合宜的數量、良好的呈現，而且又有效能的方式達成有價值的目標。

提昇員工素質

知識管理成功的因素，著重在提供員工：

管理哲學與實務（management philosophy and practice）

一般認為當人們滿意其所處的環境、有機會貢獻力量且符合個人利益時，工作會更有效率及更有責任感。當然，也要認知到有少部分與常態相左人格特質的員工是例外的。

✚ 周詳且系統化的知識管理（deliberate and systematic knowledge management）

個人知識與結構性智慧資本資產為企業成功的重要因素，必須加以周詳的管理。它們需在周詳且系統化的知識管理下，予以創造、更新、利用，以產生最大的效益，包含建立一個組織全面性對於智慧資產管理的心態與文化。

✚ 知識與資源（knowledge and resources）

必須讓員工易於取得專業的、技術的、導航的知識，以及後設知識、資訊與其他必備的資源，以完成高品質的工作，不但可以滿足狀況所需，還可達到整體的服務標準。員工也必須有必備的技能與態度（也就是個人特質）。經由相關的後設知識，他們需要有能力來做出具關鍵性又有創意的思考。

為執行提供有效控管

管理內容包含監控、評估，並導引知識管理行動與其計畫、成果與機會。

建立基礎建設

採用新的設備或現有的能力，來提供知識管理所需的有效支援。

周詳且系統化的知識管理，並不意味著由上而下獨斷地決定必須要用哪種知識，來執行欲達成的工作。相反地，其代表建立一個知識警覺（knowledge vigilant）的文化，由上層來領導，以一種盡職的心態，每個人及每個部門將此視之為日常作業中的一部分，持續不斷地拓展知識觀點，以確保能運用合宜

的專門知識來執行欲達成的工作,這樣的手法會交織作用成以知識為重心的心態與文化。全面性的知識管理也認定了個人行為的某個特殊層面,這個層面指出許多個人在不尋常的狀況中,就算他們沒有廣博的主題知識,也能完成傑出的工作。

重點摘錄

- 日本重視隱性知識，亦即個人的、脈絡特有的，而且不易於溝通之知識；反之，西方學者則較為強調顯性知識，也就是正式的、客觀的、可分類編碼的知識。

- 共同化由「內隱知識」轉換到「內隱知識」，尋求個人相互達成知識共享的過程，藉著經驗分享而獲得知識。

- 外化由「內隱知識」轉換到「外顯知識」，將構想及知識言語化，將「默認認知」的知識轉為「形式認知」的知識。

- 內化由「外顯知識」轉換到「內隱知識」，個人依實驗及實踐來導入，將「形式認知」的知識轉為「默認認知」的知識轉移。

- 結合由「外顯知識」轉換到「外顯知識」，將知識與既存知識及資訊結合在一起，化成具體的形式，運用社交過程結合、交換或組合知識。

- 在共同化、外化、內化與結合等四種模式及組織螺旋運作下，將會產生兩種層面，企業願景與組織文化提供探索「內隱知識」的知識庫，而資訊科技則探索「外顯知識」。

- 新的組織知識是由擁有不同類型知識（隱性或顯性）的個人間互動所產生的，其構成所謂的四種知識轉換方式：共同化（從個人的隱性知識至團體的隱性知識）、外化（從隱性知識至顯性知識）、結合（從分離的顯性知識至統整的顯性知識），以及內化（從顯性知識至隱性知識）。

- 目前市面上「知識管理」系統軟體，幾乎集中於「外顯知識」與資訊科技的結合應用，只及於「外化」與「結合」，對於隱藏於個人深層的「內隱知識」則少提及。

- 個人的隱性知識是組織知識創造之基礎，組織會使個人層次創造出與累積形成的隱性知識產生流通，而且透過知識轉換之四種方式，將它擴展至上層的本體論層次。同時，在較低層次的組織知識，則會被使用並產生內化。

- Nonaka進一步指出組織知識創造過程五階段模式，分別為「分享內隱知識」、「創造觀念」、「確認觀念」、「建立原型」與「跨層次的知識擴展」。

重點摘錄

- 顯性知識可用直接而有效的方式來進行溝通;相對地,隱性知識的獲得是非直接的,此類知識必須進入一個人的心智模式中,然後內化成為個人的隱性知識。事實上,這兩類知識是一體的兩面,而且對組織的整體知識而言,是同等重要的。

- Tomaco曾發展出一項知識管理理論,其組構單元分別是:知識分類編碼模式、知識的可接近性、知識管理的方法與系統。

- Krebsbach-Gnath認為知識管理是企業組織進行變革必要的輔助工具,其在組織變革以及必要的學習行動中,扮演著重要的整合性平台。

- Hedberg與Holmqvist提出知識管理的競技場概念,在虛擬的組織中,知識管理的競技場概念,以知識管理為核心,顧客、競爭者、組織員工、工作夥伴等四者為互動與服務的對象。

- 柯全恆認為推動知識管理的變革促動是一個連續的過程,「變革促動」的意義在於支持組織與知識工作者個人轉型的持續不斷之過程。在此過程當中,知識管理策略以及相關活動,持續的視需要而推陳出新。

- 全面知識管理期望達到:培養支持知識的文化;提供知識分享;注重實務以符合企業方針;以實務加速學習;提昇員工素質;為執行提供有效控管;建立基礎建設。

重要名詞

隱性知識（tacit knowledge）

心智模式（mental models）

顯性知識（explicit knowledge）

知識轉換（knowledge conversion）

共同化（socialization）

外化（externalization）

內化（internalization）

行動（action）

結合（combination）

共鳴性知識（sympathized knowledge）

概念性知識（conceptual knowledge）

系統性知識（systemic knowledge）

操作性知識（operational knowledge）

認識論層面（epistemological dimension）

本體論層面（ontological dimension）

集團組織（collaborating organizations）

知識之生命週期（knowledge life-cycle）

資訊（information）

專利（patents）

實務性知識（practical knowledge）

知識分類編碼模式（model for codifying knowledge）

知識的範圍（scope of knowledge）

知識的類型（type of knowledge）

知識的層次（level of knowledge）

知識的特殊性（specificity of knowledge）

基礎的知識（foundational knowledge）

知識可接近性（accessibility of knowledge）

知識的來源（source of knowledge）

知識的折半壽命（half-life of knowledge）

知識的顯現（exposure of knowledge）

程序性知識（procedural knowledge）

知識製圖（knowledge mapping）

線上資料庫（on-line database）

立即性的表現（real-time performance）

服務台（help desk）

個案為基礎之推理（case-based reasoning）

敘述（narratives）

知識工作者（knowledge workers）

整合與修正（integration and modification）

工作坊（workshop）

虛擬的組織（imaginary organization）

競技場（arenas）

一對一行銷（one-to-one marketing）

市場學習（market-learning）

資料擷取（data mining）

一對一領導關係（one-to-one leadership）

一對一夥伴關係（one-to-one partnership）

信賴感的建立（trust-building）

重要名詞

全面性知識管理（comprehensive knowledge management）

管理哲學與實務（management philosophy and practice）

周詳且系統化的知識管理（deliberate and systematic knowledge management）

知識與資源（knowledge and resources）

問題與討論

1. 東方與西方學者對知識的詮釋有何差異性？試研析之。
2. 何謂「共同化」？試研析之。
3. 何謂「外化」？試研析之。
4. 何謂「結合」？試研析之。
5. 何謂「內化」？試研析之。
6. 何謂共同化、外化、結合與內化等四種知識的轉換方式？試研析之。
7. Nonaka指出組織知識創造過程五階段模式為何？試研析之。
8. 何謂知識的價值鏈理論？試研析之。
9. Borghoff與Pareschi所提的知識生命週期理論為何？試研析之。
10. Tomaco所發展出的知識管理理論為何？試研析之。
11. Krebsbach-Gnath所提的知識管理組織變革理論為何？試研析之。
12. Hedberg與Holmqvist所提的知識管理競技場理論為何？試研析之。
13. 柯全恆所提的知識管理變革促動理論為何？試研析之。
14. 何謂全面性知識管理？期望達成哪些目標？試研析之。

note

浮塵短句：失敗的人找藉口，成功的人找方法。

Chapter 5

知識管理的架構觀點

　　本章節探討知識管理的架構觀點，討論的議題有：企業推行知識管理的架構、勤業管理顧問公司的知識管理架構、美國生產力與品質中心的知識管理架構、Borghoff與Pareschi的知識管理架構、Gore二氏的知識管理架構、Bukowitz與Williams的知識管理流程架構、知識管理的價值鏈模式、PDCA知識發展模式，以及知識管理導入應用的架構。

5.1 企業推行知識管理的架構

　　我們試圖透過（圖5-1）的架構，將知識管理的概念加以具體化與明確化。在這個架構中，一切都從組織的策略與目標開始，因為組織需要哪些知識是根據它的策略目標來決定；其次，組織必須提供學習支援系統，協助員工創造、獲取、儲存、分享與應用知識；再者，人力資源管理的配合與有效的資訊科技系統也很重要。

　　就個人來說，願意而且有能力學習新事物，或將知識改

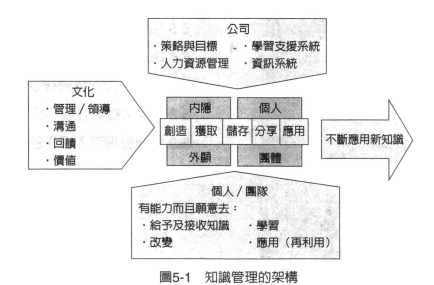

圖5-1　知識管理的架構
資料來源：余佑蘭譯（2002）。

變、散播、接收,並加以應用相當重要。這套觀念同樣適用於團隊,良好的團隊工作是知識管理的先決要件。團隊通常是組織中學習與傳播知識的基本單位,如果知識在團隊中能順利傳播,那麼其也就能夠在組織中傳播。

再就組織來說,組織的文化決定了知識管理的架構,組織的價值觀應支持知識的分享。所謂價值觀是指不斷學習、開放的態度與尊重個人。此外,授權、開放與非正式交流、不吝給予回饋等,也都是組織文化中有利於知識管理的因素。

5.2 勤業管理顧問公司的知識管理架構

為成功導入知識管理,能否正確的把握相關構成要素,切實的依照計畫實施進行,乃是必要的工作。在擴充公司資訊方面,確實推動合理的運作更是重要。勤業管理顧問公司認為:知識管理系統主要是由「知識管理流程」與「知識管理促動要素」所構成;這些要素並非各自獨立,而是在相互緊密的關聯中產生作用。在(圖5-2)中,「知識管理流程」包含有:組

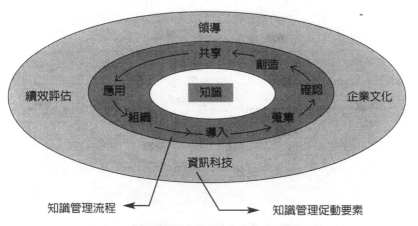

圖5-2　勤業管理顧問公司的知識管理架構
資料來源:劉京偉譯(2000)。

織、導入、蒐集、確認、創造、共享、應用等部分；「知識管
理促動要素」包含有：領導、企業文化、資訊科技、績效評估
等四部分。

5.3 美國生產力與品質中心的知識管理架構

　　知識管理是指確認、獲得並利用知識，以協助組織競爭之
程序與策略；其也是可根據經驗來分析、反省、學習與變革的
「學習型組織」（learning organization）之有形證明。在 1995年亞
瑟安德森（Arthur Andersen）顧問公司與美國生產力與品質中心
（American Productivity and Quality Center）聯合發展出知識管理
架構，如（**圖5-3**）所示。

　　此知識管理架構之核心，是此知識管理的過程本身；此種
過程是動態的，而且通常始於創造，尋找並蒐集組織的內部知
識與最佳實務，然後分享與瞭解這些實務，因而人員可善加利
用。最後，此一過程包括調適及應用這些實務於新的情境。爲
了使知識管理能發揮效果，組織必須重視知識管理的脈絡，而

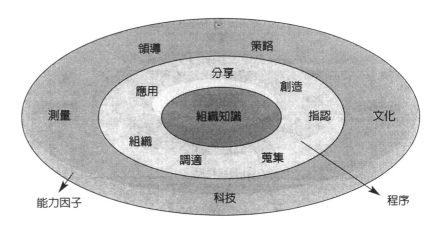

圖5-3　美國生產力與品質中心的知識管理架構
資料來源：American Productivity & Quality Center（1996）。

會造成促進或阻礙知識管理成效之因素稱爲「能力因子」（enablers），也就是策略、領導、科技、文化與測量。目前知識管理之所以困難的一項原因，乃因爲這些能力因子依然未受到完整之瞭解。

5.4 Borghoff與Pareschi的知識管理架構

Borghoff與Pareschi（1998）的知識管理架構，明顯超越Nonaka與Takeuchi（1995）僅針對社會特徵的環境，同時也解決其與**資訊科技基本設施**（IT infrastructure）管理直接有關之問題。其認爲在現今**資訊主導的社會**（information-driven society），有相當多的組織環境是由資訊科技之基本設施形塑而成。因此，知識管理架構的核心問題是：如何使資訊科技之基本設施，能夠對促成**知識流通**（knowledge flow）的環境作成有效之貢獻？具體而言，可進一步細分爲下述四項問題（Borghoff & Pareschi，1998）：

- ·何種資訊科技有助於知識流通，並支持知識從顯性至隱性，以及從隱性至顯性的轉變與對話？
- ·何種資訊科技能對組織本身所擁有的顯性知識，產生最佳的支持？
- ·需要何種軟體來支持組織知識工作者之隱性知識的交換？
- ·如何透過資訊科技來管理收錄於組織文件中的多數隱性知識？

Borghoff與Pareschi知識管理架構之四個構成單元，是針對回答前述四項問題而形成的，而且四個單元的整體互動方式（Borghoff & Pareschi，1998），如（圖5-4）所示。茲將此四個單

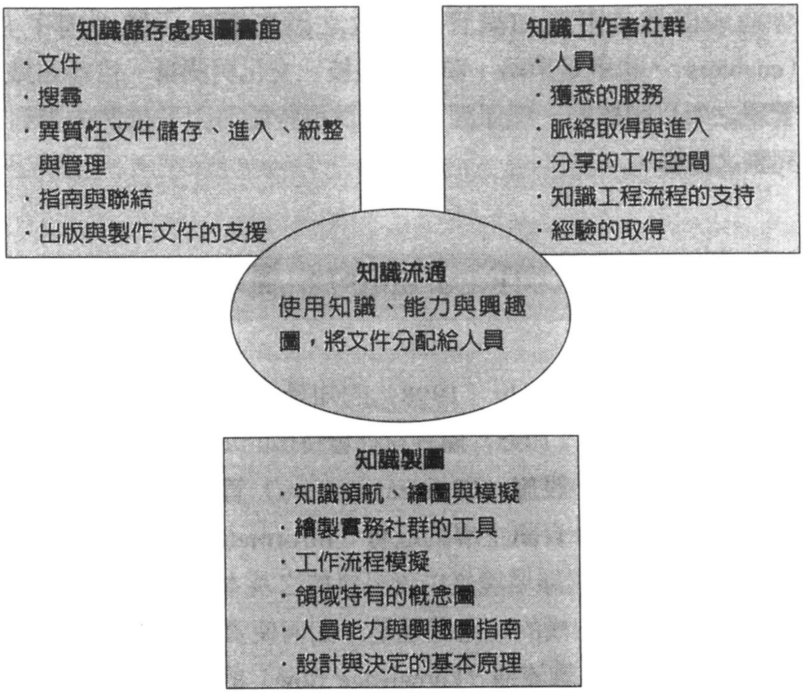

```
┌─────────────────────────────┐    ┌─────────────────────────────┐
│      知識儲存處與圖書館       │    │      知識工作者社群          │
│ ・文件                       │    │ ・人員                       │
│ ・搜尋                       │    │ ・獲悉的服務                 │
│ ・異質性文件儲存、進入、統整 │    │ ・脈絡取得與進入             │
│   與管理                     │    │ ・分享的工作空間             │
│ ・指南與聯結                 │    │ ・知識工程流程的支持         │
│ ・出版與製作文件的支援       │    │ ・經驗的取得                 │
└─────────────────────────────┘    └─────────────────────────────┘
              ┌────────────────────────────┐
              │         知識流通            │
              │  使用知識、能力與興趣       │
              │  圖,將文件分配給人員        │
              └────────────────────────────┘
              ┌────────────────────────────┐
              │         知識製圖            │
              │ ・知識領航、繪圖與模擬      │
              │ ・繪製實務社群的工具        │
              │ ・工作流程模擬              │
              │ ・領域特有的概念圖          │
              │ ・人員能力與興趣圖指南      │
              │ ・設計與決定的基本原理      │
              └────────────────────────────┘
```

圖5-4　Borghoff 與 Pareschi的知識管理架構
資料來源：Borghoff & Pareschi（1998）。

元分項闡述如下：

✦ 知識流通

Borghoff與Pareschi將知識的流通（the flow of knowledge）視為是知識管理之根本目標，因此在其提出的知識管理架構中，知識流通是核心的構成單元，而且會將其他的三個構成單元結合在一起。其會支持知識工作者社群內，所產生與交換的隱性知識，圖書館與文件檔案類型的知識儲存處所包含之顯性知識，以及組織賴以繪製本身範疇內**顯性後設知識**（explicit-meta knowledge）間的互動。

知識製圖

因為應用諸如**知識唧筒**（knowledge pump）之科技，會方便知識的利用，因此組織知識需要以滿足各類使用者興趣的方式來加以描述，故需要有一些**知識製圖**（knowledge cartography）工具的發展，以便將各種層面的組織知識予以製圖並分類，包括由核心能力至個人之專門技術，從實務社群與利益社群至顧客資料庫與競爭的智慧。知識製圖含括有：**知識領航**（knoweldge navigation）、**繪圖**（mapping）與**模擬**（simulation）；就某種程度而言，前述總是以**組織流程圖**（organizational charts）、**程序圖**（process maps），以及正式的專門技術領域的類型，來予以敘述與呈現。

知識工作者社群

社會學有關研究的證據顯示，有相當多知識的產生是透過與同事及研究同仁間之隱性知識交換。有一項支持實務社群與利益社群的非常有效方式是：明確肯定**知識工作者社群**（communities of knowledge workers）的地位。這是一種新興的社會集合體，並非有計畫的形成，亦非刻意設立的，但卻是可以被察覺到的社群。

知識儲存處與圖書館

知識儲存處（knowledge repositories）與圖書館，正如同學術與科學生命相關聯一般，**數位圖書館**（digital libraries）與組織生命會相互關聯。組織已經瞭解不論是電子或紙張類型的文件，均可能包含大幅而有價值之**顯性知識**（explicit knowledge），此種顯性知識可透過電子媒體予以有效組織，以利於智

慧性接近並重複使用。

5.5 Gore二氏的知識管理架構

　　Gore與Gore（1999）曾提出一項實現知識管理的架構，首先其指出知識管理的起點，是組織現存的顯性知識（explicit knowledge），其為知識管理的第一個領域。很多組織將可自檢視其內部構成單元的資訊流通，以及檢視資訊系統之整體潛能，來取得知識並獲得利益。應用知識管理的第二個領域是：當新知識變成可資利用時，通常可能是屬於新資訊科技系統的知識類型。第三個知識創造之層面是**隱性知識**（tacit knowledge）的存在，以及其轉化為**組織的知識**（organizational knowledge）。將個人的隱性知識轉化為組織的知識，實有賴於團體內產生**互動**（interaction）。因此，對知識管理導向的組織而言，聯合作業是相當重要的。

　　這種想法通常是指「**實務社群**」（communcities of practice），這類社群會提供個人互動的途徑，而且會有透過討論來創造新觀念之機會。在團體脈絡下產生的知識分享與發展，不只是語意傳達顯性知識，個人亦可由他人經驗，或者因對於團體規範因素之潛在瞭解，而獲得隱性知識。

　　這種團體互動可能是隱性知識創造的觸媒，而且將這種隱性知識闡明成顯性概念也是必要的。但是另一項知識管理組織的特徵，是個人之管理，而其成功的關鍵在於，確認個人在知識創造中的角色。管理應該確保每一位個別員工，擁有自主發揮的行動空間。如果個人獲得此種自主空間，就會有較大的機會，來指認並發展進一步的知識創造過程。因此，在團隊架構內，賦予個人擁有自我組織與創造空間是必要的，在此同時團隊也能夠使知識具體化。

實務社群
communcities of
practice

「實務社群」會提供個人互動的途徑，而且會有透過討論來創造新觀念之機會。

　　但是在前述這些條件與因素均能具備齊全之前,任何知識管理方案之第一個步驟,必須是上層管理之願景塑造,而此願景應該反映出尋求、創造、傳播與利用知識對於組織的重要性。整個過程中可能最具關鍵性的單元,是此種願景之釐清,並陳述能將實現願景的知識管理方案付諸實施之實例,如(圖5-5)所示。此種知識管理過程的組成單元,會有助於闡明這些觀點。

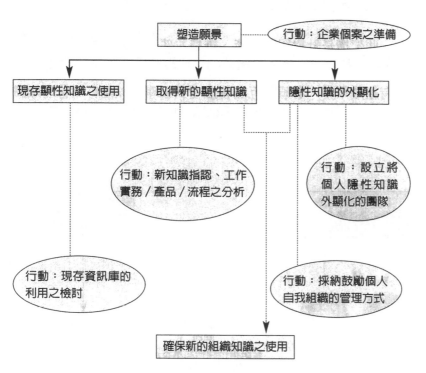

圖5-5　Gore二氏的知識管理架構

資料來源:Gore & Gore(1999)。

5.6 Bukowitz與Williams的知識管理流程架構

　　Bukowitz與Williams（1999）曾提出知識管理的流程架構，如（圖5-6）所示。其中，此流程架構的建構是植基於，組織會同時出現的兩類主要活動：

- ·組織日常會運用的知識，以回應市場之需求或機會。
- ·促使組織的知識資產能夠符合長程的策略性需求。

　　此架構是針對組織生產、維持並部署正確的策略性知識為基礎之資產，並且為創造價值的化約思考模式。在此過程內的所有組成單元，必須相互關聯並受到管理，以便有效管理知識為基礎的資產，並具備布置正確數量的知識，以及組合知識之能力。

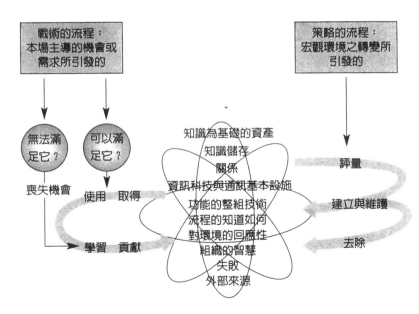

圖5-6　Bukowitz 與 Williams的知識管理流程架構

資料來源：Bukowitz & Williams（1999）。

茲將Bukowitz與Williams（1999）知識管理流程架構的核心流程與步驟，闡述如下：

✦ 戰術的流程（the tactical process）

知識管理流程之戰術層面，包含四項基本步驟，亦即人們蒐集日常工作所需的資訊；從本身創造的事務中獲得學習；使用知識來創造價值；最後將此種新知識回饋至系統之中，以供其他人使用並作為解決問題之參考。每一個步驟需要組織中，每一個人某種程度的參與。這些流程步驟的活動之間，並沒有明顯的界限，可將其視為是連續體。但是每一個流程步驟均會有一組核心活動，因此足以與下一步驟有所區別。每一步驟之核心活動，如下所述：

✦ 取得

「取得」（get）與「使用」（use）是組織中最為熟悉的流程；尤其重要的是，人們總是先找出資訊，然後使用其來解決問題、作決策或創造新產品與服務。然新科技之降臨使得流通進入組織的資訊數量遠超乎想像，而且已經改變了取得之面貌。現在人們已不再僅仰賴甚少的資訊，或者在沒有任何資訊情況下，被迫必須採取行動。取而代之的是，他們更容易發現會面臨的挑戰是：必須穿越不相干之資訊，以取得符合需要的珍貴資訊。此一流程如何更為有效呢？主要是透過組織提供其成員可資利用之工具與服務。

✦ 使用

當開始使用資訊時，革新會變成日常的用語。組織成員如何以新而自然的方式來組合資訊，以便出現更有創意之解決對策呢？這是相當重要的，因為它使人們能夠超越原有的思考格

局，尋獲先前不可能擁有的想法。組織可以提供很多工具，來增進並超越現有格局之想法。但是更重要的是，建立一種鼓勵創造力、實驗，並接受新觀念的環境。

✚ 學習

對於組織而言，「學習」（learn）與「貢獻」（contribute）是相對較為接近之流程；但這並非表示過去沒有人從經驗中學習，或是對組織的知識基礎作出貢獻。然此些流程之被正式確認成為是創造競爭優勢之途徑，則是前所未有的。對組織的挑戰是：必須找尋將學習程序深植於人員的工作方式之中。因為組織成員往往會先考慮較短程之需求，其過程可產生長程利益之潛能，因此必須突破此種心智模式，並進行結構性的反思。

✚ 貢獻

促使員工將本身所習得的知識貢獻給社群知識庫，乃是組織必須突破之最艱難任務。一方面組織可透過轉移「最佳實務」（the best practice）至整個組織之中，而且將取自某一個人的經驗傳送至其他人手上，來節省時間與金錢。科技使得組織公布與轉移特定類型的資訊，變得相對較為容易。另一方面，個人貢獻出本身的知識不只是耗費時間，而且也會被視為是對個別員工生存能力的一種威脅。創建知識管理的基本設施，會有助於將一些資訊予以組裝，以利於整個組織之使用。但較大的挑戰是：必須使人們相信最終組織與員工本身，兩者均可獲得利益。

❖ 策略的流程（the strategic process）

知識管理流程架構的另一層面是，敘述策略層級之知識管理，此時目標是將組織的知識策略與整體企業策略相結合。策略層級的知識管理需要對現存知識資產，進行持續性的評量，

以及將此資產與未來的需求相對照。透過知識管理觀點來檢視
組織時，需要有一個全新的整體企業模式，此種模式需要新的
管理型態、新的構成系統，以及組織與個人間的新契約關係。
其並非平常的領導，而且領導必須成為中層管理與前線之夥
伴。

✚ 評量

　　以智慧資產而言，組織通常並未有考量策略性計畫之流
程。評量係指獲悉組織擁有執行任務之重要知識，並對照未來
之知識需求，來繪製現有知識為基礎之資產圖。此一過程是必
須從過去必要的廣泛管理來源中，取出更為折衷主義之資訊。
發展顯示組織是否擴展其知識基礎，並從投資於知識為基礎的
資產而獲利之平衡，這會是一項新增的組織挑戰。

✚ 建立與維護

　　知識管理流程的此一步驟在於，確保設計出保持組織生存
力與競爭力之未來知識為基礎的資產，這需要對管理的途徑有
清新之檢討。組織將會日益趨向透過與員工、供應商、顧客及
其所在的社區，甚至於競爭者之關係，來建構組織的**智慧資產**
（intellectual assets）。自這種關係中獲取的價值，最終會迫使傳
統的管理，亦即強調對人員之直接控制，尋求另一條新路，俾
利於環境與能力因子能發揮促進者之角色功能。

✚ 去除

　　有一種趨勢是組織掌握本身發展出的資產，如以知識為基
礎或其他的資產，即使這些資產並沒有提供任何直接之競爭優
勢。事實上，如果能夠允許組織外部人員予以使用的話，有一
些知識為基礎的資產可以變得更為有效。以機會成本（用來維
持知識為基礎之資產的資源，可較佳使用於其他領域）及價值

的替代來源而言，會開始檢討知識為基礎之資產的組織，可因而獲致去除之利益。

5.7 知識管理的價值鏈模式

Lee與Yang（2000）提出與知識價值鏈結合的知識管理價值鏈模式，如（圖5-7）所示。茲列示說明如下：

❖ 知識管理基礎架構

此層架構包括企業組織內部的資訊管理系統，以其中的知識管理系統為主，其他如營造良好的創意創新環境為輔。此創意創新的環境通常是開放性的，沒有壓力的，例如，在企業中設立創意茶水間，在此區域可提供員工彼此之間意見交換的場所，經由彼此的交換心得、意見或腦力激盪的結果，常能產生智慧性的洞見（insight）（楊政學、林依穎，2003）。

❖ 知識長與管理

知識工作者的知識擷取與知識的探勘活動，經由管理行為

1.知識管理基礎架構
2.知識長（CKO）與管理
3.知識工作者的需求
4.知識儲存能力
5.顧客與供應商關係
6.知識獲得　知識創新　知識保護 知識整合　知識擴散　知識管理流程

知識績效

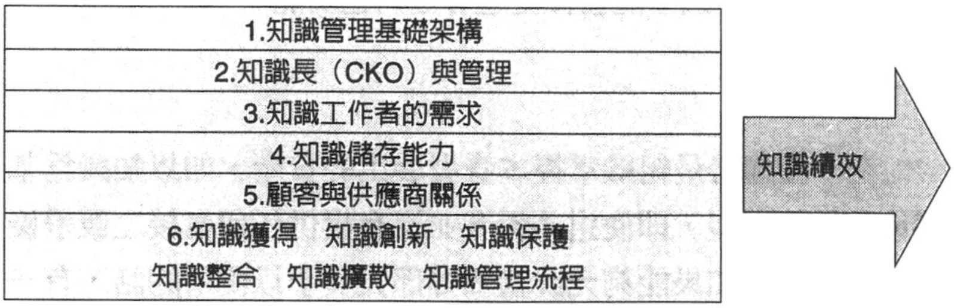

圖5-7　Lee與Yang的知識管理價值鏈模式
資料來源：Lee & Yang（2000）。

的運用，作知識的分類、儲存、配送等，其目的在於達成知識管理支援企業組織的季或年度的營業目標。

知識工作者的需求

著眼於知識社群內與外作知識的分享，以及提升組織中知識工作者的工作效率，其附加的功能則在於促進知識工作者進一步的產出新知識，此即為知識的創造。知識管理的任務在於迅速因應知識工作者的需求，提供必要的輔助性知識、資訊、輔助資料與經驗數據，並且同時匯集新產出的知識，儲存在組織的知識庫中。

知識儲存能力

直接與企業的知識管理系統的功能，以及知識工作者的素質有密切的相關。前者涉及企業組織在知識管理系統投資的多寡，後者涉及組織中的知識工作者對知識的儲存、轉化與應用能力的強與弱。尤其我們不可忽略了企業的核心競爭知識常是內隱的，共且蓄積在企業內部的知識工作者身上。儘管知識管理的重要精神之一在於鼓勵知識工作者作知識分享，但常因涉及個人競爭優勢可能因分享而流失的疑慮，致知識分享的「質」與「量」常不能達到預期的效果。

顧客與供應商關係

前述第一至第四層級均是組織內部的核心要項，第五層則與外部的顧客，以及供應商之間產生關聯，並且以知識作為共同的交集。許多的創意激發以及創新的產出，常來自於外部顧客與供應商的啟示及使用者的需求，知識管理的規劃與設計

中，這些外部的重要訊息來源更不可被忽視。

✛ 知識管理流程

　　進入到第六層，在此模式當中提出了知識管理基礎架構的重要觀念，並且納入了組織中知識工作者的需求、顧客關係，以及上、中、下游供應商的關係。此外，從系統的觀點，建立了知識管理的五個主要流程，形成組織中知識管理運作的機制，即：**知識獲得**（knowledge acquisition）；**知識創新**（knowledge innovation）；**知識保護**（knowledge protection）；**知識整合**（knowledge integration）；**知識擴散**（knowledge dissemination）。

　　機制中的每一個步驟都需要很順暢，從而形成一個知識管理的標準作業流程，此一流程不僅內嵌應用在企業組織中的知識管理系統，形成固定的運作機制，同時也應將此流程套用在工作團隊中或研發團隊中，作為進行新知識創新之用。

　　此外，知識管理的價值鏈架構模式，由「人」、「策略」、「科技」與「流程」等四者共同構成，如（圖5-8）所示，並且四者之間不斷作交互作用（周漢章，2001）。

- 人的部分，其核心重點在於創造力與員工、顧客的滿意度，其最終目標在於運作流程的核心當中，協助知識社群作知識管理。
- 在策略的部分，講求新經營模式與夥伴關係，最終的目標在於發展一個知識管理策略，以支持經營策略。
- 在科技的部分，其重點在於速度與相關的資訊科技，尤其是組織中需要有良好的資訊科技基礎建設，其最終目標在於協助社群發展，充實其策略目標的工具。
- 在流程的部分，在於品質與效率，其最終的目標在於設計創造、組織、分享、應用與更新知識的程序。

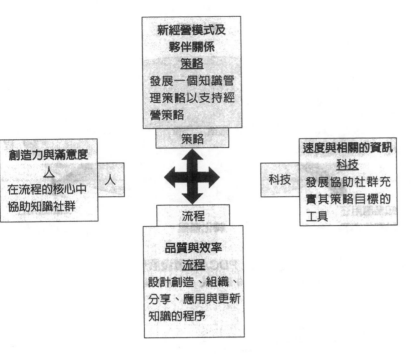

圖5-8　知識管理的價值鏈架構模式

資料來源：修改自周漢章（2001）。

5.8 PDCA知識發展模式

　　常用於企業組織中流程改善的PDCA模式，如（圖5-9）所示，近年來也逐漸轉化應用在知識管理領域中，尤其是應用於作組織內知識的發展。對一個重視知識管理的企業而言，將知識發展納入部門的方針管理，期從過程當中掌握單位及個人的知識，促使個人對組織知識的累積有較佳的貢獻。由此過程持續的運作，並且作持續的改善，以確保組織發展知識目的之達成。

　　茲將PDCA知識發展模式中，各階段的內容敘述如下：

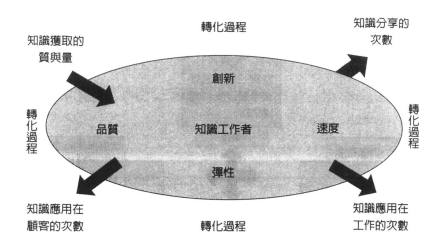

圖5-9　PDCA知識發展模式
資料來源：引用自張吉成、周談輝編著（2004）。

❖ 知識發展計畫

知識發展計畫（plan）貴在訂定知識發展的目標，計畫之擬訂在促使知識的發展，從推動知識發展、個人對組織知識的貢獻，到知識應用的完整過程，以形成完整的知識發展過程機制。為了促進個人及團隊對組織的發展具有誘因，知識管理經理人需要訂定量化與質化的兩大類型激勵指標，透過激勵的各種策略性作法，以及組織制度面的規範，以建構出一個完整的績效獎勵體系。此知識發展計畫的基本目標，在於營造知識優先的文化環境，關注在三大類型人員的知識發展，即知識的貢獻者、知識的應用者及知識的推動者。

❖ 知識的產出與應用

知識的產出與應用（do）貴在建立質化與量化的統計指標。此指標在作為基礎的重要參考指標，其中的質化指標包括

評比值、推薦值；量化指標方面則為發表率、點閱率、回覆率。在企業組織中建立**激勵辦法**旨在形成拉力（pull），目的在促進個人、團隊或部門加強對知識的評價，並且作典範的學習。相對於管理制度面，旨在形成**推力**（push），結合部門方針、職能的發展與績效管理，以進一步豐富個人與團隊或部門的知識履歷。

❖ 成果評核

成果評核（check）貴在訂定半年檢討、年度評核的固定機制，因此，企業組織知識管理部門有必要和相關部門會商，建立一個檢核知識發展成果的檢核表，以方便個別的知識工作者、團隊或部門，進行自我檢核與年度的評核。尤其應特別注意檢核表本身，應兼顧到各部門的需求與實際情況。

❖ 對策行動

對策行動（action）旨在根據成果的評核結果，採取有效的改善措施，並且同時修正原計畫不適宜之處。處理部門需要明確的指出需要進一步改進之處，配合改進措施的實施才能達成不斷提升知識發展的成效。

PDCA知識發展模式中，亦包含了知識工作者的聰明工作機制。PDCA知識發展模式對組織中知識工作者的意義，在於促進知識工作者努力工作之外，還要**聰明的工作**（work smart）。換言之，透過知識不斷的擷取、應用與分享的過程，知識工作者不斷的發揮個人的創意，改善了個人工作的品質、工作的速度、彈性與創新的產出，在企業組織中實現了個人的成就與理想。

由（**圖5-9**）中，知識工作者聰明的工作，表現在品質、創

新、速度、彈性上，形成個人的特質。其次，知識工作者與外部
知識之間，涉及：知識獲取的數量；知識分享的次數；知識應用
在工作的次數；知識應用顧客的次數等，各種吸收新知識及應用
新知識的互動關係，從而使知識工作者能愈聰明工作。

因此，由（圖5-9）的機制與機制運作的精神中可看出，知
識工作者是企業組織導入新知識、創新知識的主要對象。企業
組織的主要責任之一，在於健全知識工作者的工作環境，協助
其克服工作執行過程中的種種困難與不便，以提高其工作效率
與品質。

克服了這些困難，其最終目的在於協助知識工作者達成：
降低學習成本；提高工作效率；提升工作品質；促進知識分
享；加速知識創新。

5.9 知識管理導入應用的架構

（圖5-10）說明形成知識管理企業應用的架構圖，依此圖可
漸次呈現知識管理導入應用的層次重點。導入企業組織的階段
主要由四個主要項目構成流程，即領導策略、學習文化、資訊
科技與持續檢測，彼此不斷的循環。

在領導策略上，策略的意義，按照科技方法論的理解，方
法被視為認識世界與改造世界的有效途徑（蕭焜壽，1995）。領
導策略依循著目的方向、途徑、策略手段、工具及操作順序的
邏輯程序，以達成依動態環境變動發展需要之目的。茲將各階
段的重點分別敘述如下：

❖ 導入企業組織階段

在第一層由企業內部的領導策略、學習文化、資訊科技、

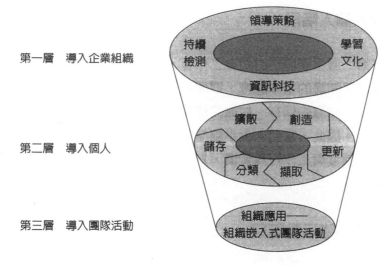

第一層　導入企業組織

第二層　導入個人

第三層　導入團隊活動

圖5-10　知識管理導入應用的架構
資料來源：引用自張吉成、周談輝編著（2004）。

持續檢測等四個原則形成一個封閉性的循環。其中，資訊科技
與學習文化兩者，既是企業組織推動知識管理的支持性環境，
同時也是組織實施知識管理的基礎建設。領導策略與持續檢測
的交相應用，則是確保知識管理推動成效的極重要部分。

　　企業主管的領導策略可著重在（Mintzberg & Waters，
1995）：

　　‧計畫（plan）：將理念化為可執行的計畫。
　　‧模式（pattern）：選擇及應用一種決策模式。
　　‧定位（position）：在市場中維持一定的地位與形象。
　　‧展望（perspective）：強調組織「顧盼的未來」。
　　‧對策（strategy）：資源的配置以完成目標。

　　學習文化，聚焦在如何營造學習的組織文化；資訊科技，
強調網際網路基礎建設與教學資源的豐富化；持續檢測，則重
視持續檢測機制之建立。

❖ 導入個人階段

在第二層強調個別的知識工作者，其個人工作習慣，以及處理資訊、知識的基本態度，需要從知識的擷取開始，作好知識的分類、知識的儲存、知識的擴散、知識的創造，最後為知識的更新。因此，當此六大步驟需要形成知識工作者的基本技能、工作態度與工作行為習慣，知識管理在組織推展才能真正的落實。

❖ 導入團隊活動階段

在第三層強調知識管理的理念與資訊系統，以及員工的知識性活動，均需要內嵌成為團隊運作的活動當中。知識的累積、擴散及創造與團隊的運作過程有密切的相關，並且產生深層的影響，團隊中各成員間的知識性互動在學習文化的環境下，以及領導策略的導引之下，變得有效率且有知識創新的成果。

- 組織的文化決定了知識管理的架構，組織的價值觀應支持知識的分享。所謂價值觀是指不斷學習、開放的態度與尊重個人。

- 勤業管理顧問公司認為：知識管理系統只要是由「知識管理流程」與「知識管理促動要素」所構成。這些要素並非各自獨立，而是在相互緊密的關聯中產生作用。

- 為使知識管理能發揮效果，組織必須重視知識管理的脈絡，因此與此一過程有關，而且會造成促進或阻礙知識管理成效之因素，稱為「能力因子」，也就是策略、領導、科技、文化與測量。

- 知識管理架構的核心問題是：如何使資訊科技之基本設施，能夠對促成知識流通的環境作成有效之貢獻？

- Bukowitz與Williams曾提出知識管理的流程架構，其植基於：組織日常會運用的知識，以回應市場之需求或機會；促使組織的知識資產能夠符合長程的策略性需求。

- 知識管理的價值鏈架構模式，由「人」、「策略」、「科技」、「流程」等四者共同構成。

- 企業主管的領導策略可著重：計畫、模式、定位、展望與對策。

重要名詞

學習型組織（learning organization）

能力因子（enablers）

資訊科技基本設施（IT infrastructure）

資訊主導的社會（information-driven society）

知識流通（knowledge flow）

知識的流通（the flow of knowledge）

顯性後設知識（explicitmeta knowledge）

知識唧筒（knowledge pump）

知識製圖（knowledge cartography）

知識領航（knoweldge navigation）

繪圖（mapping）

模擬（simulation）

組織流程圖（organizational charts）

程序圖（process maps）

知識工作者社群（communities of knowledge workers）

知識儲存處（knowledge repositories）

數位圖書館（digital libraries）

顯性知識（explicit knowledge）

隱性知識（tacit knowledge）

組織的知識（organizational knowledge）

互動（interaction）

實務社群（communcities of practice）

戰術的流程（the tactical process）

取得（get）

使用（use）

學習（learn）

貢獻（contribute）

最佳實務（the best practice）

策略的流程（the strategic process）

智慧資產（intellectual assets）

洞見（insight）。

知識獲得（knowledge acquisition）

知識創新（knowledge innovation）

知識保護（knowledge protection）

知識整合（knowledge integration）

知識擴散（knowledge dissemination）

計畫（plan）

應用（do）

拉力（pull）

推力（push）

評核（check）

行動（action）

聰明的工作（work smart）

模式（pattern）

定位（position）

展望（perspective）

對策（strategy）

問
題
與
討
論

1. 組織文化的決定在知識管理的架構上有何重要？試研析之。

2. 勤業管理顧問公司的知識管理系統構成要素為何？試研析之。

3. 為使知識管理能發揮效果，組織必須重視知識管理的脈絡，而造成
   促進或阻礙知識管理成效的「能力因子」為何？試研析之。

4. 知識管理架構的核心問題為何？試研析之。

5. 知識管理的價值鏈架構模式為何？試研析之。

6. PDCA知識發展模式中，主要階段的內容為何？試研析之。

7. 企業主管的領導策略可著重哪些方面？試研析之。

浮塵短句：人與人因為什麼在一起，就會因為什麼而分開。

Chapter 6

知識管理的模式觀點

本章節探討知識管理的模式觀點，討論的議題有：Leavitt的知識管理模式、Boynton的知識管理圖模式、Demerest的知識管理模式、Earl的知識管理模式、O'Dell與Grayson的最佳實務轉移模式、McAdam與McCreedy的知識管理模式、Arthur Andersen的知識管理模式、Evernden與Burke的管理知識空間模式、Snowden的決策之知識管理模式，以及Huseman與Goodman的知識概念化與獲益之策略性模式。

6.1 Leavitt的知識管理模式

鑽石模式
diamond model

鑽石模式指出，知識管理成功關鍵因素有：任務、人力、組織文化及科技。

根據Leavitt的鑽石模式（diamond model）指出，知識管理成功關鍵因素有：任務、人力、組織文化及科技（Leavitt，1965），如（圖6-1）所示。茲將成功關鍵因素，列示說明如下：

✛ 任務

能否建立正確策略、流程與績效管理，也是重要的促成因素。

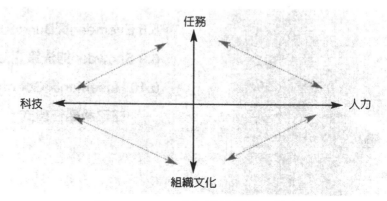

圖6-1　Leavitt的知識管理鑽石模式
資料來源：Leavitt（1965）。

✛ 人力

組織人員的激勵、教育訓練、認知能力與思考方式,以及高階主管的領導能力,在知識管理中均扮演重要的角色。

✛ 組織文化

組織文化與知識管理兩者間息息相關,塑造友善的知識文化環境,促使專案知識能符合組織願景。

✛ 科技

知識管理經由資訊科技的應用,可使其運作成效發揮更大,亦同時回應知識經濟時代對速度的要求。

6.2 Boynton的知識管理圖模式

Boynton(1996)曾發展出一項知識管理的有用模式,而且以知識圖示來呈現這些知識類型,如(圖6-2)所示。圖中所示之**知識管理圖**(knowledge management map),包括三個知識領域或層次(隱性知識、顯性知識與資訊)與四個知識所在位置。

這些知識所在位置,代表知識分布的範圍:個人、團體、整體組織,以及組織間之所在位置。沒有組織可以或應該同時著手管理所有這些知識類型;目標應是選擇性敘述知識圖上,可達成組織最大利益的領域,諸如:增加組織之競爭力、顧客服務水準、顧客的價值、或其他重要之策略性目標。

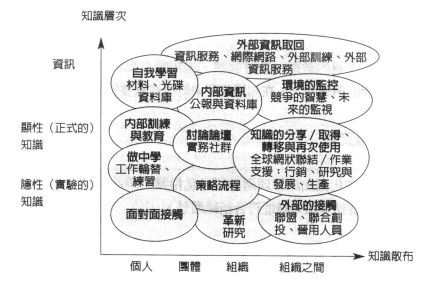

知識層次

資訊

顯性（正式的）
知識

隱性（實驗的）
知識

外部資訊取回
資訊服務、網際網路、外部訓練、外部
資訊服務

自我學習
材料、光碟
資料庫

內部資訊
公報與資料庫

環境的監控
競爭的智慧、未
來的監視

內部訓練
與教育

討論論壇
實務社群

知識的分享／取得、
轉移與再次使用
全球網狀聯結／作業
支援：行銷、研究與
發展、生產

做中學
工作輪替、
練習

策略流程

面對面接觸

革新
研究

外部的接觸
聯盟、聯合創
投、晉用人員

知識散布

個人　　團體　　組織　　組織之間

圖6-2　Boynton的知識管理圖
資料來源：Broadbent（1998）。

6.3 Demerest的知識管理模式

　　Demerest（1997）所提出的知識管理模式，強調組織中知識的建構，除了科學知識的輸入外，也應包括社會知識的建構，如（圖6-3）所示。這個模式也假定建構後的知識，會具體化於組織之中，此一具體化的過程不僅是經由明顯的計畫來完成，也包括社會的交替過程。緊接著知識具體化之後，乃是知識傳播的過程，且此一傳播過程發生於組織內外環境之中。最後此一知識的產出在組織使用效益上，具有經濟上的使用價值，其模式如（圖6-3）所示。

　　在圖中，實線的箭頭代表了知識流動的基本過程，虛線的箭頭代表了知識流動的回饋。此一模式之精神，不在於對知識管理下明確的定義，而是在於給予知識管理建構一個全觀的描述。

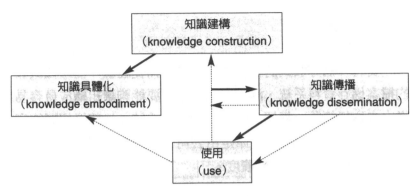

圖6-3 Demerest的知識管理模式

資料來源：Demerest（1997）。

6.4 Earl的知識管理模式

　　Earl認為一個有效的知識管理模式，至少要有下列四個要素（黃廷合、吳思達編著，2004）：**知識系統**（knowledge systems）、**網路**（networks）、**知識工作者**（knowledge workers），以及**學習型組織**（learning organizations），如（**圖6-4**）所示。

知識系統 （Knowledge Systems） 獲取系統（capture system） 資料庫（database） 決策工具（decision tools）	網路 （Networks） 當地的（local） 公司的（corporate） 外部的（external）
學習型組織 （Learning Organizations） 合作（collaboration） 訓練（training） 風氣（ethos）	知識工作者 （Knowledge Workers） 核心人物（core people） 技術（skills） 英才教育（meritocracies）

圖6-4 Earl的知識管理模式

資料來源：Earl（1997）。

❖ 知識系統

要有一個分散式的程序控制系統來捕捉經驗，而組織機關的檔案儲存資料系統、決策支援工具，要能夠讓組織成員容易從中去取得經驗。每個人都要去使用這系統，以確保相關的資料能夠被取得，這種資料庫是由公司來集中管理，而非分散式管理，以確保其有效性與廣度。

❖ 網路

網路對於知識的獲取、知識建立，以及知識的散播非常重要。例如：知識的建立可以利用網路交換文件、資料或訊息，以提高企業內部運作的效率。

❖ 知識工作者

即使公司以資訊科技的投資取代人員，但知識工作者仍是公司的核心資產，因為它們的經驗、他們持續不斷取得知識、以及技能的可辯論性（arguably），都使得它們比以往更具有價值。

❖ 學習型組織

一個管理良善的組織，其組織內需要一個控制過程的系統來吸取經驗，將之儲存於組織的資料庫中，並且有一個支持工具，來幫助決策過程之執行，以及重視科技網路來交換訊息與處理文書、資料。Earl認為「知識工作者」是組織之核心資產，重視組織中的知識創新與運用，鼓勵組織成員學習，組織得以發揮最大的功效在於整個組織都能學習。組織學習的觀念自從

Argyris與Schon在1978年開始研究，在90年代Senge（1990）提出學習型組織後，就形成學術界與實務界所重視的一種組織管理風潮。

6.5 O'Dell與Grayson的最佳實務轉移模式

　　O'Dell與Grayson（1998）曾提出最佳實務轉移之知識管理模式，此一模式包括三項主要組成單元：

- ．三項的價值命題。
- ．四項的能力因子。
- ．四個步驟的變革過程。

　　此模式可應用至顧客、產品、程序與成敗的實務上，其亦可應用來管理隱性知識：直覺、判斷及**知道如何**（**know-how**），如（**圖6-5**）所示之最佳實務轉移模式。此一模式的核心是組織之價值命題，而價值命題可提供組織從事知識管理的方向指引，並反映出組織想要轉移知識與最佳實務之理由。

❖ 組織的價值命題

　　本模式含括有：顧客親密性、產品至市場的卓越，以及作業的卓越等三項組織的價值命題，分別列示說明如下：

✚ 顧客親密性

　　所謂**顧客親密性**（**customer intimacy**）此項價值命題，強調掌握並運用組織的知識，以促使行銷、出售與服務顧客變得更為有效。經由分享與顧客需求及行為相關之知識，組織希望掌握產品與行銷之優勢、留住更有價值的顧客，並使用較佳之利

> **顧客親密性**
> **customer intimacy**
> 顧客親密性此項價值命題，強調掌握並運用組織的知識，以促使行銷、出售與服務顧客變得更為有效。

益盈餘，來提供具有較高價值的產品與服務。因此，組織必須重視知識管理，以便有效運用組織之集體智慧，來支持組織的第一線工作人員，包括行銷人員與顧問在內。

✣ 產品至市場的卓越

很多組織開始應用分享學習與知識管理原則至產品之發展過程，此種概念強調在產品發展上，使用最佳實務來加速產品上市。有一些組織已透過新產品及服務之發展，致力於從現存資產與專利中獲取利益。

✣ 作業的卓越

這類想要追尋作業卓越的組織，通常會透過遍及全球各地之所屬組織，來轉移某一分支機構之最佳實務至其他機構。這些組織均使用知識管理原則並轉移實務，以消弭分支機構之平庸孤立現象並節省資源，以及達成過程改進、發展新產品及提升生產力。

✢ 四項能力因子

本模式探討的四項能力因子有：文化、科技、基本設施與測量，分別列示說明如下：

✣ 文化

幸運的組織開始之初即擁有一種支持知識管理的文化，這是指擁有強的專業倫理及團體榮譽感，也有助於擁有共同之改進途徑，作為思考工作、改進過程之基礎。但是如果組織並未擁有此種支持性文化，則必須努力創建此種文化，否則會有失敗之危險。如何創建此種文化？其中一種方式是提供真正的領導。領導的支持通常不是經由建議、爭論或報告，而是透過財

務與強迫性的競爭需求,例如:如果不如此做的話,我們將會
喪失市場占有率。只有少數組織知道使用正式的金錢獎勵,來
做為鼓勵分享行為之誘因。有一些組織將知識發展與轉移,深
植於專業與生涯發展體系之中。過去升遷是根據年資與職位條
件,但這並不鼓勵知識分享,現在則開始將知識分享納入人員
表現之評價體系中。

✚ 科技

網際網路(internet)與企業內網路(intranet)科技之爆炸
性成長與接納採用,已經成為知識分享之強力催化劑,此種關
鍵在於必須瞭解科技的力量及其限制。科技造成聯繫之可能
性,但不會使其發生,意謂如果你把線路接上,他們也不必然
會來。

✚ 基本設施

領導、健康的文化及基本的資訊科技是必要之條件,但這
些並未充分。為了產生效果,知識管理必須建立新的支持體
系、新的工作職責、新的團隊,以及新的正式網絡,而且內化
成為組織之一部分。

✚ 測量

由於是知識管理發展最少的層面,因此透過知識管理工具
與使用者之評價,來測量方案與企業流程之改進情形,就顯得
相當重要。瞭解每一項能力因子對最佳實務轉移過程的影響,
是組織知識管理面對之第一項挑戰。其次,必須確保所有前述
四項能力因子之相互協調與平衡。如果科技容許分享,但文化
卻說:「自己保有你所知道的」,則不會發生知識轉移。如果沒
有知識分享之提倡者與促進者,即使已擁有支持分享文化的組
織也可能不會成功。如果沒有設計及管理變革之過程,良好的

意圖也可能會一再失敗。

⁜ 四個步驟的變革過程

一項變革方案是指引組織從現狀轉變之指南；一般而言，任何的變革方案均可能會遵循述四項步驟，如（**圖6-5**）所示。茲將此四項步驟：計畫、設計、實施與推廣，說明如下：

✚ 計畫

計畫包括**自我評量**（self-assessment）（我們的現狀如何？），以及列出明確之價值命題（我們想要發展成為的狀況是什麼？）。

✚ 設計

完整的設計步驟包括：概述人員及科技之角色與功能，以及透明呈現所需要的組織結構與表現測量。

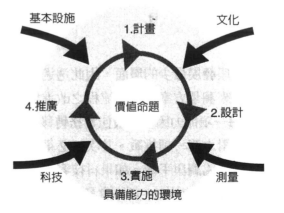

圖6-5　O'Dell與Grayson的最佳實務轉移模式

資料來源：O'Dell & Grayson（1998）。

✚ 實施

實施通常會包括一項實驗性方案,以檢測新的概念及尚未想到之問題。相當關鍵的是,實施階段可能會提供許多成功之改革經驗,來鼓舞整個組織的熱衷參與。

✚ 推廣

將實驗性方案予以推廣,使整體組織均能獲得知識之有效轉移的全部利益。

由以上論述可知,最佳實務轉移模式包括有:以三項價值命題來明確指引組織本身獲悉知識管理的方向,以及用文化、科技、基本設施、測量等四項能力因子,來助長知識管理的推行,還有計畫、設計、實施、推廣等四個組織知識管理之變革步驟。此一知識管理模式包含的概念相當清楚,而且指出具體明確之知識管理步驟,可謂深具應用價值。

6.6 McAdam與McCreedy的知識管理模式

McAdam與McCreedy(1990)兩位學者認為在知識的建構上,應明確地將科學典範及社會典範兩個不同的知識建構來源加以明示,而在知識的使用上,應分為組織利益與員工的**解放**(employee emancipation),並增加許多知識流動的回饋流程,使得知識管理模式更趨複雜與嚴謹。因此,McAdam與McCreedy針對Demerest(1997)的知識管理模式加以修正,其知識管理架構,如(**圖6-6**)所示。

由科學觀點認為「知識即真理」,這個觀點認為知識本質上是事實與真理的定律。因此,科學的知識代表了絕對途徑的知識建構,認為知識為一事實,一個不可爭論的事實。但若只是以科學途徑討論知識的架構,則對於組織中知識的吸收與學習

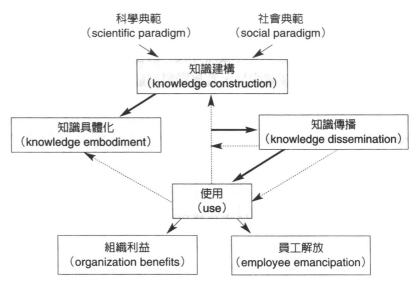

圖6-6　McAdam & McCreedy的知識管理模式
資料來源：McAdam & McCreedy（1999）。

會有一些限制，因此需要有另一個知識架構之途徑，而此途徑
即是強調無絕對眞理的社會典範之知識建構。

　　McAdam與McCreedy認爲知識具體化與知識傳播，是知識
管理程序中的重要部分。知識具體化將組織中的知識加以闡釋
與合併；知識的傳播則是將此具體化後的知識傳播至組織內，
而知識管理的最終目的則是在於知識的使用。因此，Demerest
認爲知識的使用是指顧客的商業價值。但亦有學者認爲促進組
織進步的方法，除了組織利益外，還應包括員工解放。若這兩
個目標可以達成，則組織的進步計畫較容易執行。

6.7 Arthur Andersen的知識管理模式

　　根據Arthur Andersen Business Consulting（1999）之觀點，
其認爲知識管理包含：知識管理程序（knowledge management

process）及**知識管理促動因素**（knowledge management enablers），其關係如（圖6-7）所示。

　　茲將Arthur Andersen所發展出來的知識管理促動因素，敘述如下：

策略與領導（Strategy & Leadership）

　　知識管理不是組織的主要策略，組織是否認爲知識管理與改善組織績效有很大的關聯；組織是否瞭解知識管理可以爲組織帶來利潤；組織是否會根據員工在知識管理可以爲組織帶來利潤；組織是否會根據員工在知識管理的貢獻度作爲績效評估的標準。

組織文化（Culture）

　　組織是否鼓勵知識分享；組織是否充滿了彈性想要創新的文化；組織內員工是否將自己的成長與學習視爲要務。

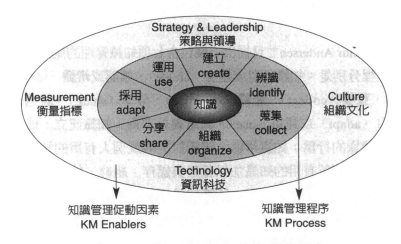

圖6-7　Arthur Andersen的知識管理模式
資料來源：Arthur Andersen Business Consulting（1999）。

✛ 資訊科技（Technology）

組織內所有員工是否都可以透過資訊科技與其他員工，甚至是外部人員連繫；科技技術是否使員工與其他員工心得分享，並能夠經驗傳承；資訊系統有沒有提供即時、整合的界面平台。

✛ 衡量指標（Measurement）

組織是否發展出知識管理與財務結果之間的衡量方式；組織是否發展出一些指標來管理知識；組織發展出來的衡量指標是否兼具軟、硬體的評估，也兼具財務性、非財務性指標；組織是否將資源應用在知識管理上，並瞭解知識管理與短、中長期的財務績效有所關聯。

Arthur Andersen Business Consulting（1999）認為知識管理模型，是由發展、充實組織知識的程序及促動要素所構成。這些要素並非各自獨立，而是彼此間相互接連並密切關聯的。實行知識管理時，必須正確瞭解這些不可欠缺、能產生綜效的促動要素。

Arthur Andersen並且提出一個包含七項知識管理的流程，這些流程分別是：知識創造或建立（create）、確認或辨識（identify）、蒐集（collect）、組織（organize）、分享（share）、調適或採用（adapt）或運用（use）。其意義分別為：知識建立，能產生新知識的行為；知識辨識，辨識對組織或個人有用的知識；蒐集，將確認有用的知識加以蒐集與儲存；組織，能將知識有效的分類以便存取；分享，能將知識傳播給使用者，或因應使用者之需要而提供；採用，去尋找採用所分享的知識；運用，應用知識到工作、決策與有力的時機上。

Gupta 與 Govindarajan（2000）認為要建構良好的知識管理機制，不僅是依靠資訊科技平台的建構，更需仰賴組織的社會生態學（social ecology），其中包括：文化（culture）、結構（structure）、資訊系統（information system）、報償系統（reward system）、過程（process）、人員（people），以及領導（leadership）等，而這樣的社會系統並不應被視為不同要素的隨機組合，應該是一個完整的體系，在這樣的體系之中每個要素都會相互作用。

6.8 Evernden與Burke的管理知識空間模式

Evernden與Burke（2000）的管理知識空間（managing the knowledge space）模式，可協助組織探究知識管理之重要變化領域。此模式包括四項焦點領域：個人知識（personal knowledge）、智慧資產（intellectual assets）、可證實之優勢（sustainable advantage）及賦予能力之工作空間（enabling workspace），如（圖6-8）所示。前述每一項領域均需要予以探討，以便瞭解這些領域對於企業組織知識管理之潛在價值。除此之外，介於每一領域間的線條，是代表將構成知識管理的流程相互結合之程序。茲分別列示說明各重要領域的要點如下：

✤ 個人知識

獲悉組織內所使用之個人知識相當重要，此時重要的問題包括：在決策或完成工作任務時，人員會使用何種個人知識？人員是否自組織外部帶入個人知識？人員在工作上或從其他同事中學到的是什麼知識？是否有協助個人與團體表現之額外知識？如果此種知識消失或不再可資利用時，會造成何種影響？

圖6-8　Evernden與Burke的管理知識空間模式

資料來源：Evernden & Burke（2000）。

智慧資產

組織應該探討本身擁有的，或者可能擁有的智慧資產。組織已經存在何種智慧資產？未來可以創造、發展或管理何種智慧資產？誰擁有此類智慧資產？智慧資產如何受到保護？智慧資產如何提供組織人員予以利用？

可證實之優勢

組織應該探討個人知識與智慧資產如何形成貢獻，並產生可證實之優勢。組織擁有何種優勢？理想而言，像是何種類型之知識？個人知識如何有助於此種優勢？如何使用智慧資產來形成優勢？如何更有效使用個人知識或智慧資產？如何使用個人知識或智慧資產，而不會被競爭對手所模仿？

❖ 賦予能力之工作空間

成功的知識管理方案之基礎，在於組織是否擁有支持有效知識發展、使用與應用之文化。換言之，工作空間是否具有賦予人員能力的特性？此處重要的問題包括：是否有足夠的時間可供人員學習並確保知識？知識如何於組織中傳播？是否每個人均需要接近利用相同的知識與資訊？誰「擁有」知識？誰管理知識？何種角色與技能是重要的？存在何種獎勵制度？

除前述四項重要領域外，用來連結構成知識空間單元之重要程序亦相當重要。這些程序會使較爲結構性單元增加動態性層面，其包括知識保存程序、資訊管理程序、擁有權與管理程序、革新程序，以及個人發展程序。由以上論述可知，管理知識空間模式指出個人知識、智慧資產、可證實之優勢，以及賦予能力之工作空間等四項，對於組織知識管理其有潛在利益之焦點領域。因此，該模式包含的概念具體而明確，且能契合切中知識管理之要義。

6.9 Snowden的決策之知識管理模式

對於**顯性知識**（explicit knowledge）之依賴，會對組織提供安全與保障。顯性知識是可重複的、可定義的，以及可審計的；但在變遷的環境中，**隱性知識**（tacit knowledge）會隨著環境不確性程度之提高，而顯得更具有重要性。使用顯性知識像是搭乘火車，通常是較爲輕鬆之經驗，而且經歷的事件數量，除了災難外是較爲特定而有限，而且可預測的。相對地，隱性知識像是開車，較少是輕鬆的經驗，可能經歷的事件數量相當多而且不可預測，以及會有較多之危險。但是，火車需要預先鋪設之軌道，進出均侷限於火車站。旅客須依賴時刻表，錯過

時間便會造成耽擱。

　　在目前的組織環境下，因為不同的目的地與時間限制，會需要前述兩種運輸工具。確定隱性與顯性知識的平衡，需要建立一項**決策模式**（model of decision making）；對於每一個組織而言，這類模式總是獨特的。然而以被證明成功之模式作為一些組織的起點，則是決策的知識管理模式之基本理念，如（圖6-9）所示。此模型將目標與因果相互對照，其提供了四種環境，每一種環境需要不同程度的隱性與顯性知識之組合（Snowden，2000b）。在發展此類模式時有一件事相當重要，亦即模式必須相當簡單，以便由組織內各個層級來取得組織記憶。知識管理不能是加諸上去的，其必須取自於自然的瞭解。

　　任何整合的知識管理方案，將會在發展的某些階段涉及四項單元，而且會面對接連出現的兩種關於隱性知識之重要判斷。每一項構成單元會涉及不同程度之四類轉換活動，包括：

- ‧將**顯性知識**（explicit knowledge）由個人轉移至社群。
- ‧將**隱性知識**（tacit knowledge）由個人轉移至社群。
- ‧改變隱性知識使其外顯化。
- ‧由顯性知識之使用轉移至隱性知識的使用。

　　在描述各項單元時，Snowden（2000b）曾試著提出每一個領域方案的時間範圍與資源需求之指引。例如：知識管理方案必須被深植於組織架構中，才能產生永續運行的效果。

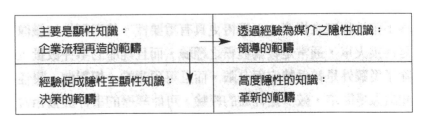

圖6-9　Snowden的決策之知識管理模式
資料來源：Snowden（2000b）。

（圖6-10）說明這些單元的關係，至於每一項單元較為完全之敘述，則分別說明如下（王如哲，2000）：

✥ 知識繪圖

知識繪圖（knowledge mapping）是用來回答，我們確實知道什麼問題，因而相關問題是：我們需要知道什麼？繪製知識圖之主要困難，首先是如何尋找它？詢問人員其所知卻甚少會獲得真正的答案。知識之被發現必須是在被使用的過程，亦即在決策與判斷之際。製作知識圖者需要觀察決策的過程，以便創造一個決策間資訊如何流通之圖像。然後這種結果可以予以繪製，並與組織中的各種決策程序相連結。由出現的**決策群集**（decision cluster），可以指認出使用之知識資產類型，而一旦指認出此種資產，其應該被分解的情況是：可以辨別出隱性知識與顯性知識。

有一些知識資產圖是可以被創造，然後顯現出來，而且在組織再造、合併、尋求新夥伴的情形下相當有用，因為智慧資產的維護及使用通常會受到忽視。建立一項最初高層次知識資

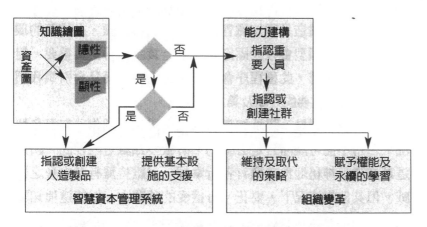

圖6-10　Snowden決策的知識管理模式之組成單元

資料來源：Snowden（2000b）。

產之最有效方式，是運用二至三位顧問，他們是有經驗之外部人員，並以部分時間方式與內部較大型的團隊相互結合。這種部分時間方式是適當的，因為可確保參與人員依然是原先所屬社群之成員，而且能夠瞭解本身所屬社群發生之事務，其也提供在此一過程中團隊組成與建立之彈性。

通常應該避免軟體的支援，因為它會減少團隊成員使用本身的隱性知識，來指認並結合模式與經驗之能力。其次，知識圖的繪製，必須根據最新近的調查資料，才能發揮功用，而且知識圖顯示的訊息亦不應過於複雜。最初的方案將會產生有價值之**洞察**（insights），並且可能是發展知識管理方案之最佳途徑。然一旦完成，整個流程才剛開始，知識圖必須受到維護並建構起來。在此步驟中，應該開始進行軟體的對策及更費心思之程序。

一旦指認出此種資產，對於隱性與顯性資產而言，其管道是不同的。顯性資產的程序是指認、記載，並從可資利用且儲存著顯性知識的人造製品中，來獲致最大的利益。這種最大利益化的策略，可能會導致一些數位類型的儲存，但不必然如此。最初只要結合人造製品、創造目錄並設置圖書館員，可能會是較佳的方式。仰賴現存的人造製品之使用層次與一致性，可能是適合於建造長程知識管理結構之先行實驗。在較新的環境中，運用的類型會較少固定化，進行**實驗**變得更為重要。對於隱性知識而言，此種程序會變得更為複雜，而且會引領我們進入下述兩項重要的判斷及第二項單元。

第一項**判斷**是：隱性知識資產是否能夠外顯化。有很多情況下，這不僅可能而且是必須的，有很多知識是隱性的。因為這類知識只神秘地為其擁有者所掌握，以維持擁有者本身之權威。但其他的情況下，要花一可接受的時間內，促使這種知識外顯化可能是不切實際的。在此種情況下，我們需要建立掌握此類知識資產的社群，這是第二項單元：能力建構。在隱性知

識可能外顯化之所有情況下，組織需要確認的是，促使隱性知識外顯化的行動，會改變隱性知識本質與儲存的媒介。促使隱性知識外顯化的行動，需要有比原本隱性知識之繼續使用，付出更多心的管理與監督。

　　第二項判斷是：繼某一特別知識資產可以外顯化之決策後，需要去決定是否應該予以外顯化。這是相當重要之決策，而且通常會與時間有關，亦即所作成之決策可能並非現在予以外顯化，而是稍後每一個組織需要在其企業需求的脈絡內，或者對不確性的接受度或容忍性，如（圖6-10）下，來訂定本身之規則。

❖ 能力建構

　　原本隱性之資產，或者組織已決定維持其隱性特徵，並繼續爲個人或社群所擁有時，此類知識可能更爲隱性，或更爲複雜地與重要的人造製品相結合，但人造製品卻只能擁有這種隱性知識的擁有者訊息，例如：研究人員的紀錄。分享此類資產的關鍵，或者至少防止在個人退休時流失，必須確保此類知識於一些社群型態中得以分享。此種社群可能是同仁之結合，或一些類似手工藝師傅與學徒之結合，任何組織均是同時爲自然與人造社群之組成。

　　有一種自然的社群是一種相互依賴之社群，但個人並未具有相同的背景，只是彼此喜歡，或爲了興趣而結合，而與日常的生存或工作效能毫無關係。此種社群是分享知識之最有效途徑，但通常是最不易觀察到的社群。它可能會跨越組織與世代間的障礙，其爲任何大型組織之接合劑，信賴與可靠是重要的成分。另一種自然的社群是親近性社群，亦即具有共同的教育或訓練背景。專業領域通常屬於此類社群，擁有在某一技能或專門技術領域的共同興趣，以鼓勵知識之交換。然而，此類社

群對於競爭對手非常敏感,影響所及,知識交換與相互依賴受到相當的限制。

最普遍的一種人造社群是**組織結構**(organizational structure),但其沒有高度的穩定與人員的延續,或聰明的領導者,甚少會形成自然的知識交換途徑。相對地,組織通常會組成任務編組,這可能是交換知識之最佳途徑。這種任務編組是擁有合宜背景人員之短期組合,目標集中與能見度會提供充分而有挑戰性的環境,以鼓勵人員的知識分享,並促成此一團隊之良好組合。然而,如果人員離開原來工作崗位太久,此種社群會變成基於本身目的之組織結構,並喪失了自然的知識交換能力。

為了提供隱性知識的交換、創造與保留的永續論壇社群,必須專注於**能力**(competence),其必須是目標導向的。然而如果它們的設立只是環繞親近性(最共同的方法)或組織結構(保證性災難),此時其若不是瓦解,便是至少無法實現原先的期望。能力社群之創建最好透過有時間限制,以及基於特定任務而設立的人造社群,其社群成員可來自於相互獨立之社群與親近性社群,這會創造並建立新的網狀組織。

創立能力社群的時間長短與所需的資源是不容易預估的,如果是在知識繪圖作業之後,成本可能會較低,而且會有較高之效能。然而,組織生態之管理通常是一長期過程,但這並非表示短期的激進介入,不會偶爾是可欲的。任何類型之實際改變最少需要六個月的時間,而且永續的改變至少需要十八個月時間。如有可能應使用一些外部資源,如此個人會覺得較為舒適,而且可以接觸較為廣泛的知識基礎。

這種資源的提供應該必須維持在一般預期時間範圍內,如同知識繪圖指認出的原則一般,能力社群的真正力量來自於所建立的部分時間之內部團隊。這是一個**資訊科技**(information technology)與**人力資源**(human resource)成為自然夥伴的領

域，兩者均有良好的網狀組織、水平導向，而且擁有動機來指認並建立能力社群，影響所及，兩者通常均較容易存在。

智慧資本管理系統

智慧資本管理系統（Intellectual Capital Management Systems，簡稱ICMS）是一項最為普遍之知識管理方案；一項良好的智慧資本管理系統會包括兩項重要單元。其會提供掌握與分配顯性知識貯藏之人造製品得以運作的途徑，以及會提供促使隱性知識社群，得以在日常工作中溝通並使用的人造製品之基本設施。藉由追蹤人造製品與指引，以及電子郵件之傳遞使用，可以有相當多的輸入加諸於圖形建構的持續過程中。

當智慧資本管理系統環境通常會使用電腦資料庫，以及網內、網外或網際網路的同時，其也會包含各種其他的工具與支援環境。電子的工作室集中於任務完成之團隊；合作式的與探究式的環境會鼓勵新知識與思想之創造；知識點心室、搜尋引擎，以及外部知識資產來源，都可能是組成的一部分。

創建智慧資本管理系統並不是一件普通的任務，許多公司使用低成本，但可自由使用之網內網路工具作為開始，這是一項瞭解知識管理潛在需求的良好方式，但其不是長期可永續之方法。智慧資本管理系統是無可迴避的需求，但需要透過有效的知識繪圖，並積極創建能力社群，才能獲悉此種知識管理需求。在正確時間範圍內合宜設計的話，智慧資本管理系統會扮演社群呈現的隱性知識資產，以及植入人造製品內的顯性知識之間的橋樑，其一開始便需要專家式的軟體工具，並與心智合作相結合之設計，這與電子郵件及檔案轉換與分配並不相同。

✛ 組織變革

　　最後一項步驟是**組織變革**（organization change），意謂建立不僅具有知識，而且能夠永續學習的組織。活動與方案的範圍是擴展式的，例如：**學習契約**（learning contracts）、監督、**自我發展**（self-development）、網路管理、訓練審計及最佳實務之交換。其中，最佳實務或學得教訓，是公司開始知識管理方案所共同採行的入門作法。相對於更為明顯的知識繪圖途徑而言，它是一隱藏式知識管理途徑。最佳實務入門方案中一種最佳類型，是**首尾最佳實務**（top and tail best practice），這可能會是採取兩個一整天講習會之類型。第一天指認組織運作最為重要，而且眾所周知之三至五個重要程序。第二天在簡要之學習期間後，創造每一項程序表現的常識性測量。

　　在實踐時則跨越這些重要程序，測量出組織內的不良單位。在每一項報告期間結束時，則進行下述之活動：前10%者接獲表揚；中間80%者略而不談，最後10%者私下接獲通知。此時最底部10%者必須向前10%者學習模仿，而此類方案及其變化是非常具有力量的。當許多強調全面而強制的知識管理最佳實務模式失敗時，首尾最佳實務可指認出：無法逃避改進藉口之人員。這種途徑相對較為便宜，而且同樣可鼓勵隱性與顯性知識之交換。

　　由以上論點可知，決策之知識管理模式非常強調隱性知識與顯性知識之平衡，而且其指出知識繪圖、能力建構、智慧資本管理系統、組織變革等四項知識管理單元及其彼此的關聯，深具應用的參考價值。

首尾最佳實務
top and tail best practice

最佳實務入門方案中一種最佳類型，是首尾最佳實務，這可能會是採取兩個一整天講習會之類型。

6.10 Huseman與Goodman的知識概念化與獲益之策略性模式

　　Huseman與Goodman（1999）提出知識概念化與獲益之策略性模式的知識管理模式，強調此模式的核心是**願景**（vision），而一項清楚的願景是瞭解與實踐此模式的四個步驟之前提。主張**穩定性**（stability）已不再是從事企業的一項因素，而且在很多情況下，知識已取代有形的資產而成為新的組織財富。因此，在概念上企業組織已朝向知識組織的方向發展，而（圖6-11）所示之模式架構，可作為朝向知識組織發展之參照架構。此一模式包含下述四個步驟：

❖ 指認並獲得知識

　　第一個步驟為：**指認並獲得知識**（identifying and capturing

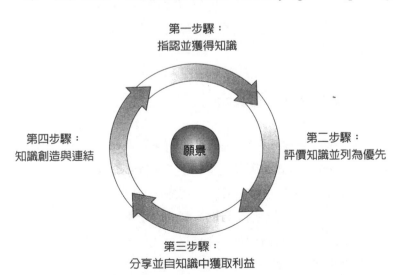

圖6-11　Huseman與Goodman的知識概念與獲益之策略性模式
　　　　資料來源：Huseman & Goodman（1999）。

knowledge）。有一個知識層面會造成此一程序之困難，亦即有很多組織的知識是隱性的。此種知識不僅是無形的，而且也常常是無法表達的。雖然擁有此種知識的人，可以表現執行任務的能力，但卻不易解釋此種技能。在直覺上我們熟悉隱性知識，雖然我們甚少被要求將它製作成文件，以利於他人使用。

對於組織的挑戰是：必須建構方法，使最有才能及經驗的員工，可以描述本身所知道的隱性知識。知識組織並不是試著將所有存在於員工腦中的隱性知識主動表達出來，而是透過設置的知識通路，或者是建構如Davenport與Prusak（1998）所謂的「知識圖」（knowledge maps），來獲得因為時間投入而有較佳之回收。

這種知識圖可以是**組織的黃頁目錄**（corporate yellow pages）、**線上資料庫**（online database），或者甚至於是其事實的地圖，可指出存在於整個組織的知識故事。其也可以包括特別有價值之建議書、資料庫等。組合組織的知識圖，通常始於組織成員的個人知識圖，有一些公司會定期實際調查員工，以尋找出他們所知道的知識，然後組織將其整合組成較大範圍之組織知識圖。

❖ 評價知識並列為優先

第二個步驟為：**評價知識並列為優先**（valuing and prioritizing knowledge）。知識管理是尚未完全成熟之管理實務，而且管理知識資產是非常困難的工作。但每一個公司會生產知識，其中有很多知識是組織所擁有的。然而，管理一項資產、分配其價值，以及自其價值中獲得利益之能力，是由將其指認、評價，並列為優先開始。

❖ 分享並自知識中獲取利益

第三個步驟為：**分享並自知識中獲取利益**（sharing and leveraging knowledge）。不論管理涉入與否，員工均會彼此交換知識，而且這種人員交換**知道如何**（know-how）是組織競爭優勢的來源。但是這種交換是局部性的，並且是不完整的。我們會由鄰近的人員獲得知識，但他們不必然是最佳的知識來源。組織已逐漸瞭解知識是其競爭優勢之最有價值來源，因而必須設計出快速且有效的知識轉移系統。傳播知識包括將正確的知識適時應用至合宜的情境，但對許多組織而言，這可能是最感到氣餒的知識管理層面，因為其必須克服下述幾項障礙：

✚ 距離

分離的部門可能由彼此之間獲得利益，但相隔遙遠會使得知識的分配變得十分困難。

✚ 職位階層

組織擁有固定的**職位階層**（hierarchy）與溝通管道，因而可能會發現，員工並沒有看到任何分享本身知識的機會。

✚ 文化

在許多組織中知識是一種權力，因此想要分享某人所知道的知識，必須透過一些獎勵機制。

❖ 知識創造與連結

第四個步驟為：**知識創造與連結**（knowledge creation and connection）。組織有用的知識需要密切反映出市場之實際，並與公司的策略方向相契合，進而獨特地結合員工的能力。為了

創造此種知識， Nonaka與Takeuchi（1995）曾舉述五項組織必須具備的能力條件：

✚ 意圖

意圖（intention）係指鬆散界定，並成為組織的目標。意圖會在個人創造知識時，引導他們、協助他們察覺本身創造出的知識，如此會帶領組織更接近至成功的願景。

✚ 自主性

自主性（autonomy）意謂在個人的層次上，自主性賦予員工發展新知識所需的時間與空間。自主是組織成員覺得可自由思考公司的革新泉源，更是獲取遠見與創新觀念的必要條件。

✚ 過剩

過剩（redundancy）此一概念源自於重複（replication），但過剩實際上是指企業的共通語言與重複經驗。就團隊成員創造一項問題的解決對策而言，其必須能夠對問題有共識，即使他們是由不同的觀點來接近此一問題，過剩會允許此種情況發生。

✚ 必要的變化

必要的變化（requisite variety）為組織內部的多元性，必須與公司所存在環境之複雜性相對應。當人員得以快速進入所需的資訊，會有必要的變化存在。當相反的情形發生時，偏狹會蒙蔽組織而無法看清真實的市場情況，以及組織的知識需求。

✚ 變動

變動（fluctuation）亦稱為「創造性的混沌」（creative chaos），係指組織中的變動可對抗知識習性化之角色、慣例與心

智模式。波動意謂組織通常會設計出最具創意的新知識；其次是透過分享式的問題解決對策來創造知識。當個人聚集在一起解決問題時，因為他們擁有獨特的觀點、工具與個人化的技巧，因此衝突的發生乃是自然的現象。創造性的衝突與分享式問題解決對策，是組織立刻需要創造知識的途徑，但組織未來所需要的知識，則有賴於組織積極從事**實驗**（experimentation）。

第三種知識創造的類型，係涉及一個公司在其作業上所使用的程序、技術與科技。當一個公司購買新的工具或實施新的流程時，將此種工具或流程付諸實踐的人，將會投入其**個人知識**（personal knowledge），而且通常會創造出新知識，以獲取最大之利益。在管理此一知識創造過程，管理者必須將正確的人員納入於實踐此種工具或系統之中。最後組織也應重視由外部來輸入知識，包括：競爭公司的工會、大學等，均是重要的外部知識來源。

由以上論點可知，知識概念化與獲益之策略性模式，其闡述的知識管理四個步驟：指認並獲得知識、評價知識並列為優先、分享並自知識中獲取利益、知識創造與連結，可謂循序漸進且清楚瞭解，確實可供組織知識管理架構建構之參考。

重點摘錄

- Leavitt的鑽石模式指出，知識管理成功關鍵因素有：任務、人力、組織文化及科技。

- Boynton所提之知識管理圖，包括：隱性知識、顯性知識與資訊等知識領域或層次，以及個人、團體、整體組織，以及組織間之所在位置。

- Demerest強調組織中知的建構，除了科學知識的輸入外，也應包括社會知識的建構。

- Earl認為一個有效的知識管理模式，至少要有下列四個要素：知識系統、網路、知識工作者，以及學習型組織。

- O'Dell與Grayson曾提出最佳實務轉移之知識管理模式，包括：三項的價值命題、四項的能力因子，以及四個步驟的變革過程。

- McAdam與McCreedy認為在知識的建構上，應明確地將科學典範及社會典範兩個不同的知識建構來源加以明示，而在知識的使用上，應分為組織利益與員工的解放，並增加許多知識流動的回饋流程。

- Arthur Andersen Business Consulting認為知識管理包含：知識管理程序及知識管理促動因素。

- Evernden與Burke的管理知識空間模式，可協助組織探究知識管理之重要變化領域。此模式包括四項焦點領域：個人知識、智慧資產、可證實之優勢及賦予能力之工作空間。

- Snowden的決策之知識管理模式強調隱性知識與顯性知識之平衡，而且其指出知識繪圖、能力建構、智慧資本管理系統、組織變革等四項知識管理單元及其彼此的關聯，深具應用的參考價值。

- Huseman與Goodman提出知識概念化和獲益之策略性模式的知識管理模式，強調模式的核心是願景，而一項清楚的願景是瞭解與實踐此模式的四個步驟之前提。其主張穩定性已不再是從事企業的一項因素，而且在很多情況下，知識已取代有形的資產而成為新的組織財富。

重要名詞

鑽石模式（diamond model）

知識管理圖（knowledge management map）

知識系統（knowledge systems）

網路（networks）

知識工作者（knowledge workers）

學習型組織（learning organizations）

可辯論性（arguably）

知道如何（know-how）

顧客親密性（customer intimacy）

網際網路（internet）

企業內網路（intranet）

自我評量（self-assessment）

員工的解放（employee emancipation）

知識管理程序（knowledge management process）

知識管理促動因素（knowledge management enablers）

策略與領導（strategy & leadership）

組織文化（culture）

資訊科技（technology）

衡量指標（measurement）

建立（create）

辨識（identify）

蒐集（collect）

組織（organize）

分享（share）

採用（adapt）

運用（use）

社會生態學（social ecology）

文化（culture）

結構（structure）

資訊系統（information system）

報償系統（reward system）

過程（process）

人員（people）

領導（leadership）

管理知識空間（managing the knowledge space）

個人知識（personal knowledge）

智慧資產（intellectual assets）

可證實之優勢（sustainable advantage）

賦予能力之工作空間（enabling workspace）

顯性知識（explicit knowledge）

隱性知識（tacit knowledge）

決策模式（model of decision making）

知識繪圖（knowledge mapping）

決策群集（decision cluster）

洞察（insights）

組織結構（organizational structure）

能力（competence）

資訊科技（information technology）

人力資源（human resource）

智慧資本管理系統（Intellectual Capital Management Systems，ICMS）

組織變革（organization change）

學習契約（learning contracts）

自我發展（self-development）

穩定性（stability）

重要名詞

首尾最佳實務（top and tail best practice）

顧景（vision）

指認並獲得知識（identifying and capturing knowledge）

知識圖（knowledge maps）

組織的黃頁目錄（corporate yellow pages）

線上資料庫（online database）

評價知識並列為優先（valuing and prioritizing knowledge）

分享並自知識中獲取利益（sharing and leveraging knowledge）

職位階層（hierarchy）

知識創造與連結（knowledge creation and connection）

意圖（intention）

自主性（autonomy）

過剩（redundancy）

重複（replication）

必要的變化（requisite variety）

變動（fluctuation）

創造性的混沌（creatire chaos）

實驗（experimentation）

問題與討論

1. Leavitt所提的知識管理鑽石模式為何？試研析之。

2. Boynton所提之知識管理圖模式為何？試研析之。

3. Demerest所提的知識管理模式為何？試研析之。

4. Earl認為有效的知識管理模式應含括哪些要素？試研析之。

5. O'Dell與Grayson所提之最佳實務轉移知識管理模式為何？試研析之。

6. McAdam與McCreedy所提的知識管理模式為何？試研析之。

7. Arthur Andersen Business Consulting所提的知識管理模式為何？試研析之。

8. Evernden與Burke的管理知識空間模式為何？試研析之。

9. Snowden的決策之知識管理模式為何？試研析之。

10. Huseman與Goodman所提知識概念化與獲益之策略性模式為何？試研析之。

Chapter 7

知識管理的推動案例

本章節探討知識管理的推動案例，討論的議題有：知識管理的推動執行、經濟部技術產業處資訊服務、時報資訊模式、勤業管理顧問公司模式、中國生產力中心模式、百略醫學科技公司、摩托羅拉公司模式、思科公司模式、信誼基金會模式，以及最佳知識型企業。

7.1 知識管理的推動執行

關於知識管理的推動執行，本章節先行探討推動執行的步驟，再探討知識管理持續實行的推力。

✣ 推動執行的步驟

落實知識管理首先應當將「由策略到企業利益」的模式納入考量，這套模式為任何未來的決策提供一個良好基礎。我們必須確定是否真的需要一套知識管理計畫？我們也要清楚應該從何處著手，如（圖7-1）說明落實知識管理的幾個最重要階段。

知識管理第一步驟是從分析組織的策略、願景與目標開始，即我們的目標是什麼？達成這個目標需要哪些績效？我們需要哪些專長？特別是，需要哪些知識？

例如，想想看下面的問題：

 ‧知識對企業具有哪些重要性？
 ‧何謂關鍵知識？
 ‧知識如何被管理與掌控？
 ‧如何界定知識管理的次流程？（包括：創造、獲取、儲存、分享與應用）

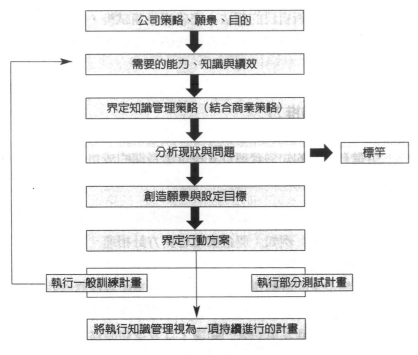

圖7-1　知識管理推動執行的步驟
資料來源：余佑蘭譯（2002）。

　　在這個階段，我們確立了知識管理的架構及其真正意涵；此外，我們對知識管理與其他流程，如績效管理、能力管理的關連，也應該清楚瞭解。

　　行動方案可以分成兩部分：一般訓練計畫與部分測試計畫。一般訓練是指針對幾個重要成員加強訓練，提高他們對知識管理重要性的認知。我們除了向他們介紹知識管理的基本架構外，並且透過實例來說明知識管理的實際運作。重要的是，參加者對這項訓練必須持有正確的態度，唯有如此，他們才會對知識分享採取正面的看法。

　　行動方案另一個部分是執行某些測試計畫。我們的想法最好先在一些具體、規模較小的計畫中來測試，這些計畫可以協

助我們進一步分析自已的想法。完成初步測試後,我們最好對
策略細節與知識管理的內容作最後評估,然後才開始執行這項
長期計畫。

❖知識管理的推力

引進有條理的知識管理以支援企業長期的成功,需要持續
地實行四樣推力:

- 為那些明確且有系統化的知識管理實務,發展並實行共
  享的見解。例如:與企業策略與方針相連、整合嵌入在
  每個人的日常作業中。
- 瞭解企業的整體策略與方針,及企業中每樣職能的服務
  標準與所需的相關知識。例如:對企業中的每樣職位,
  都能瞭解到其中的專門知識,以及達到服務標準所需的
  輔助因素。
- 建立並管理有效能的知識傳遞技巧。例如:將知識有效
  傳遞到工作崗位,並滿足人們工作上的需要,在深層概
  念知識與實際應用的「表面」知識之間取得平衡。
- 提供誘因、基礎建設與其他支援方式,包括工作重組。
  例如:整體人員積極支持健全又有效能的知識管理活
  動,會促進企業與個人的聰明行為。

7.2 經濟部技術產業處資訊服務

1996年在IBM顧問群的協助下,以提供產業資訊為要務的
經濟部技術產業處資訊服務(ITIS)計畫,確立「知識管理」、
「技能管理」、「科技管理」、「客戶管理」、「流程管理」與
「資源管理」等六項管理制度,為ITIS亟待建立的核心才能。

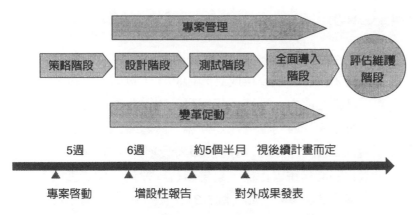

圖7-2　ITIS知識管理專案整體進行架構與時程
資料來源：引用自李昆林（2001）。

1998年底，ITIS與世界知名的勤業管理顧問公司接觸；1999
年，ITIS宣布導入「知識管理」，不僅成為台灣推動知識管理的
先驅，更正式開啓台灣企業的知識管理。

　　（圖7-2）為ITIS知識管理專案整體進行架構與時程，經過一
年的努力，他們認為成功關鍵因素有以下七點：

　　‧高階主管的參與及全力支持。
　　‧先導單位之遴選。
　　‧變革促動的進行（尤為關鍵）。
　　‧專案管理每兩週策略議題推動。
　　‧MIS單位能力與投入。
　　‧原有單位內資訊科技平台。
　　‧核心成員之熱誠與服務。

　　導入知識管理確可為公司累積知識，唯「知識分享與貢獻」
仍須藉由企業文化與個人價值的改變，此種「施」與「受」的
認知調整，實為知識分享的突破點。

7.3 時報資訊模式

　　時報資訊股份有限公司成立於1989年，以即時資訊及財經資料庫爲其核心能力，經過多年經營，對財經業界及投資市場之需求，有了深一層的瞭解。1997年，時報資訊公司思考運用本身所蒐集的上市上櫃公司財務報表資料庫，研發一套有效的、可量化的財務預警指標，以供銀行等授信、投資機構及投資大衆規避風險之參考。如（圖7-3）所述的「企業財務風險監測系統」（Corporate Performance Benchmark，簡稱CPB），圖中顯示出「企業文化」、「企業活動」、「資訊科技基礎」、「企業知識」、「知識管理流程」、「策略、行動及回饋」構成了知識管理系統。

　　時報資訊PCB案例說明，知識管理之運作及知識管理、知識創新對組織發展的重要性。吳思華（1998）教授表示：「在知識型企業中，建構一個有效的知識系統，讓組織中的知識能夠有效的創造、流通與加值，進而不斷的產生創新性產品。」；此亦正是時報資訊PCB案例的最佳註腳。

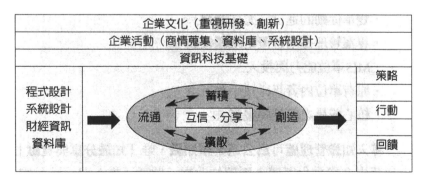

圖7-3　　時報資訊CPB知識管理運作模式
資料來源：引用自李昆林（2001）。

7.4 勤業管理顧問公司模式

在勤業管理顧問公司（Arthur Andersen Business Consulting）裡，知識管理不僅只是文件管理系統而已，更是勤業人員每天累積資訊、知識與經驗的成果。藉由他們結合全球性**知識空間**（knowledge space）與本土化知識空間知識管理系統，學習到如何落實企業與個人的知識管理觀念。

（**圖7-4**）為勤業管理顧問公同發展出來的知識管理導入方法，分為六大步驟：認知覺醒、策略、設計、原型開發與測試、導入、評估與維護。他們認為知識管理的導入必須注意到以下三點：

- ·認識知識管理的必要性，必須思考如何在企業內部培養知識管理的重視，才能真正實施知識管理。
- ·要思考企業策略、人才、業務、流程、資訊科技應如何整合？
- ·導入知識管理，達成更好成效，必須導入回饋系統。

不管是全球性或本土化知識空間，勤業公司認為知識管理系統不僅節省內部訓練的時間、加快作業速度、降低成本、確

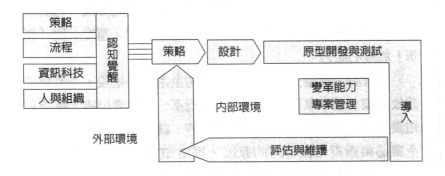

圖7-4　勤業管理顧問公司知識管理導入圖
資料來源：引用自李昆林（2001）。

保品質與鼓勵創新等效益，也是爭取客戶提案，解決客戶問題的最佳幫手。在整個建置過程中，該公司認為關鍵成功因素有以下五點：

- 使用者至上。
- 建立小組對知識管理的重要性產生共識。
- 決定知識管理系統建置的優先順序。
- 功能需求的考慮應優於系統設備的考慮。
- 在導入過程中啟動組織變革的方法。

在企業考量如何因應競爭及環境的變化，無論採取的策略為何，最終仍無法擺脫知識管理的建立、累積、分享與創新；換言之，知識管理不是理論，而是實務性的運作。

7.5 中國生產力中心模式

（圖7-5）為中國生產力中心的知識管理服務模式，主要分成資訊科技、知識流程及組織文化三部分：資訊科技在建立知識分享的環境；知識流程分析目的在結合內隱知識及外顯知識；組織文化則注重消除知易行難的文化，使接受服務的企業能知行合一。「三管齊下」，使個人知識變成組織知識，強調推動知識管理顧問服務的最終目的，在建立企業「速度」與「創新」的核心能力。

未來的企業是充滿知識工作者的企業，而知識工作者猶如游牧民族，逐水草而居，熱愛工作但不一定熱愛組織，哪邊有知識可以追逐，哪邊可以享受成就感，就往哪一邊走。這也是企業必須重視知識管理的原因，經由知識管理留住知識工作者，也經由知識管理將知識留存，讓企業長青永續發展，這是推動知識管理的目的。

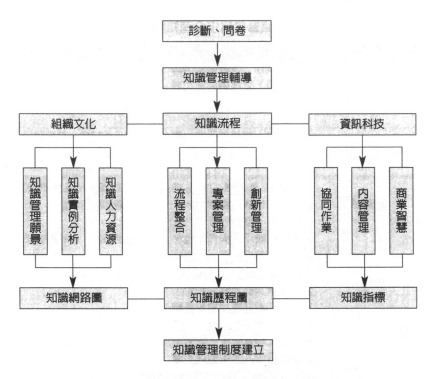

圖7-5　中國生產力中心知識管理服務架構
資料來源：封面故事知識創新與管理（2000）。

7.6 百略醫學科技公司

　　身在知識爆炸的時代，知識庫的建構似乎已成為企業競爭策略的顯學，將無形的知識轉為企業經營有形的價值，才是建構知識管理架構的極致表現。百略公司經由深耕學習型組織，發展知識庫，成為跨國性企業，如（**表7-1**）所示。

表7-1　百略醫學科技公司知識管理模式

項目		說明	目的
回饋評量標準		學習與實作、智慧與知識資本的創造、分享與留存和經營績效。	創造知識、分享知識、留存知識，提升經營績效，建立企業快速學習與穩健經營的核心能力。
教育訓練課程規劃		百略文化、流程的改造、專業的知識、技能與經營管理。	與日常工作結合，在願景經營過程中履行。
知識管理	總目標	將百略視為有機企業生命體，運作模式：藍圖系統、心智系統、自學系統。	達成心智改變、自覺的提升、技能知識的增進。
	藍圖系統	各流程系統手冊與作業程序手冊的學習與實作，透過經驗的累積，對工作與流程產生更高層次的洞察與創新，並將新知識回饋到原有藍圖系統中，做出改善與提升。	建立回饋系統，進行雙迴圈學習。
	心智系統	改變員工學習態度，透過學習改變每個人心中的觀念價值，讓願景從口號變成具體化的事實。	建立經驗捷徑，減少產品錯誤，縮知產品研發時間，降低製作成本的浪費，間接促成獲利成長。
	自覺系統	員工自己找出個人與公司存在的目的，再依據目的去發展，有明確的自覺，再依公司願景、部門經營計畫、目標，建立真正的價值。	讓員工瞭解自己存在的價值在哪裡。
關鍵成功因素		1. 建構正確的企業願景與經營體系。 2. 適當的評量系統與報酬系統。 3. 必須以開創利潤與永續經營為前提。 4. 教育訓練系統與工作相結合。	

資料來源：修改自李昆林（2001）。

7.7 摩托羅拉公司模式

摩托羅拉公司在1997年進行大規模的組織改造後，由原本專注於產品導向，改為顧客、市場導向，為因應此變局，摩托羅拉特將蒐集商情的觸角深向外界，進行系統式商情蒐集，建置知識管理系統，靈活因應市場變化，滿足核心顧客的需求。

（圖7-6）為摩托羅拉公司知識管理發展圖，其認為知識管理的五種錯誤看法是：

· 誤認為企業的知識管理系統是全盤導入，從無到有。其實知識管理的主要功能，在於傳承、記錄與更新組織運作的經驗。

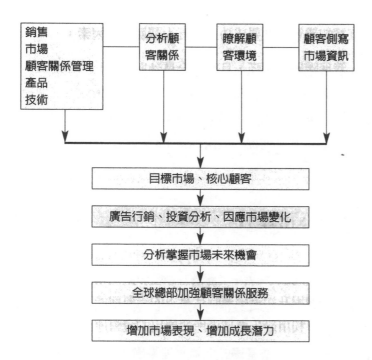

圖7-6　摩托羅拉公司知識管理發展圖

資料來源：引用自李昆林（2001）。

‧誤認為知識管理之知識長是人力資源管理部門的工作，與其他部門無關。其實知識管理是每個部門的水平式任務，要全員參與，唯有建立起貢獻、分享與創新的知識管理循環，才能提升公司整體競爭力。

‧誤認為要建置龐大博深的知識管理系統，才會成功。其實唯有適合自己經營規模，與以往運作經驗的知識管理系統，才能運作順暢；先用別人現成的架構，再建立起自己的系統，才不會有失敗的風險。

‧誤認為知識管理對企業太虛幻，見不到好處。其實知識管理的好處，可以累積掌握市場資訊、累積顧客資本、協助企業決策者做出正確決定。

‧誤認為企業的資訊技術能力夠強的話，不需要做知識管理。

其實知識管理若要成功，有五大關鍵成功因素：

‧管理階層要承諾，且需要全員參與。
‧各部門要資源分析，避免本位主義發生。
‧整合能力很重要，要進行跨部門協商。
‧溝通是基本前提，利用e-mail或會議進行跨部門的瞭解。
‧共享平台的建置。

7.8 思科公司模式

在十倍速的競爭時代，產業目標在於既能精簡人事、降低成本，又能持續提升知識經濟時代員工的素質與能力。在這樣的前提之下，思科利用最先進技術所發展出的資料庫，以及以電子化學習（e-learning）為基礎的知識管理架構，不但兼顧成本及效益雙重需求，更掌握了整體產業環境的發展趨勢。同時，讓每個員

工都能在資訊透明化、組織扁平化的環境中接受新知識，進而培養出創造知識的能力，成為真正的知識工作者。

電子學習並不等於知識管理，網路環境的建置也只能算是知識管理中比較容易達成的環節之一，（圖7-7）為思科學習網路，其認為真正的知識管理，取決於以下四個關鍵因素：

- ·管理者的領導風格：領導者想要創造什麼樣的企業？
- ·科技：須能具備幫助達到目的之資訊科技。
- ·執行者：負責執行的人必須具備企業所需的核心專長，以及利用網路技術改善工作流程的能力。
- ·紀律：組織必須有紀律，以明確的獎懲規範來貫徹組織的既定政策。

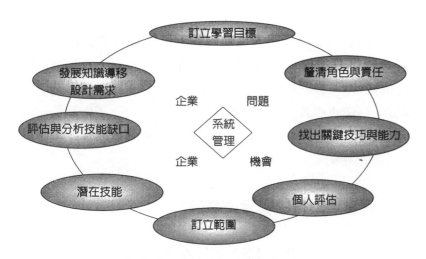

圖7-7　思科公司的學習網路

資料來源：封面故事知識管理創造企業新價值（2000）。

7.9 信誼基金會模式

　　信誼基金會知識管理模式的探討，大抵依知識管理的發展階段、知識管理的特色與重要成果、知識管理的未來與願景等三個部分來說明之。

❖知識管理的發展階段

　　「信誼知識庫」的建立是展開KM計畫的起點，在不同的發展階段，信誼分別規劃了不同的推動目標與工作任務，並藉由信誼企業資訊入口網站（Enterprise Information Portal, 簡稱EIP）與KM資料庫的整合，透過EIP介面呈現各項KM成果與同仁們分享。

　　信誼知識管理的四大推動內容，是以基金會的核心知識（asset）、工作流程（process）、人力資源（people）及知識社群（community）為四個向度，分別擬定出不同策略並加以執行與落實，期望能夠真正創造知識價值（K-Value），不斷強化信誼的服務與教育能量。（表7-2）為信誼KM的建置歷程、工作目標與推動內容。

❖知識管理的特色與重要成果

　　茲將信誼基金會知識管理的特色與重要成果，列示如下幾點要項說明：

✚ 強調有效資源的累積與再運用

　　經過知識盤點，信誼將基金會的核心資源進行E化，並儲存在EIP上，以全線設定適當的控管。目前所累積的「信誼知識庫」資源豐盛，可讓同仁快速搜尋到相關資料，有效提升工作效

表7-2 信誼基金會知識管理建置歷程與推動內容

階段		籌備階段	第一階段	第二階段	第三階段
推動目標		成功導入KM	知識循環運用 建立分享文化	建構最佳學習實務 傳承專案經驗	服務模式創新 建立學習型組織
預計工作時間		2001年8月 ~2001年12月	2002年1月 ~2003年12月	2004年1月 ~2004年12月	2005年1月~ 迄今
推動內容	基金會核心知識 Asset	·進行知識盤點,找出各部門必須留存的知識及文件形式	·知識文件整合與E化 ·建立信誼知識庫	·訂定信誼知識庫管理辦法,建立檢核機制 ·落實信誼知識庫內容更新,與例行工作整合	·專業資源區建置,訂定知識分享與激勵辦法 ·執行信誼知識庫應用創新提案計畫
	工作流程 Process		·信誼EIP 1.0版建置完成 ·各部門整理內部標準化流程項目,進行SOP建置計畫	·EIP功能擴充、修訂 ·運用SOP管控工作品質與時程 ·進行SOP執行成效評估 ·專案管理辦法與平台建立完成	·持續進行專案管理 ·配合專案管理完成內部工作FAQ ·轉化與外部資源互動關係,累積成重要的資料源
	人力資源 People	·進行人力資源內容重整與資料轉檔工作	·建立外部人力資源庫 ·修訂員工核心專長與興趣之分類	·內部最佳學習實務擷取 ·新人訓介面完成 ·建立員工核心專長資料庫	·持續進行內部最佳學習實務擷取與成果運用 ·e-learning執行方案推動
	知識社群 Community		·進行討論區建置意見調查,並建立討論區 ·讀書會規劃及辦法擬定	·讀書會執行並評估效益 ·推動實體/虛擬知識社群之整合	·提升知識社群內容的價值性與應用層面 ·成立顧客導向實務社群
	推動知識管理效益	·透過完整的前置工作,強化KM後續的執行進度	·提高知識擴散範圍 ·縮短知識找尋時間 ·知識系統化儲存 ·資源再運用	·持續增進組織知識的完整性 ·有效提升工作效率 ·建立學習團隊 ·隱性知識分享	·激發組織創意 ·擴大知識交流對象 ·結合顧客知識產生價值 ·創新服務模式建立與執行 ·提升專業服務,建立品牌形象

資料來源:引用自陳永隆、莊宜昌(2005)。

表7-3 「信誼知識庫」類型與內容

資源類型	建置內容
專家人才資料庫	共計2,175筆外部專家資料
親職教育文章資料庫	共計4,833篇專業文稿
幼兒教學活動資料庫	共計2,709則活動設計單元
兒歌資料庫	共計1,648則兒歌資源
信上誼產品資料庫	約1,000種出版產品（幼兒、父母、幼師產品）
兒童發展資料庫	約30-50萬字內容
教養主題資料庫	約700萬字內容

資料來源：引用自陳永隆、莊宜昌（2005）。

率，並增加就資源的在運用性，如（**表7-3**）所示。

知識庫的建置，初期由於缺乏適當的管理維護辦法及權限外享機制，以致使用功能受到限制。因此，知識管理小組與各知識庫主要建置者，共同擬定出各資料庫的管理辦法，並予以公告；為維持知識庫內容的更新度，以強化同仁的使用意願，

知識管理小組則進行每月定期檢核並主動知會單位主管或負責人，以維繫核心資源最佳的更新與運用狀況。

信誼的核心資源類型仍持續累積與建置中，以2004年信誼網站全新政版為例，便將網站後台維護機制以知識庫的建置概念進行規劃，並統一納入信誼EIP內。因此，未來在網站內容更新時，亦同步將有效的資源累積在知識管理平台，除可持續豐富信誼知識庫的資源類型與內容外，亦可產生更多元的運用。

✦ 貫徹SOP的經驗留存、流程改善的目標

製作**標準化作業流程**（Standard Operation Procedure，簡稱SOP）有助於工作同仁能夠有所依循與規範，藉以提升工作效率與效能。因此，信誼知管將SOP的彙整作為改善工作流程的重要策略。

自2003年起，由各部門分別整理內部標準化流程項目，著手建置SOP計畫。由於信誼內部工作類型相當的多樣化，較難

用統一的流程去規範，所以信誼以KM的角度出發，主要是將SOP作為經驗留存的工具，並期望藉由各項SOP的撰寫過程，同步檢視工作流程的合理性，來改善工作執行的威效。

✚ 運用信誼知識管理有效發揮人資制度

信誼知識管理小組成員包含人資部門成員，除了對於信誼人力資源的發展具有更直接與實質的幫助外，並可讓人力資源的開發具有明確的執行計畫與進度，而且能將執行成果直接運用至信誼同仁，產生最大效益。

✚ 員工核心專長擷取計畫

信誼擁有80位知識工作者，原本就具有不同的專長與興趣，且執行工作相當的多元化，常需諮詢相關領域專長之同仁意見或是組合團隊進行專案執行。因此，建置員工核心專長系統非常有助於人力的組成，對於工作品質與效率更具有直接的幫助。

目前所開發的「員工核心專長系統」，除了將個人背景資料進行登載，將專長、興趣進行不同的分類外，更引用了**檔案評量**（portfolio assessment）的概念，將個人在基金會工作期間的各項工作與成長記錄完整的呈現出來，包含內部或外部的教育訓練、個人著作文章、各項證照／得獎記錄、參與各類型專案等等，透過有組織性的蒐集文件、作品、評量結果及其他相關記錄，可觀察同仁的工作成就、在某個領域的專長及其持續學習成長的訊息。

除此之外，對於組織內其他同仁而言，透過這樣的查詢與知識分享系統，當有需求或問題時，可以找到適合的同仁參與專案活動，或是立即找到各領域的專家詢問並解惑，可促進人力的運用、減少犯錯的機率，並減少工作時間以提升效率。

✚ 整合實體／虛擬知識社群

　　爲提升基金會內部同仁經驗交流，並創造分享的文化氣圍，信誼基金會於EIP內設置討論區功能，提供同仁自由抒發意見、進行經驗交流的管道。在初期規劃有三個與同仁最相關，且與基金會發展趨勢吻合的討論版，分別是：「幼教大家談」（幼教資訊的交流和幼教議題的討論區）、「信誼廣角鏡」（促進基金會工作改善與意見交流，有效提升跨單位工作討論氣氛），以及「信誼E時代」（E化是基金會未來的趨勢，任何網站經營建議、創新想法均可提出）。

　　設置討論區功能之初，是以提高同仁參與度爲目標，因此藉由全員說明會，每半年進行全員意見調查、「信誼KM內部電子報」的話題連結，以及擬定激勵辦法等各種方式，期望達成促進意見交流的效果。

　　然而，要眞正發揮知識社群價值，則需在經營計畫中納入實體／虛擬整合的構想，也就是除了利用虛擬討論版的互動、獎勵策略之外，若要擴大分享的氣氛，則必須再與實體社群結合，以實體與虛擬並重的手法來經營知識社群，才能達到知識分享的目的。

　　由於考量基金會各部門的工作性質與專業內容差異較大，有許多專業知能相當值得相互學習，於是決定選擇「讀書會」作爲實體／虛擬知識社群整合的重要執行策略。因此，信誼人資部門正式將讀書會納入員工成長計畫，而知識管理小組則利用讀書會試行知識社群整合方案。

　　在實際執行的做法上，是以每個月導讀一本書爲原則，由各部門輪替進行推薦與帶領的工作，並開放讓同仁自由參與，時間訂在每月第二、四週的週三早上進行實體讀書會。爲配合實體讀書會的進行，基金會利用討論區作爲報名、上傳相關資料，以及延伸閱讀討論的工具。每個讀書會討論版由當月帶領

人擔任版主，於每月25日前，規劃下個月實體讀書會進行方式，並於討論版中將讀書會方案設計及導讀資料上傳，提供成員事前準備。另外，參與實體讀書會成員需於當月讀書會結束一週內，將讀書心得上傳至討論版上，進行全員分享討論。

　　信誼的讀書會當然也有鼓勵與評量的措施。每月主題是藉由人資部門統一採購，由教育訓練預算支應；評量的方式分為參與者、知識管理小組與網路社群三方面，以問卷的方式於讀書會結束時請參與者填寫。網路社群的部分則有量與質的評分標準，並統一於年底評選出績優帶領人加以獎勵。透過適當的激勵與評量措施，不僅可以鼓勵並提高同仁參與意願，亦可作為未來實體社群經營的參考經驗。

❖ 知識管理的未來與願景

　　信誼基金會自2001年以來，透過知識管理的導入，已成功建立知識循環運用與組織分享的文化，現階段則積極建構最佳學習實務與進行專案經驗的傳承，期許早日達成創新服務模式的目的。未來，信誼基金會計畫讓組織更有系統地邁向知識型組織與學習型組織發展，因此信誼的知識管理之路將會持續努力耕耘，以創造更多的資源與造福更多的幼兒、父母與老師，如（圖7-8）所示。

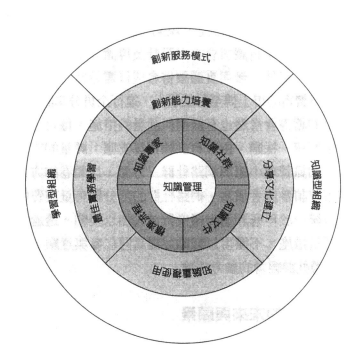

圖7-8　信誼基金會知識管理願景圖
資料來源：引用自陳永隆、莊宜昌（2005）。

7.10 最佳知識型企業

關於最佳知識型企業的討論，擬由最佳知識型企業的意涵、MAKE獎評選八大評量構面、有效管理企業知識是勝出關鍵，以及不同國家知識管理上的差異等層面來探討。

✥ 何謂最佳知識型企業

在智慧資本與知識管理中，最具挑戰性的議題之一，即是衡量（measurement）。於其中最廣為人知的評鑑機制——「最佳

知識型企業」（Most Admired Knowledge Enterprises，簡稱
MAKE），自1998年設立以來，每年都在包括北美、歐洲、亞
洲、日本進行，MAKE獎項已成爲評選知識經濟中卓越企業重
要的標竿。

　　MAKE獎創辦人Rory L. Chase將其個人對知智慧資本與識管
理的看法，透過MAKE獎的評鑑機制予以具體落實。他認爲知識
管理是將知識與組織既有知識加以整合，藉以達成組織目標並提
升組織績效，如創新、效率及高品質的產品與服務等。他根據
Delphi法，採用專家評鑑方式，建立MAKE的三階段評選辦法，
以期將最具智慧資本潛力，並且以知識爲導向的組織遴選出來。

❖MAKE獎評選八大評量構面

　　首先由《財星》（*Fortune*）五百大企業的高階經理人，包
括：知識長、財務長等以知識管理、智慧資本專家組成專家評
審小組，在第一回合先由評審小組提名角逐MAKE獎的企業，
採取開放式的提名；第二回合，評審小組的專家成員從提名的
名單中最多挑選出三家企業，必須同時獲得十分之一以上評審
圈選到的企業，才能進入決賽；第三回合也就是最後的決選階
段，評審小組依據以下八個知識表現的層面，作爲評量的構
面，分別對進入決選階段的企業進行評分：`

- ・建立知識導向的企業文化。
- ・透過管理階層的領導培養知識工作者。
- ・開發以知識爲核心的產品、服務與解決方案。
- ・讓企業智慧資本極大化。
- ・創造知識分享的環境。
- ・建立學習型組織。
- ・依據顧客知識創造價值。

表7-4　2004年北美最佳知識型企業得主

‧IBM
‧英特爾（Intel）
‧戴爾電腦（Dell）
‧微軟（Microsoft）
‧巴克曼實驗室（Buckman Laboratoryes）
‧惠普（Hp）
‧Raytheon
‧麥肯錫（Mckinsey）
‧Accenture
‧American Productivity & Quality Center

資料來源：引用自李驊芳、呂玉娟（2004）。

‧將企業知識轉變為公司財富。

經過評比之後，將分數加總，勝出的贏家，就是當年度

表7-5　2003年歐洲最佳知識型企業得主

‧西門子（Siemens）
‧諾基亞（Nokia）
‧皇家荷蘭／殼牌（Royal Dutch/Shell）
‧英國石油（BP）
‧聯合利華（Unilever）
‧勞斯萊斯（Roll-Royce）
‧法國斯倫貝謝（Schlumberger）
‧英國電信（BT）
‧挪威國營彩券（Norsk Tipping）
‧Cap Gemini Ernst & Young
‧Telefonica Moviles
‧Inditex Group
‧Aventis
‧雷諾（Renault）
‧戴姆勒克萊斯勒（DaimlerChrysler）
‧BMW
‧Uria & Menendz

資料來源：引用自李驊芳、呂玉娟（2004）。

表7-6　2003年亞洲最佳知識型企業得主

- ・豐田汽車（Toyota）
- ・新力（Sony）
- ・佳能（Canon）
- ・日產汽車（Nissan）
- ・本田汽車（Honda）
- ・東芝（Toshiba）
- ・三星電子（Samsung Electronics）
- ・台積電（TSMC）
- ・樂金（LG Electronics）
- ・花王（Kao）
- ・富士全錄（Fuji Xerox）
- ・Wipro Technologies
- ・Infosys Technologies
- ・Eisai
- ・韓國三星數據系統（Samsung SDS）
- ・Tata Steel
- ・新加坡航空（Singapore Airlines）
- ・BHP Billiton

資料來源：引用自李驊芳、呂玉娟（2004）。

表7-7　2003年日本最佳知識型企業得主

- ・豐田汽車（Toyota）
- ・本田汽車（Honda）
- ・花王（Kao）
- ・日產汽車（Nissan）
- ・佳能（Canon）
- ・新力（Sony）
- ・IBM Japan
- ・富士全錄（Fuji Xerox）

資料來源：引用自李驊芳、呂玉娟（2004）。

MAKE獎得主。通常會在約150個候選名單中，挑選出10至15個贏家，同時對贏家進行個別分析，結果也發現得獎都是產業界的領導者。例如：（**表7-4**）說明2004年北美最佳知識型企業得

主名單；（**表7-5**）說明2003年歐洲最佳知識型企業得主名單；
（**表7-6**）說明2003年亞洲最佳知識型企業得主名單；（**表7-7**）
說明2003年日本最佳知識型企業得主名單。

　　Chase表示，上述八個評量的構面是最重要的議題，其下分
別羅列衡量知識表現的基準。舉例來說，在第三項發展知識導
向的產品、服務與解決方案的構面上，知識表現的特質包括：

- ・布局企業的知識創造與創新的策略。
- ・發展與訓練組織成員激發新點子與創新的能力。
- ・開發以知識為基礎的產品與服務時，讓顧客與供應商參
　與。
- ・增加及擴大企業知識。
- ・將知識與新點子轉到「行動點」上的管理。
- ・肯定並獎勵創新人員。
- ・對以知識為基礎的產品與服務管理其生產與服務。
- ・衡量知識創造與創新的價值。

　　在第四項讓企業智慧資本極大化的構面上，知識表現的特
質則包括：

- ・開發與布局企業智慧資本的策略。
- ・建立與訓練企業智慧資本的概念與工具。
- ・建立管理與衡量智慧資本工具與技巧。
- ・管理與擴大智慧資本。
- ・保護知識資產。
- ・肯定並獎勵提升企業智慧資本的員工。

　　在第六項創造學習型組織的構面上，知識表現的特質包
含：

- ・建立以知識為基礎的學習策略。
- ・建立合作及夥伴關係，加速學習。

‧建立與（或）取得學習方法、工具、技巧。

‧將內隱知識轉爲外顯知識。

‧建立實踐社群。

‧輔導與循循善誘。

‧建立組織學習的基礎設施（如企業內部網站，以便企業內外學習經驗交流）。

‧從個人學習轉爲組織學習。

在第七項依據顧客知識創造價值的構面上，知識表現的主要特質包括：

‧建立與布局以知識爲導向的顧客價值管理策略。

‧創造與管理顧客價值的資料與路徑。

‧建立顧客價值鏈。

‧建立與（或）取得從顧客知識蒐集與取得價值的工具與技巧。

‧建立與管理顧客資料庫。

‧建立從顧客資料擷取價值的工具與技巧。

‧衡量顧客價值鏈的改變。

在最後一項將企業知識轉爲公司財富的構想上，知識表現的主要特質則包括：

‧建立與布局企業以知識爲導向的策略，以提升股東價值。

‧建立知識價值鏈。

‧管理與衡量知識價值鏈。

‧衡量企業股東價值的改變。

‧溝通以知識爲基礎的價值創造。

企業欲評估自已的知識管理是否做得好，不妨也運用這八個構面來分析自已的公司，增進公司的智慧資本。

✤有效管理企業知識是勝出關鍵

MAKE獎的評選小組所使用的智慧資本衡量標準，包括：**股東總報酬率**（total shareholder return）、**資產報酬率**（return on assets）、**獲利報酬率**（return on profits）、**資本報酬率**（return on captial employed）、**市值**（market captialization）、**附加價值**（value added）、**品牌價值**（brand value）及**研發**支出（R&D expenditure）。

MAKE的評鑑機制雖然屹立多年，但來自各界對其評鑑過程、評量標準、評鑑者及MAKE與知識管理的關聯等質疑聲浪，卻始終未曾停歇過。因此，近年來積極想在MAKE與企業經營績效間，找到可連結點。

為了印證「在知識經濟時代，有效管理企業知識可以帶來可觀的股東報酬。」這句話，Chase針對2002年全球MAKE獲獎企業在紐約證交所（NYSE）及那斯達克（NASDAQ）市場的投資報酬評比，在1991至2001年間為25.8%，相當於《財星》五百大企業中間值的3.2倍。平均資本支出報酬率為29.2%，相較於《財星》五百大企業的17.4%，高出11.8%。資產報酬率為7.9%，超過《財星》五百大企業4倍以上。

在創造股東財富方面，得獎企業的速度是競爭者的3倍。隨後又針對2003年日本MAKE的得獎企業做類似的追蹤調查，亦發現得獎企業的股東權益報酬率是全球一千大企業平均值的2倍；資產報酬率是全球一千大企業的5倍以上。因而，也印證了有效管理企業知識是企業在競爭激烈的市場，得以脫穎而出的關鍵之一。

在分析與接觸全球許多「最佳知識型企業」，歸納得出企業於創新上，所必須堅持及致力之處，包括：

‧賦予員工發揮創意的空間與時間。

- 剷除部門間的壁壘及各自為政的心態。
- 允許員工冒險、犯錯。
- 建立獎勵系統鼓勵創新。
- 鼓勵社群與網絡的建置。
- 將顧客整合到創造的流程中來看問題。
- 不斷地檢討與改善創新流程。

除此之外，也歸納出企業知識管理與建置智慧資本時的成功關鍵：

- 資深管理階層的領導，特別是執行長。
- 擁有明確的企業願景。
- 擁有正式的企業知識策略。
- 讓商業策略與正式的知識策略結合。
- 專注在創新與新產品開發。
- 企業智慧資本成長的管理。

✤不同國家知識管理上的差異

近兩、三年來，Chase在亞洲地區的時間遠超過其他歐美國家，因而對歐、美、亞洲國家在知識管理方面的差異，有如下看法：

- 美國企業強調從科技來看知識管理，歐洲企業除了對美國有密切業務關係者之外，大多持保留態度；但在亞洲國家，資訊科技居於次要角色，這是因為亞洲企業重視個人、隱性的知識，所以會投入較多心力在面對面的溝通會議、社群活動、共識建立、協同合作等，而這些活動都會建構在資訊平台系統的基礎上。
- 在強調人權與個人隱私的歐美國家，對工作的要求是從

如何滿足個人需求的角度出發，但在亞洲國家，個人的
成功必須建立在組織成功的基礎下，犧牲小我完成大我
的民族特性，有助於知識管理的發展。

‧由於智慧資本衡量工具與技術的發展，歐洲企業在「強
化企業智慧資本」方面表現比較優異；反觀很多亞洲企
業，多汲汲於塑造一個可以將個人隱性知識轉換為企業
知識的環境，藉此帶來各項創新活動。

‧「以人為導向」及「科技為導向」的爭論仍方興未艾，
大部分的美國企業在推動知識管理時，仍非常倚重資訊
科技來蒐集、分析與傳遞知識。相反的，大部分的亞洲
知名企業，則是從人的角度來看待知識管理，他們認為
以人為基礎的知識策略，可以透過資訊科技來加以擴
展，進而落實在組織中。

　　總之，Chase認為亞洲企業偏重在個人隱性知識的採擷，以
及人與人之間的知識分享。歐洲的MAKE得獎企業，則是介於
亞洲與美國之間，試圖在人與資訊科技間取得平衡。這種「中
庸之道」一方面強調人的重要性，另一方面也試圖透過科技來
極大化組織的價值創造，相當值得業界參考。

重點摘錄

- 知識管理第一步驟是從分析組織的策略、願景與目標開始，即我們的目標是什麼？達成這個目標需要哪些績效？我們需要哪些專長？特別是，需要哪些知識？

- 經濟部技術產業處資訊服務計畫，確立知識管理、技能管理、科技管理、客戶管理、流程管理與資源管理等六項管理制度，為其亟待建立的核心才能。

- 時報資訊公司的「企業財務風險監測系統」，顯示出企業文化、企業活動、資訊科技基礎、企業知識、知識管理流程、策略、行動及回饋構成了知識管理系統。

- 勤業管理顧問公司發展出來的知識管理導入方法，分為六大步驟：認知覺醒、策略、設計、原型開發與測試、導入、評估與維護。

- 中國生產力中心的知識管理服務模式，主要分成資訊科技、知識流程及組織文化三部分：資訊科技在建立知識分享的環境；知識流程分析目的在結合內隱知識及外顯知識；組織文化則注重消除知易行難的文化，使接受服務的企業能知行合一。

- 身在知識爆炸的時代，知識庫的建構似乎已成為企業競爭策略的顯學，將無形的知識轉為企業經營有形的價值，才是建構知識管理架構的極致表現。百略公司經由深耕學習型組織，發展知識庫，成為跨國性企業。

- 摩托羅拉公司認為知識管理有五大關鍵成功因素：管理階層要承諾，且全員參與。各部門要資源分析，避免本位主義。整合能力很重要，要進行跨部門協商。溝通是基本前提，利用e-mail或會議進行跨部門的瞭解。共享平台的建置。

- 思科學習網路認為真正的知識管理，取決於以下四個關鍵因素：管理者的領導風格：領導者想要創造什麼樣的企業？科技：須能具備幫助達到目的之資訊科技。執行者：負責執行的人必須具備企業所需的核心專長，以及利用網路技術改善工作流程的能力。紀律：組織必須有紀律，以明確的獎懲規範來貫徹組織的既定政策。

- 信誼知識管理的四大推動內容，是以基金會的核心知識、工作流程、人力資源及知識社群為四個向度，分別擬定出不同策略並加以執行與落實，期望能夠真正創造知識價值，不斷強化信誼的服務與教育能量。

235

重要名詞

企業財務風險監測系統（Corporate Performance Benchmark，CPB）

知識空間（knowledge space）

電子化學習（e-learning）

企業資訊入口網站（Enterprise Information Portal，EIP）

核心知識（asset）

工作流程（process）

人力資源（people）

社群（community）

標準化作業流程（Standard Operation Procedure，SOP）

檔案評量（portfolio assessment）

衡量（measurement）

最佳知識型企業（Most Admired Knowledge Enterprises，MAKE）

股東總報酬率（total shareholder return）

資產報酬率（return on assets）

獲利報酬率（return on profits）

資本報酬率（return on captial employed）

市值（market captialization）

附加價值（value added）

品牌價值（brand value）

研發支出（R&D expenditure）

問題與討論

1. 經濟部技術產業處資訊服務計畫的知識管理模式為何？試研析之。

2. 時報資訊公司的知識管理模式為何？試研析之。

3. 勤業管理顧問公司發展的知識管理導入方法，可劃分哪些步驟？在導入時必須注意哪些要點？試研析之。

4. 中國生產力中心的知識管理服務模式為何？試研析之。

5. 百略公司知識管理發展的模式為何？試研析之。

6. 摩托羅拉公司認為知識管理的關鍵成功因素為何？試研析之。

7. 思科學習網路認為知識管理的關鍵因素為何？試研析之。

8. 信誼基金會的知識管理模式為何？試研析之。

Chapter 8

知識管理的模式建構

本章節探討知識管理的模式建構,討論的議題有:模式的
構建概念、資訊系統面構建要素、文化生態面構建要素、知識
管理概念性模式,以及知識管理實務性模式。

8.1 模式的構建概念

知識管理模式的構建概念,大致由知識管理構建想法,以
及知識管理系統機制等兩方面來探討。

❖ 知識管理構建想法

在企業經營活動上,知識有不同的意涵存在。知識牽涉到
「信仰與承諾」,如知識關係著工作承諾與組織之願景;而知識
也牽涉到「意義」,它必須與特殊情境相呼應,也要迎合組織內
部的需求與發展(Nonaka & Takeuchi,1995)。企業內部的知識
大抵可概分為**外顯性知識**(explicit knowledge)、**嵌入性知識**
(embedded knowledge)與**內隱性知識**(tacit knowledge)等類型
(鄧晏如整理,2001)。Nonaka(1994)認為知識是一種有價的
智慧結晶,可以資訊、經驗心得、抽象的觀念、標準作業程
序、系統化的文件及具體的技術等方式呈現。

同時,知識的本質必須具備創造附加價值的效果;或依專
業智慧在組織內運作的重要程度,分成四個層次:**實證知識**
(know what)、**高級技能**(know how)、**系統認知**(know why)、
自我創造的激勵(care why)(Quinn, Anderson & Sydney,
1996)。而為追求組織核心能力的實現,組織上下必須擴大知
識。如何管理好這些知識,創造知識的價值,有效地將個人的
知識轉化為組織的知識,並加以分類儲存,以累積企業的智慧
資產,就成為相當重要且值得探討的課題。或謂構成知識要素

爲：經驗、有根據的事實、判斷、經驗法則、價值觀及信念
（Davenport & Prusak，1998）。強調知識能不斷地創造好處及優
勢，爲公司帶來持久的競爭優勢，而知識比資訊更接近行動，
亦更能對於個人決策或者行動造成影響（陳儀澤，2001）。

　　知識管理即是確認、獲取、槓桿知識的一套流程，以協助
組織保持競爭優勢（Maglitta，1996）。知識管理是蒐集組織的
經驗、技術及智慧，並讓他們可以爲組織內的人任意取用
（Alice，1997）；亦即發掘人們「如何想？」、「爲何這樣
想？」，以及如何處理知識和下決策等與知識相關資訊，並將之
應用於企業上的一個過程，而轉爲管理策略（Hannabuss，
1987；Laberis，1998）。

　　知識管理的目的就是將組織內的知識，從不同的來源中萃
取主要的資料加以儲存與記憶，使其可以被組織中的成員所使
用，以提高企業的競爭優勢。或謂知識管理爲：一連串協助組
織獲取自己及他人知識的活動，透過審愼判斷之過程，以達成
組織任務（Wiig，1994）。此類活動需架構於科技技術、組織架
構及認知過程，以培育知識領域之完整及新知創造。此認知過
程除需相互學習、解決問題及制定決策外，尚需結合組織、
人、電腦系統及網路，以獲取、儲存及使用知識。

　　許多企業認知到知識管理的重要性，卻沒有掌握到知識的
本質與特性，以爲知識管理只是「文件管理」的另一種形式，
大手筆的投資資訊科技，提升檔案管理的效率與豐富性。其實
這只是知識管理的一小部分，更非知識管理的最終目的。知識
管理的推動旨在建立一種企業文化，使企業真正成爲學習型組
織，才能在快速變遷的網路經濟時代中，永保企業的競爭優勢
（劉京偉譯，2000）。

　　知識管理的觀念其實著重的是要如何應用於企業中，並非去
採購一整套的軟硬體安裝後即可，而是依據不同的企業與組織型
態而有不同的需求。知識管理的應用可使一些複雜、人工的事情

儘量自動化，讓員工可以用更多的時間思考，並確保公司內每一個人能隨時視需要存取最新的正確資訊；同時也可協助企業經驗的累積並加以整理，在需要時可以提供資訊上的協助。

❖知識管理系統機制

企業執行知識管理系統應包括，如（圖8-1）所敘述的各項機制，如自外界吸收的機制、組織內透過執行將知識內化的機制、知識累積、創新、分享及槓桿等機制。再者，（圖8-2）說

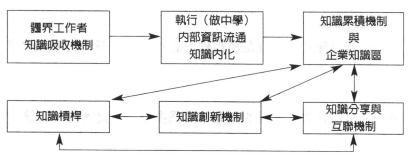

圖8-1　知識管理系統
資料來源：陳星偉譯（1999）。

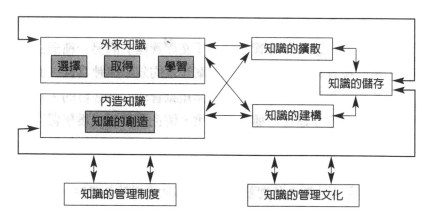

圖8-2　知識管理分類與程序
資料來源：李昆林（2001）。

明知識管理分類與程序，其可分為：選擇、取得、學習、創造、擴散、建構、儲存、管理制度與管理文化等九個區塊。

✚ 知識之選擇管理

▶▶ 我們所需要的知識可由何處來？

- ·公司內部員工。
- ·上游供應商。
- ·下游配銷商。
- ·市場人士（如客戶、商業間諜）。
- ·同業競爭者。
- ·異業廠商。
- ·學術與研究組織。
- ·政府組織。

▶▶ 我們所應得到的知識為何？

- ·新知識本身之多元性能否吸收與接受。
- ·新知識是否會被競爭對手快速模仿。
- ·新知識是否長期可用。

✚ 知識之取得管理

▶▶ 應該由誰引進知識？

- ·中階主管瞭解企業全盤狀況，並且能夠實際瞭解企業真正需要的知識。

▶▶ 知識該如何妥善引入？

- ·在引進知識之過程中，應能妥善管理公司與對方的互動關係，保持資訊的暢通，注重各科技領域的知識整合，

並瞭解與調適新知識與既有知識的關係。

✚ 知識之學習管理

▶▶ 公司員工應如何學習知識？

- ·具有學習的默契、互動與經驗。
- ·具有學習意願、心智模式與系統性思考能力。
- ·對既有知識、技術具有應有的基礎。

▶▶ 公司主管該如何幫助員工學習新知識？

- ·讓員工以團隊模式、系統性學習新事物。
- ·提升員工的基本知識基礎與素質。
- ·保持員工知識的先進度。
- ·培養員工解決特定平日問題的能力。

✚ 知識之創造管理

▶▶ 誰適合被選來創造新知識？

- ·知識專精度高，又善於整合各類知識來源者擔任。
- ·能將心中知識予以明文化、外顯化。

▶▶ 主管該如何激勵員工創造新知識？

- ·不吝於投入知識性資源，並能整合各種知識來源。
- ·建立一套激勵制度鼓勵員工從事創新。
- ·給員工一個不是太安逸穩定的環境。

▶▶ 知識創造有什麼程序性？

- ·知識創造者應將存在心中的知識予以明文化。
- ·待知識變成可書面化、文字化，或以文件工具表達的狀

態後，再將之傳給全體成員。

知識之擴散管理

▶▶ 知識應經由什麼管道來擴散？

‧內容研討會、教育訓練、資訊網路。

▶▶ 擴散知識時應由哪些人介入？

‧組織建立「種子人士」，做為擴散與吸收知識中介人士。

▶▶ 知識擴散過程中主管有何應作之工作？

‧應注重知識本身的屬性及成員吸收知識的能力。

知識之建構管理

▶▶ 如何將知識分類？

‧可依據知識的內隱、外顯程度分類。
‧可依據知識深度、廣度與難度來分類。
‧可依據知識在組織中隸屬之不同部門來分類。

▶▶ 知識該如何建構起來？

‧應考量企業之策略重點。
‧員工素質、公司的作業流程。
‧本身目前的科技水準。

知識之儲存管理

▶▶ 如何將知識以成文化方式儲存？

‧建立資料庫、撰寫成手冊、工作說明書、操作程序，

供使用者運作時參閱。

▶▶ 如何將知識以非成文化方式儲存？

· 經由知識專家教育訓練傳達方式儲存。
· 善用具經驗之資深員工。
· 透過公司活動、產品、制度、日常工作方式儲存。

✚ 知識之管理制度

▶▶ 該為知識建立何種管理制度？

· 整合各類管理知識來源之制度。
· 對各類知識介面予以整合之制度。
· 妥適之教育訓練、薪資管理、人力規劃等人力資源制度。

✚ 知識之管理文化

▶▶ 什麼樣的企業文化有助於企業形成知識？

· 成員本身就具有從事知識性活動之意圖。
· 能夠且願意放棄固有思維模式，樂於追求新知識的員工。
· 主管必須鼓勵成員樂於分享，共同激盪個人知識等特性。

微軟在其《實踐知識管理》企業策略白皮書中，曾提出知識管理運作的四大要素：

· 策略：知識管理必須配合企業策略及長期目標，並依不同企業的策略目的，進行不同的規劃。全盤考慮組織的動態、流程及科技要素，能夠達成以結果為導向

的知識管理，符合實際的策略需求。

- 組織：知識管理必須配合企業組織結構及動態，考慮公司文化及員工的特性，並予以規劃，旨在創造一個分享及鼓勵創新的組織環境。
- 流程：透過知識管理來改善公司作業流程，進而以提供更好的服務或產品給顧客。
- 科技：在知識管理的過程中，藉由資訊科技使用，讓企業的運作更有效率。

簡言之，在導入知識管理時，知識經由創造、取得、分享而加值，在此一循環中必須透過策略的設定、學習文化塑造、資訊科技的協助、有效的領導及適當的績效評估機制，才能充分發揮知識管理的功能。知識管理另一項重要的課題是，組織中人與人之間的互動，包含公司與客戶、部門與部門間、以及員工之間的互動，都可以透過知識管理來產生人員合作及資訊交流。如何將經驗迅速傳承給新的員工，以及如何提升現有員工的素質，是目前企業極力追求的目標。知識管理必須與人力資源、資訊科技、競爭策略整合，方能發揮到最高的效益，此說明企業文化、知識管理與知識創新間，實存有緊密不可分的關係。

本書將知識管理定義為：經由資訊系統的建置，且融入文化生態的價值，是為知識資訊化與價值化的過程（楊政學，2004a、2004c）。綜合以上論述，吾人可發現：資訊科技的建置與應用，在推行知識管理上實不可缺少，而企業文化的融入程度大小，則更是其背後真正蘊含的意涵；知識管理的真正內涵，除了「資訊系統」的「建置」外，更要融入「文化生態」的「價值」（楊政學，2004a；楊政學、林依穎，2003）。因此，針對知識管理的概念性架構，大抵可以資訊系統與文化生態兩構面，來加以整合性探討。

8.2 資訊系統面構建要素

知識管理之資訊系統面構建要素的討論，擬由資訊科技導入概念、系統規劃設計、資訊科技功用，以及管理流程設計等層面來說明。

❖ 資訊科技導入概念

由於知識管理已成為目前管理之主流，而知識管理是無形的產物，但可經由人加以轉化、儲存及累積在知識工作者、產品或應用系統、文件資料裡。因此，有效運用資訊系統規劃出一套知識管理流程，亦可幫助組織進行知識創造，其程序包括：

· 組織管理階級可以透過e-mail傳遞文字、聲音與圖像，來強調組織意圖（organizational intention）。
· 線上的資訊服務系統（如COMPUSERVE），可以迅速且及時地幫助員工，擷取相關商業知識或資訊，提供給供應商或顧客。

由於個人電腦及分散式資料庫的日漸普及，亦可以讓員工進行end-user端的運算，並藉此傳遞分享管理階層端的組織知識（Nonaka, Umemoto & Sasaki，1998）。整體而言，組織內隱知識與外顯知識交換時，依照共同化、結合、內化、外化的螺旋方式進行，則資訊科技在知識創造過程中，提供了很方便的一個媒介工具。資訊科技除可促進人們溝通協調外，更可提供組織成員周全的營運資訊或知識，並協助人們的知識擷取、知識儲存、知識搜尋，以及知識使用（Duffy，2001）。

一般而言，企業所建構的知識管理系統，包括有：人才技能知識庫、線上輔助查詢系統、知識儲存庫、專家網路、技術文件線上查詢、個案經驗知識庫等系統。知識管理的成功有賴

人與技術的相互配合，人需要瞭解且詮釋知識，並將各種不同形式的非結構化知識整合，而有效地儲存、轉換及分享知識，這需要電腦網路及通訊系統幫忙。資訊科技對於組織來說，是一個達成知識管理的好工具，因為科技滿足了知識不同角度的需求，它能掌握、儲存及傳播知識，若組織採用了適當的資訊科技工具，便能使知識管理的效益產生事半功倍。

適當的資訊科技運用，將可以提升組織知識管理活動的成效。資訊科技的類別很多，可依不同資訊或知識使用需求，而選擇不同的工具。善用這些工具可以提升組織知識、資訊的傳播速度及接收速度。事實上，企業所採用的知識管理系統功能，包括有：人才技能知識庫、線上輔助查詢系統、知識儲存庫、專家網路、技術文件線上查詢、個案經驗知識庫等資訊系統。

企業實施知識管理所需資訊科技種類，包括有：通訊基礎建設、群組軟體與電子郵件、文件管理資料庫、資料倉儲與資料探擷、工作流程軟體、支援決策軟體工具、群組軟體等（Davenport & Prusak，1998）。其中，又以群組軟體對組織進行知識管理的知識分享的貢獻最大。誠如Lynn與Reilly（2000）所說，支援知識管理的資訊科技，其功能至少包括有：專案相關資訊的文件管理、專案資訊的儲存與搜尋系統的建立、專案資訊更新步驟的實行。

❖系統規劃設計

知識管理是一種過程，目的是將資訊系統與內隱知識進行結合、轉化，以達到知識創造、擴散、蓄積與分享之功能。針對資訊面的觀點來探討知識管理的功能，不能僅限於將知識在企業內部做純粹的分享與擴散，最終的目的是在建構以思考的速度來經營企業的系統及機制，也就是敏感的**數位神經系統**（Digital Nervous System，簡稱DNS）（馬曉雲，2001）。企業進

行知識管理系統規劃設計的同時，應考量：

- 將知識、資訊、資料予以分類、分級，藉以彰顯知識的重要性。
- 研究知識如何創造、獲取及保存。
- 如何建構可資訊分享的知識管理機制。

知識管理應主要以群組軟體、訊息交換、資料庫科技為基礎，把結構性與非結構性的資訊與協力工作程序整合在一起（李振昌譯，1999），其最終目的不只是找出資訊或發現資訊，而是提升組織的活力、回應力與創造力，而這種提升，需要包含有知識的創造、傳送與應用。資訊科技應用在知識管理的領域，包括有：分散式學習應用軟體、專業社群的應用軟體、資料超市、專家系統、例行性工作應用軟體、外部資訊整合等。

完善的知識管理系統，可以不同的方式，來組合應用各種不同資訊技術，包括：運用數字分析技術（資料庫）、產品或行銷資訊檔案（檔案）、正式簽呈與任務檢查的軟體（電子郵件與工作流程應用軟體）、特別搜尋的功能（網路技術）等。易言之，完整的知識管理系統，至少應包括（樂為良譯，1999）：

- 通訊基礎建設，含電訊以及網路的應用建設。
- **群組軟體**（groupware）與**電子郵件**（e-mail）。
- **文件管理資料庫**（document database）。
- **資料倉儲**（data warehouse）與**資料挖掘**（data mining）。
- **工作流程軟體**（work flow）。
- **支援決策軟體工具**（decision support tools）。

✛ 資訊科技功用

企業實施知識管理時，其具體做法，包括有：建立**知識儲存庫**（knowledge repository）、**專家網路**（expert network），儲存

非結構化的討論文件報告、人才技能知識庫、技術文件線上查詢、專業術語詞庫、線上輔助查詢系統、技術支援的網路、專家查詢資料庫，以及企業外部資料庫。

以知識儲存方式（有機或機械），以及知識的協調（整合或分散）兩個構面來說，知識的建構與維持，主要是為了降低對知識工作者的依賴，並減少知識工作者異動所帶來的不確定性。由於資訊科技的進步，知識建構與維持都可透過資訊科技來進行。例如，外顯的知識可透過知識庫方式來建構，而內隱的知識也可以透過資訊科技來加強人與人的溝通。總之，資訊科技對知識建構的功用有二（Bonora & Revang，1991）：

· 資訊科技可降低組織成員，對特定成員所擁有知識的依賴性。
· 資訊科技可以減少組織成員，因職位異動而對所擁有知識流失的不確定性。

資訊科技在知識管理所扮演的角色，包括有：資訊科技可以加速知識的傳遞、擴展知識的共享及知識的儲存量。利用資訊科技進行知識管理，將會降低知識或資訊使用成本、增進知識分享、協助組織知識的創造。資訊科技除了儲存文件、圖片聲音、圖像等檔案外，在企業知識管理活動中，員工亦透過資訊科技，來進行知識使用、搜尋、創造與傳播等活動。

建立親密的客戶關係，是資訊科技使用的目的之一，資訊科技策略的焦點旨在如何獲取客戶知識，並配合公司核心知識，將其有效地運用在行銷、銷售與服務客戶上，藉由客戶需求與行為的知識分享，在行銷及銷售更具有優勢，保留有價值的客戶，並提高產品價值以獲得較好的邊際效益（O'Dell, Essaides, Jackson & Grayson，1998）。

組織知識管理除了使用資訊科技整合內部知識外，尚要能整合外部知識。目前一些處理市場、顧客、上下游廠商等資訊流通

的資訊科技，包括有：**顧客關係管理**（CRM）、**供應鏈管理**（SCM）、**資料倉儲**（data warehousing）、**資料擷取**（data mining）、企業入口網站，它們都是整合外部知識（市場、顧客、上下游廠商）的好工具。

✛管理流程設計

在知識獲取上，組織在選擇知識前，應考量組織本身對既有知識之瞭解度、專精度、深化度，知識本身的多元性與複雜性、產業本身的特性、組織本身對新知識之瞭解度等因素。組織在獲取知識時，具通才技能之工作小組及組織之中階主管扮演著關鍵性的角色。其應配合知識獲取之目標，妥善管理各介面的互動關係、各介面間資訊的暢通。各介面的網路關係應妥善維持，注重各科技與領域的知識整合，以瞭解與調適現實情況與傳統情況的關係。

在知識蓄積上，企業如何建立一套有系統的知識蓄積制度，有效結合內隱與外顯知識，得以使員工能在最快速的時間內獲得最大的學習效率，為企業創造更高的價值，是不容忽視的課題。

在知識擴散上，如何將組織所儲存的知識，透過知識擴散的方式，有效的轉移到需要知識的人身上，是企業在推行知識管理時，所面臨的重大難題。知識擴散的成功與否，除了看知識提供者能否有意願，且有效地表現出所擁有的知識外，知識接受者有沒有能力吸收，也是相當重要的。尤其重要者，則是建立願意分享的組織文化與環境。

在知識創新上，知識管理除了運用對知識的獲取、蓄積、擴散的程序所產生知識力量，來擴大其競爭優勢外。充分運用與知識來源相互的知識激盪，所產生的創新知識，才是企業永續生存的不二法門。當既有知識已難以因應現有環境之需求

時，且組織在無法或無力取得外來知識，知識創新即是最好的解決之道。

　　知識創新即是促使組織超越既有知識，創造新的知識。為使組織知識創新有效率或有效能地進行，組織成員應具備整合各方知識來源的能力。組織成員結合組織資源，以團隊的方式來進行創新，使共同知→外部知→結合知→內部知之程序能透過不斷的循環及運用（Nonaka & Takeuchi，1995），建立一套具有反應迅速的創新制度；讓組織成員在自發意圖下，為組織注入源源不絕的知識性資源。

8.3 文化生態面構建要素

　　知識管理之文化生態面構建要素的討論，擬由企業文化導入概念、企業文化的融合、領導角色的扮演、競爭能力擬訂、人力資本維持，以及人員角色扮演等層面來說明。

✛企業文化導入概念

　　知識管理之推動始建立於企業組織文化下，經由專業領導團隊的帶領，唯有發展學習型組織型態的同時，建立競爭優勢的組織，方能為企業開創出新局勢的契機。知識管理可說是企業價值創造的基礎，而知識管理的推動，除了仰賴一套可行又有效的知識管理工具外，人員的因素與競爭力分析，對知識管理的推行具舉足輕重的影響。Greengard（1998）認為人力運用於知識策略上，最少應有三個重點（劉京偉譯，2000）：

‧高階管理者的支持。
‧培養包括技術性與非技術性員工的交叉功能團隊。
‧建立起資訊蒐集與散布的系統。

企業組織的競爭優勢在於創新、速度與價值的變革，為了確保知識管理的能否成功遂行，端視於領導者有無堅強的意志，以及制定策略時是否有通盤的考量。領導者可謂是組織的靈魂人物，因為他們必須具備從不同的情境中，依不同的組織文化調整獨特的領導風格，以便將領導的特質充分發揮，使組織更具競爭力。

企業文化的融合

在企業文化融合上，知識管理制度是正式化的工具，而企業文化為非正式之模式，並非能夠一蹴可及的予以改變，它會跟隨企業的發展而不斷地延續。這種模式有助於組織成員，在企業無形的文化與價值觀中，自發性地從事知識創造、學習、擴散等工作。根據競值途徑的分析，可將組織文化依環境變動性、內部導向與外部導向分成四類型，分別為「調適文化」、「成就文化」、「官僚文化」與「黨派文化」。

「調適文化」乃是因應外部環境快速變化，強調組織文化的價值是專注於創造力與開發，而領導者應營造自由創造的空間及環境，培養員工主動進取的態度，讓組織成員擁有創新的思維及潛能開發的能力。「成就文化」乃是企業隨著組織與業務慢慢成長、外在環境漸趨於穩定的狀況下，組織以追求成就及目標為導向，由領導者主動發起行動並設定目標，鼓勵員工致力於目標的達成，其文化價值是講求競爭、完美、進取及主動性。

「官僚文化」的文化價值強調忠誠、形式、理性及秩序，企業為了維持組織持續運作與穩定發展，開始利用規定、外部管制來規範組織員工的行為，其策略則著重內部導向，以整合內部力量來達成最佳效率。「黨派文化」發展強調，企業團隊間的互動、合作、協議與公平性之關係。

✣領導角色的扮演

在領導角色上，**領導**（leadership）是指影響人們願意去追隨他的領導，或服從他的決策之能力，能獲得追隨者，並影響他們，去建立及達成目標的人，就是**領導者**（leader）。領導者能運用權力，去影響群體行爲，而有效的領導在組織中，定能順利地推動企業活動的運行，並考慮到組織內各方面長遠的利益，發展具有遠景的策略，達成企業目標。權力爲領導歷程的基礎，根據這項基礎，可推演出一項連續性的領導行爲，亦即領導者於不同階段中的角色內容。

第一個歷程或階段爲工作分配，主要的內容是發展一個企業的策略願景，以企業文化爲核心，目的是經由愼密地企業規劃，以有效地達成企業目標。第二個階段爲執行，這是有關於引導、監督、授權與支援員工進行工作的領導者活動，領導者與企業本身必須存在著高度的認同感，才能促使員工對企業產生高度的向心力。

第三個階段爲評價，這是領導者控制、檢視、批評與稱讚員工工作的活動，領導者必須與員工進行良好的互動關係，以利政策的推行。第四個階段爲酬賞，這是領導者視員工達成目標的程度，所進行的報酬、改正、回饋與處罰的活動。最後，是領導歷程的結果，包括有提高生產力、增加滿足感、降低人事異動與曠職現象等工作績效。

根據領導歷程模式，可明確地瞭解領導者在每個階段中所扮演的角色內容是如此的重要。成功的領導者於知識管理推行下，所扮演的角色必須掌握：

- 與各組織及知識來源保持持續性的合作關係。
- 促使員工發揮團隊效果、系統地學習新事物。
- 提升科技人員的知識基礎與素質。
- 保持組織的先進度。

‧培養員工解決特定組織問題的能力。

妥適管理各介面的互動關係、各介面間資訊的暢通，注重
與各科技與領域的知識整合，瞭解與調適現實情況及原有（傳
統）情況的關係，以促使組織獲得最合適的知識。當外來知識
無法或無力取得，而既有知識亦難以因應現有環境需求時，組
織中領導者必須設法克服既有知識之格局與困境，而自力創造
新的知識。

Nonaka與Takeuchi（1995）主張組織知識創造之工作，應由
領導者來帶頭，再將創造出來的知識擴散至個人、全組織、甚
至跨組織，而組織應建立一個有利於知識創造的情境。包括：

‧讓員工有創造知織的意圖。
‧使員工自發的從事創新。
‧給員工一個混沌具被動性的環境。
‧給員工充足的資源。
‧使員工處在一個多樣的環境。

從領導歷程模式與知識管理下的成功領導條件中，領導者
除了策動企業文化的推行，也必須鞭策整體企業目標的達成。
因此，領導者的核心價值，成了舉足輕重的關鍵因素。

❖競爭能力擬訂

在競爭能力上，企業應如何在眾多的競爭對手下獲得最大
的贏家，其成功的關鍵因素在於是否建立一套競爭優勢的組織
機制。如果企業做好知識管理的規劃，那麼對企業的知識與經
驗，即能產生導引、搜尋、整合、分享與創造等影響，為企業
帶來創造競爭價值、增加企業利潤、降低企業成本、提高企業
效率、建立企業分享新文化的好處。為了創造與競爭對手的差
異性，身為靈魂人物的領導者，該如何帶領組織建立以下的企

業文化，才能達到創造競爭優勢的價值，可從建立共同願景的價值觀、建立開放的企業文化、建立學習分享的企業環境，以及建立勇於創新變革的文化上著手。

　　建立共同願景價值觀的首要工作是，如何讓團隊有共同的願景，讓團隊成員除了知道個人的工作職責及重點外，也要瞭解公司整體的願景，亦即「企業該創造什麼？」。這可以改變成員與團隊間的關係，讓成員有歸屬感，喚起成員的希望，具有實質的價值觀。身為領導者要建立起組織的價值共識，明確的企業目標，有了正確的推動目標，才能擬定正確的策略進而一步步地推展，領導者的有效性就是激發每一位成員對共同目標的貢獻，如何善用願景來經營領導團隊。

　　建立開放式企業文化探討的是，每個人在工作中都可能發生失誤，當工作出現問題時，領導者應該協助去解決，而不應該只是責備式的評論，要讓人們有向前的動力，就需要用激勵的方式，即是塑造尊重員工的企業文化，讓員工樂於工作，領導者必須尊重專業，妥善運用知識與智慧來幫助企業解決困難。建立學習分享的企業環境，乃是有效建構分享機制，讓知識得以交流分享，促使員工具備快速學習的能力，養成學習的習慣，將學習快速轉換為行動的能力。領導者可鼓勵跨越組織的學習，進行學習分享成果與產生新創意。

　　建立勇於創新變革的文化，主要強調的是，創新常產生於不同的想法、觀念、方式及判斷的衝突當中，領導人應適時鼓勵或激發，並讓員工彼此尊重對方的想法，將不同想法的激盪朝向良性的變革方向。知識競爭優勢的發揮，必須在組織內具有吸收、創造、累積、分享等機制，才能達成，知識絕不是大量指派員工到外面受訓就能提升，必須掌握外在與內在環境的因素，並有效地內化到各部組織，為企業創造更大的價值。

✛人力資本維持

從Edvinsson與Malone（1997）的研究可以得知，若沒有了人力資本，公司中沒有任何一項價值創造活動可以進行，即使擁有最先進的技術都沒有用。此外，人力資本具有動態性，組織並沒有辦法完全掌握，因此必須運用管理工具加以保留、運用及成長。

知識管理發展至今，關於專業人員所需要具備能力之研究尚嫌不足。公司任用或培訓知識管理相關人員時，鮮少有可做為參考之依據。TFPL公司著眼於此，於1999年針對500家公司，進行的知識管理所需的角色與能力之研究，並於2000年做更新。該公司將知識管理所需的能力，依策略與企業、管理、理解與學習、人際溝通、資訊管理，以及資訊技術等六個層面，歸納出（**表8-1**）與（**表8-2**）的能力（摘自張紹勳，2002）。

Abell（2000）認為，知識管理所需要的能力，不外乎是與變革及專案管理有關。這些能力應包括影響態度的能力、在複雜的組織中工作的能力、打破部門邊界的能力、突破政治角力的能力等，是知識管理工作者最主要的能力。此外，建立團隊的能力及培養共識的能力等，其重要性亦有持續增加的趨勢。建立一個有效的團隊來達成知識管理的目標，需要充分的人際溝通能力與基本管理能力；然而欲提高團隊的工作效率，則需要領導的能力及**督促**（facilitation）的能力。此外，指導、訓練及監督的能力，則有助於知識管理相關活動的進行。

歐洲理事會（Council of Europe）（1999）認為，**資訊與通訊科技**（Information and Communication Technology，簡稱ICT）是未來經濟發展的主流，因此，針對**知識工作者**（knowledge worker）及**資訊專家**（information professional）提出一些關鍵能力。

表8-1　TFPL知識管理人員所需之能力（一）

策略與企業	管理	理解與學習
企業認知與經驗	行政管理	處理混沌事物的能力
熟悉企業流程	商業流程	分析能力
瞭解企業規劃	變革管理	深度剖析
瞭解變革管理	團隊合作	概念思考
瞭解內部創業	成本控制	情感的理解
前瞻性的思考	財務管理	創新
瞭解全球化議題	領導能力	水平思考
瞭解企業或部門知識	評估測量	運用學習技巧
組織領導	績效管理	顧問指導
組織設計	衝擊管理	組織技巧
善用組織技巧的能力	價值管理	原始思考
瞭解優先順序	人力管理	遠景透視
瞭解製程	製程規劃	問題解決
風險管理	專案管理	積極的思考
策略性思考	協調說服	激發個別動機
策略性規劃	品質管理	
瞭解價值鏈	人際關係管理	
具備遠景	建立團隊	
	時間管理	
	訓練與發展	
	技能規劃	
	需求分析	

資料來源：Oxbrow（2000）；摘自張紹勳（2002）。

❖人員角色扮演

　　在知識管理人員角色扮演上，討論知識工作者、資訊專家、執行長、資訊管理者、財務管理者、人力資源管理者與知識管理者，所需具備的能力。

✚ 知識工作者

▶▶ 管理能力

　　在知識工作者方面，必須具備以下的能力：

　·分析能力。

表8-2　TFPL知識管理人員所需之能力（二）

人際溝通	資訊管理	資訊科技
客戶服務	資料摘要化	設計資料庫
指導訓練	分析資料／資訊	資料庫管理
溝通交流	檔案管理	瞭解資料倉儲
口語與文字表達	編製目錄	分送出版品
建立群體（社群）	編碼	建構電子商務
諮商輔導	內容管理	熟悉硬體
商議	文件管理	瞭解資訊結構
運用外交手腕	編輯與撰寫	取得內外部資源
輔助	取得外在資訊	電腦整合
影響感化	編製索引	內外部網路設計
聆聽	瞭解資訊學	程式設計
訓練聆聽	瞭解資訊結構	軟體應用
市場行銷	資訊審計與指引	建立工作流
顧問指導	資訊設計	
談判協商	瞭解文件生命週期	
建立關係網路	資訊處理過程	
瞭解夥伴關係	應用資訊分析工具	
處理政治性問題	內外部網路管理	
表達	瞭解彙總資料（metadata）	
團隊合作	問題規劃	
	應用研究調查技巧	
	記錄管理	
	搜尋與取得資訊	
	資料分類	
	文字分析	
	瞭解使用者的需求	
	販售管理	

資料來源：摘自張紹勳（2002）。

・領導統御的能力。
・判斷市場策略及經濟推論的能力。
・商業技巧，如瞭解顧客需求、市場、策略等。
・目標管理的能力。

▶▶組織能力
　　知識工作者應具備的組織能力，如下要項：

‧建立、協調及領導團隊的能力。

‧在專業領域中共同合作學習的能力。

‧開創或組織一個公共導向（public-oriented）服務的能力（瞭解與滿足公共需求）。

▶▶創造能力

知識工作者應具備的創造能力，如下要項：

‧創新或規劃新產品或服務的能力。

‧**富有相像力思考的能力**（visionary thinking）。

✚ 資訊專家

在資訊專家方面，必須具備以下的能力：

‧資訊科技的能力，並能對電腦程式有深入的瞭解。

‧掌控最新多媒體技術的能力。

‧對於知識有深度的瞭解，並能有效地對知識內容加以描述、表達及傳送。

‧使用網路溝通或交流工具的能力。

此外，知識管理需要有以下五個重要的角色，各個角色亦有其所需要的專業能力（引自張紹勳，2002）：

✚ 執行長

知識管理的**執行長**（executive）主要負責知識管理策略的建構，以及敦促知識管理環境的發展。

✚ 資訊管理者

資訊管理者（information manager）主要包括兩類專家，一類是以技術導向，另一類則是以內容為導向。這些資訊管理者，主要任務在於協助評估團隊工作及**決策與績效支援系統**

（decision-performance-support system）等軟體的價值，以及協助組織資料庫建立的相關軟體及內容管理。

✤ 財務管理者

財務管理者（financial manager）之主要任務，在於評估知識管理可能獲得的收益，而會計人員必須要能估計**無形資產**（intangible assets）。

✤ 人力資源管理者

人力資源管理者（human resource manager）之主要任務，在於持續維持與發展全體員工的知識。此外，保留人才、教育、訓練，以及更多的專業發展，以協助人員不斷地更新與提升自我的知識。

✤ 知識管理者

知識管理者（knowledge manager）之主要任務，在於調節知識管理的相關計畫與活動。

知識管理人員最主要功用，在於協助組織的知識管理機制能順利運作，以發揮知識管理的功效，進而提升組織的智慧資產。彙總國內外學者的意見，可整理出知識管理人員所需的能力內涵，包括有：擷取知識、應用資訊科技、瞭解與定義組織知識、篩選與管理知識庫內容、建立知識庫與搜尋工具、轉換內隱知識為外顯知識、文件或檔案管理、應用知識、評估知識價值、分類與建立索引、組織或整合知識、應用各類資訊軟硬體、傳播知識、運用激勵方法、分析（資訊、知識、人）、前瞻性思考、溝通協調、不斷學習、瞭解使用者需求、教學、訓練與指導、資料或資訊摘要化、熟悉客戶資訊、領導統御、瞭解產業環境等24項能力（黃啓倫，2001）。

8.4 知識管理概念性模式

　　面對知識快速變遷的現代，企業所擁有的主要資產是以無形的智慧資本形式存在，其主要的價值不在於土地、建築物或其他有形的資產，而是在於公司內部成員的經驗、才智、開發能力、創造能力及商標。面對眾多的競爭對手，如何普及運用智慧資本，如何強化內部的核心能力，便成爲了創造競爭優勢的關鍵來源；而企業文化價值、知識管理系統與知識創新策略的整合，可作爲企業提升自我競爭力的利器（楊政學，2003c）。

　　Leonard-Barton在研究中定義核心能力，是爲企業提供競爭優勢的知識組合（knowledge set），這樣的知識組合可以細分爲：員工所擁有的技能與知識、**技術系統**（technical systems）、管理系統、**價值觀與行爲標準**（values and norms）四個層面的知識型態。眞正的核心能力原則要有提供進入新市場的潛力，亦即具有衍生出成群的新產品或服務的展延性，必須對於顧客所重視的價值有所貢獻，並提供企業獨樹一幟的競爭力。最後，它很難爲競爭者所模仿。核心能力在一段時間後需要重新賦予定義與被保護，否則就會因爲時間而喪失價值。

> **知識組合**
> **knowledge set**
>
> 知識組合可以細分爲：員工所擁有的技能與知識、技術系統、管理系統、價值觀與行爲標準四個層面的知識型態。

　　陳依蘋（1999）提及Arthur Andersen在協助進行知識管理時，提供了Knowledge Management Assessment Tool，以協助企業作診斷，研判適合或是需要什麼類型的知識管理。企業必須經由績效面及重要度兩層面來評估，而Arthur Andersen認爲構成知識管理有五大要素，分別爲：

✦ 領導

　　領導（leadership）包含：知識管理是不是組織的主要策略；組織是不是認爲知識管理與改善企業績效有很大的關聯；

或是組織是不是瞭解知識管理可以為企業帶來更大的利潤，甚至可以發展出知識型產品作為銷售之用；組織是不是鼓勵創造或是維持企業核心競爭優勢的建立；組織是否會根據員工在知識管理的貢獻度，來作為任用、績效評估與獎酬的標準。

✛企業文化

企業文化（culture）包含：企業是否鼓勵知識的分享；組織內是否開放、信任，適合員工彼此討論與分享；知識管理的主要目的是否用來提供顧客更高的價值；組織內是否充滿了彈性、創新的學習文化；組織內員工是否將自己的成長與學習視為要務。

✛資訊科技

資訊科技（technology）包含：企業內的所有員工是否都可以透過科技的技術與其他員工、甚至外部的人員聯繫；科技技術是否使得組織與客戶間更為緊密連結；科技技術能否使得所有員工能夠與其他員工彼此學習與分享；組織內的科技技術是否以人為中心所設計的；科技使得員工間的經驗傳承更為快速；資訊系統有無提供即時、整合或是聰明的介面平台。

✛衡量指標

衡量指標（measurement）包含：組織已經發展出知識管理與財務結果之間的衡量方式；組織已經發展出一些指標來管理知識；組織所發展出的衡量指標是否兼具軟硬體的評估，也兼具財務性與非財務性指標；組織會將資源運用在知識管理上，同時也瞭解知識管理與短期、中長期的財務績效有所關聯。

✛知識管理流程

知識管理流程（knowledge management process）知識間的落差是否可以透過有效的流程來彌補；一個有效且完善的蒐集知識機制是否已經發展出來；組織內所有成員都沉浸在創新的環境當中；組織已將所有最好的經驗轉化過程程序化。

要發展出一個由專家所構成的內涵架構，一個共通的組織架構。組織架構的內容中，必須發展出一個共通的文字、樣板文件等，並且需要有人的支援，例如，服務專線的設立。它的工作平台是富有高度彈性的，應建立一套有用且適合企業本身知識庫的知識管理工具，而非完美的知識庫。最後，領導者在整個知識管理的運作上，占有極重要的地位。領導者主導整個知識管理運行的策略擬訂，而知識策略是影響目標成功與否的重要關鍵。領導者必須要有遠見、重視知識管理所帶來的價值，本身亦深諳知識管理的哲學與施行，將策略集中在「知識是要拿去作什麼」，也就是要明確掌握知識管理之目的與目標。

綜整上述知識管理議題的討論，本章節擬提出一個整合資訊系統與文化生態面，兩大構面的知識管理概念性架構（楊政學，2004c），其一為「知識獲取」、「知識蓄積」、「知識擴散」、「知識創造」所組成的資訊系統面。知識管理是一種過程，目的是將資訊系統與內外隱知識進行結合，將之過程轉化，以達到知識創造、擴散、蓄積與分享之功能。其二則為知識管理的文化生態面，知識管理的推動，除了仰賴一套可行又有效的知識管理工具之外，人員的因素與競爭力分析對知識管理的推行占著舉足輕重的影響。

領導者在整個知識管理的運作上，占著極重要的地位，其主導整個知識管理運行的策略擬定，領導者必須要有遠見、重視知識管理所帶來的價值，並明確掌握知識管理的目的與目標，並能夠凝聚全體人員向心力，且有效地將知識管理的資訊

系統面及文化生態面作有效的運行結合，來建立一套具競爭優勢的組織機制，如（圖8-3）所示。

8.5 知識管理實務性模式

面對知識經濟時代的來臨，企業界無不希望藉由知識管理的力量來迎頭趕上，知識管理的實施，因各產業的特性相異也有所不同。以往多數運用知識管理系統者均為高科技產業，目前國內則逐漸有服務業加入知識管理的行列。知識管理除了有系統的管理組織內外有形及無形的資產外，更強調管理後的運

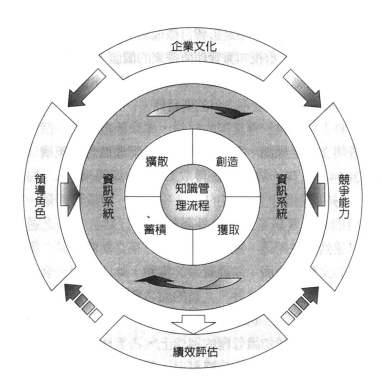

圖8-3　知識管理的概念性架構
資料來源：楊政學（2004c）。

用，使需要知識的人能便利取得與採取行動。透過使用率的頻繁，使知識管理的價值更高，而企業也能直接獲利。

建構完善的知識管理系統，在短期內可能沒有明確的成果，且花費的成本也較高，所以企業在導入知識管理初期，除了從企業角度出發，確認企業的優勢智慧資產外，更需考慮到如何配合現有資源、人力與技術，來達成知識管理的目標，才能使知識管理發揮預期的效益。

知識管理是將組織內的資訊有效地選取、分類、儲存、擴散、更新及共享的過程。知識是經由創造、學習而來，在這過程中最重要的精神是分享、溝通。譚大純、劉廷揚與蔡明洲（1999）以「**程序觀點**」（process perspective）將知識管理議題分為九大類，認為知識要以特定方式形成知識的儲存，而所有知識管理活動，均建築在妥適的知識管理文化與制度之基礎上。茲分別簡述說明如下：

知識之選擇管理

意指「為節省搜尋時間與成本，有效率、效果地選擇組織未來需要的知識來源與知識內容之程序。」。Leonard-Barton（1995）指出知識來源，包括：諮詢者、客戶、實驗者、供應商、大學等。

知識之取得管理

意指「促使組織有效能地取得外來知識之介面管理工作」。選擇與取得知識是連接的動作，兩者在管理上需要有不同的專業背景與工作方法。一般而言，選擇知識者需要有較高的科技能力，對組織本身與外部之瞭解程度較高，對知識所需之成本亦應有所瞭解。知識的取得是一種「介面管理」，需有能力協調

與處理組織知識來源，兩造或兩造以上之相容性，故需要具有不同的管理才能。

知識之學習管理

意指「促使組織成員有效地學習外來知識的管理工作」。引入取得之外來知識，若無法為組織成員學習與吸收，此知識將成徒然，這就是知識需要「學習管理」的理由。

知識之創造管理

意指「為有效率與效能地促使組織超越既有知識，以創造新知識的管理程序。」當外來知識無法或無力取得，既有知識又難以因應現有環境需求時，組織必須設法克服既有知識之格局與困境，自力創造新的知識，例如我國獨立發展航太與武器科技，這就是知識創造的實例。

知識之擴散管理

意指「某單位將其知識有效率或效能地擴散，傳播至同組織其他單位，達到共享、共用之管理活動。」也就是主管必須將新知識擴散至其他單位或部門，使知識為全體成員共享共用。因此，擴散管理既然指知識在組織內部的流動，探討方向自然傾向組織內部的介面與網路關係。

知識之建構管理

意指「為便於組織知識傳遞與他人，將知識轉化為某種型態的管理活動。」也就是組織擁有之資訊在儲存成為組織記憶

前，常以某種型態轉化成易於儲存的狀態；例如工廠將繁雜之作業程序予以手冊化，將創辦人的理念整理成文獻，這便是知識的建構。

知識之儲存管理

即「將曾經流入組織之知識，形成長期或短期記憶，以節省其他成員、其他組織及其他時間需要同類知識的時間與成本，並方便日後知識的共享、更新，使組織有效率與有效能地形成組織記憶之活動。」。知識儲存為知識管理之終極目標，使得組織外引或內創之知識形成「組織記憶」，方便其他成員、其他組織，其他時間的擷取與參考之用。

知識之管理制度

即「提升組織知識管理之效率與效果，而建立之管理制度。此制度可蘊藏於企業使命、經營策略、工作程序、獎懲規章等企業活動中，經由正式方式達成知識管理之目的。」。許多企業欲推行知識管理，雖具備工具、設備，卻忽略其制度面；因此，知識管理制度係以「正式化」方式建構系統機制，以整合知識管理不同的議題。

知識之管理文化

意指「有具於組織有效率與有效果的管理知識，所形成之組織文化價值觀，無形間能促使組織成員自發性地從事知識性的活動。」。若說知識管理制度是正式化的工具，則知識之管理文化即為非正式工具，兩者可謂組織知識管理之「基礎建設」。因此，知識之管理文化，有助於組織群體在無形中，自發性地

從事知識創造、學習、擴散之工作。

　　企業內部的人員在執行工作時，所遭遇的困難，其應變的方法，都變成該人員的經驗，更成為一項知識資產，當人員透過正式或非正式的管道將該經驗流傳後，後續人員若遭遇相同問題時，便節省了摸索的時間，更快速的達成目標。企業員工所擁有的知識是否能得到重視與運用，而員工是否能不藏私的將知識奉獻，是企業在進行知識管理的一項重大挑戰。

　　本書延伸知識管理概念性架構，而擬提出實務運作架構的步驟流程，如（圖8-4）所示，大抵可轉換為：企業目標、認知共識、擬定策略、資訊系統、模擬測試、運作執行、績效評估等七個階段，並予以操作化定義。在本書第二篇實證研究案例中，即是利用此知識管理的實務架構來作演練，並針對不同產業特性觀察個別步驟的共通性與差異性。

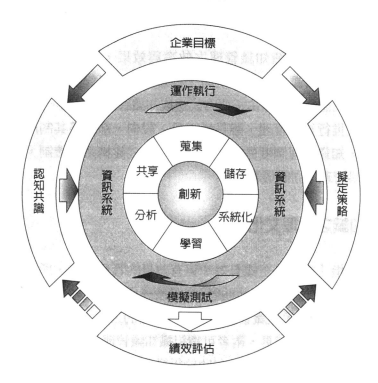

圖8-4　知識管理的實務性架構

資料來源：楊政學（2004c）。

重
點
摘
錄

- 知識管理的目的就是將組織內的知識，從不同的來源中萃取主要的資料加以儲存與記憶，使其可以被組織中的成員所使用，以提高企業的競爭優勢。知識管理的觀念其實著重的是要如何應用於企業中，並非去採購一整套的軟硬體安裝後即可，而是依據不同的企業與組織型態而有不同的需求。

- 在導入知識管理時，知識經由創造、取得、分享而加值，在此一循環中必須透過策略的設定、學習文化塑造、資訊科技的協助、有效的領導及適當的績效評估機制，才能充分發揮知識管理的功能。

- 資訊科技的建置與應用，在推行知識管理上實不可缺少，而企業文化的融入程度大小，則更是其背後真正蘊含的意涵；知識管理的真正內涵，除了「資訊系統」的「建置」外，更要融入「文化生態」的「價值」。

- 完整的知識管理系統，至少應包括：通訊基礎建設，含電訊以及網路的應用建設；群組軟體與電子郵件；文件管理資料庫；資料倉儲與資料挖掘；工作流程軟體；支援決策軟體工具。

- 資訊科技對知識建構的功用有二：資訊科技可降低組織成員對特定成員所擁有知識的依賴性；資訊科技可以減少組織成員，因職位異動而對所擁有知識流失的不確定性。

- 知識管理可說是企業價值創造的基礎，而知識管理的推動，除了仰賴一套可行又有效的知識管理工具外，人員的因素與競爭力分析，對知識管理的推行具舉足輕重的影響。

- 企業組織的競爭優勢在於創新、速度與價值的變革，為了確保知識管理的成功、能否遂行，端視於領導者有無堅強的意志，以及制定策略時是否有通盤的考量。

- 成功的領導者於知識管理推行下，所扮演的角色必須掌握：與各組織及知識來源保持持續性的合作關係；促使員工發揮團隊效果、系統地學習新事物；提升科技人員的知識基礎和素質；保持組織的先進度；培養員工解決特定組織問題的能力。

- 企業必須經由績效面及重要度兩層面來評估，而 Arthur Andersen 認為構成知識管理有五大要素，分別為：領導；企業文化；資訊科技；衡量指

重點摘錄

標;知識管理流程。

· 本書提出一個整合資訊系統與文化生態面,兩大構面的知識管理概念性架構,其一為「知識獲取」、「知識蓄積」、「知識擴散」、「知識創造」所組成的資訊系統面;其二則為知識管理的文化生態面。

· 本書延伸知識管理概念性架構,而提出實務運作架構的步驟流程為:企業目標、認知共識、擬訂策略、資訊系統、模擬測試、運作執行、績效評估等七個階段,並予以操作化定義。

重要名詞

外顯性知識(explicit knowledge)

嵌入性知識(embedded knowledge)

內隱性知識(tacit knowledge)

實證知識(know what)

高級技能(know how)

系統認知(know why)

自我創造的激勵(care why)

組織意圖(organizational intention)

數位神經系統(Digital Nervous System,DNS)

群組軟體(groupware)

電子郵件(e-mail)

文件管理資料庫(document database)

資料倉儲(data warehouse)

資料挖掘(data mining)

工作流程軟體(work flow)

支援決策軟體工具(decision support tools)

知識儲存庫(knowledge repository)

專家網路(expert network)

顧客關係管理(CRM)

供應鏈管理(SCM)

資料擷取(data mining)

領導(leadership)

領導者(leader)

督促(facilitation)

資訊與通訊科技(Information and Communication Technology,ICT)

知識工作者(knowledge worker)

資訊專家(information professional)

公共導向(public-oriented)

富有相像力思考的能力(visionary thinking)

重要名詞

執行長（executive）

資訊管理者（information manager）

決策與績效支援系統（decision-per-formance-support system）

財務管理者（financial manager）

無形資產（intangible assets）

人力資源管理者（human resource manager）

知識管理者（knowledge manager）

知識組合（knowledge set）

技術系統（technical systems）

價值觀與行為標準（values and norms）

企業文化（culture）

資訊科技（technology）

衡量指標（measurement）

知識管理流程（knowledge management process）

程序觀點（process perspective）

問題與討論

1. 知識管理的目的為何？本書認為知識管理的真正內涵，除了資訊系統的建置外，更要融入文化生態的價值。你個人的意見為何？試研析之。

2. 完整的知識管理系統，至少應包括哪些要項？試研析之。

3. 資訊科技對知識管理建構的功用為何？試研析之。

4. 成功的領導者於知識管理下，所扮演的角色必須掌握哪些要點？試研析之。

5. Arthur Andersen認為知識管理的五大構成要素為何？試研析之。

6. 本書提出的知識管理概念性架構為何？試研析之。

7. 本書提出的知識管理實務性架構為何？試研析之。

10 note

浮塵短句：人與人在一起的動機偏差愈大，在一起的時間就會愈短。

PART II
實證篇

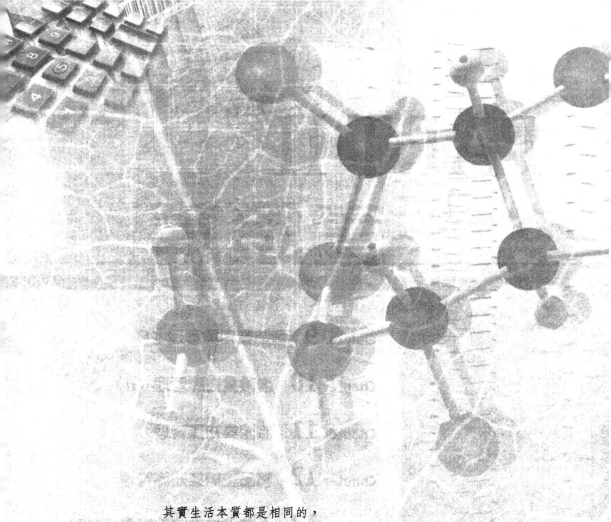

其實生活本質都是相同的，
不同的僅是妳我詮釋的角度。
很多時候我們會發現，
生活的本質是相同不帶色彩的，
只是人的認為與論斷讓一切不同了。
凡事總要求得對與錯、是與非，
而忘卻事情本來是無對錯是非的，
事情只是讓我們看見自己怎麼了？

楊政學‧竹東
2005.10.24

Chapter 9

壽險業知識管理（Ｉ）

本章節探討壽險業知識管理的個案研究，討論的議題有：個案研究設計、研究個案編輯、個案實務分析，以及結論與建議。其中，有關學理基礎與實務模式的探討，請逕行參閱本書前面的章節內容。

9.1 個案研究設計

本章節說明爲使個案研究能順利進行的設計架構，包括：研究動機、研究目的、研究方法與步驟，以及研究對象的討論。

❖ 研究動機

由於企業全球化和網路化的到來，整體企業環境充滿不確定性。現代企業需要的是品質、價值、服務、創新以及問世的速度（李昆林，2001），而企業維持長期競爭優勢的關鍵，就在於不斷的擴充組織所需知識。在新經濟來臨的時代下，由於資訊科技的快速成長，加速了市場與競爭的全球化，企業的**競爭優勢**，在於**價值**（value）、**創新**（innovation）與**速度**（speed），即企業需要更「迅速」地以「創新」的技術與觀點，來爲顧客創造更高的「價值」。經濟的基礎亦由自然資源移轉爲智慧資產，知識的維持與創新更將是獲取競爭優勢的重要來源。企業基於永續經營的理念，有必要融入企業文化價值，再透過資訊科技的運用，來建構適合企業本身的知識管理系統。在各企業間都有獨自一套的制度結構與管理模式，在知識管理的醞釀下，每個企業所呈現出來的管理形式，均有著不同的文化風貌。

壽險業最大的特點便是在於，必須對於人與人接觸產生緊密的互動，且其所供應的商品或服務，無法預先大量生產與儲存，

壽險從業人員服務品質的好壞，直接影響企業體的形象，因此
「人本」的因素決定壽險業的一切；e化與M化（Mobil，行動商
務）的導入，讓業務員節省很多管理資料的時間與精力，讓他們
有更多的時間和客戶進行更密切的互動（郭昭琪、李喬光，
2001），因此壽險業是對企業e化與M化需求比較殷切的行業。

在企業內部，可透過網路簡化工作流程，提高員工的工作
效率與服務品質；在企業外部，網際網路更是扮演溝通橋樑的
角色，讓企業能確實掌握客戶需求。網路是業務員與保戶間最
佳的溝通工具，但不是溝通的全部，且無法取代業務員的功
能，仍需要有感情面的人性化互動。雖然知識管理的觀念日益
普及，但企業內人員的觀念未必很明確有共識，同時也缺乏整
體討論企業文化與知識管理的實務性議題，因而引發本章節的
研究動機。

✛研究目的

知識的管理不但需要領導者設立願景，建立起企業內的文化
價值，以達成知識管理系統建構的真正使命。經由研究個案之實
務運作與理論交錯分析，探討知識管理實務應用的方式、步驟、
困境與建議。茲將本研究較為具體之研究目的，歸納如下：

· 探討知識管理的真正內涵（略，請參閱第三章）。
· 建構整合資訊系統與文化生態的知識管理概念性與實務
　性架構（略，請參閱第八章）。
· 探討壽險業不同個案在知識管理作法上的異同點。
· 歸結提出研究個案觀察分析之結論與建議。

✛研究方法與步驟

本章節採用探索性研究，在資料蒐集上，採行初級訪談記

錄與次級文獻檔案合併驗證的方法，亦即融入資料蒐集的三角測定（triangulation）概念，來針對所建構之概念與實務架構予以相互驗證（楊政學、邱永承，2001；楊政學，2002a；楊政學，2002b），以深入瞭解知識管理在壽險業實務運作的情形。

在研究步驟流程上，首先，確立研究問題，設立研究目標與範圍之後，即利用**文獻分析法**（analyzing documentary realities）蒐集相關文獻資料，以瞭解知識管理真正內涵與演進，並萃取出建構知識管理概念與實務模式的重要因素。

再者，在研究個案方面，針對三家壽險公司個案，確認深度訪談對象後，擬訂個案訪談大綱，再採用人員**深度訪談法**（in-depth interview），以實地瞭解其對知識管理與創新實際運作上的意見。

最後，依據個案訪談、文獻檔案及相關次級資料等，進行整理、分析與比較，且結合本書第八章知識管理概念與實務性架構的建置，期能整合性瞭解知識管理在壽險業的實際運作情形，進而歸結提出本章節之研究結論與建議。

❖研究對象

在研究對象的擇取上，選擇安泰人壽、國泰人壽、南山人壽等三家個案公司，乃基於安泰人壽為國內領先的外商壽險公司，國泰人壽為國內知名的本土壽險公司，而南山人壽則介於兩者之間且營運規模相當，三個案公司之發展背景及企業文化亦存有相當的差異性，在知識管理推行的認知與作為可能有不同的取捨與考量，因而引發本章節想要深入探討與比較的強烈動機。

9.2 研究個案編輯

　　本章節簡介台灣安泰人壽、國泰人壽與南山人壽等三家個案研究公司，俾使讀者對研究個案能有些概括性瞭解，有助於知識管理議題的討論與體認。

✤ 台灣安泰人壽簡介

　　台灣安泰人壽公司的介紹，係以發展沿革、業務概況與組織系統等方面，來加以概括性說明。

✚ 發展沿革

　　安泰從創立開始便不斷的進行變革與組織重整，其中有許多的措施及理念都與目前的知識管理相吻合，他們自行摸索出一套管理法則，或許這套法則並不完全與知識管理的流程架構符合，但也因此更顯得彌足珍貴，因為這是歷經實戰所衍生出來寶藏。本章節研究係以美國安泰人壽台灣分公司為主題，探討安泰的業務單位在知識管理上的實行狀況。本研究進行的期間，是以2000至2001年為基礎來作陳述（楊政學、邱永承，2001），因此係以該期間的資料來呈現當時的研究議題。

　　美商安泰人壽為1987年，政府對美開放國內保險市場後，首批進入台灣的外商保險公司，隸屬於安泰保險金融集團（Aetna Inc.）。安泰人壽於1988年正式開業，初期員工僅有15人，一年後員工數已達七百餘人，在全省建立了二十個營業據點，保費收入達二億七千七百餘萬元，是同時進入台灣市場的另一家外商壽險公司的二倍，實收資本額也已達兩億三千萬元。在業績持續大幅提升二年後，安泰人壽決定開始緩和公司成長的速度，將經營重心從無限制的擴張業務，移至全省的據

點設置上，並且開始妥善規劃電腦作業系統。安泰人壽在開業初期，即著手於全面電腦化的規劃，並將作業系統的完成視爲短期目標，中程則是辦公室的自動化，進而達成全省連線的遠程計畫，對於電腦及資訊部門的預算絕不刪減。

在1996年，安泰已推出「安泰保典」的網站，除了建立公司形象，提供保險的相關資訊，也透過網際網路提供業員更多的支援系統。台灣安泰人壽所屬美國安泰集團保險金融部於2000年由荷商ING集團併購，但對於台灣分公司及其它亞洲據點之經營與業務方面並無太大影響。

安泰在台灣設立初期所扮演的角色是外來競爭者，鑒於當時台灣市場封閉，便由美國母公司引進了許多已在國外行之有年的觀念與做法，在台灣算是開風氣之先，近幾年來又不斷從許多管道，引進諸如保險學會、管理學會的訓練、行銷、組織管理等教材，並經常派員出國受訓，不斷充實本身的訓練資料，已在企業內部累積了相當份量的知識。

✚ 業務概況

安泰人壽的首項業務，是針對旅遊設計的安泰旅行平安險，推出才一個月，保費收入已超過八十萬元。安泰人壽便開始進行壽險的保單業務，並以提供保戶「全方位的服務」做爲目標，訂出了投保三部曲，在投保前，提醒保戶應注意的權益；投保時，能快速的核保送件，發單流程縮短至三天；投保後，透過全年無休的客服中心，隨時提供保戶完善的諮詢服務。安泰人壽亦陸續開辦快速櫃台理賠、醫療關懷、身故慰問及理賠金匯款轉帳服務等，並衍生出安泰投顧、財顧及安泰心貿易公司爲保戶更多元化的相關服務。基於保險監理單位對於外商保險公司資金運用的規範較爲嚴格，安泰人壽多將資金運用於放款與證券質押二項業務上，並聘請具有25年資金運用經驗的外商銀行經理，爲安泰人壽的資金投資掌舵。

✤ 組織系統

台灣安泰人壽的組織系統主要以壽險事業本部爲主要，其它部門則多爲支援系統，在層級上並無明顯的區分。茲將其組織系統，分述如（**表**9-1）所示。

表9-1　安泰人壽組織系統

	紅樹林各部室
醫務／醫療事業部	總經理室
安泰心	會計處
客戶利益開發中心	壽險事業本部
卡務推廣處	企業服務本部
教育訓練處	電子企業本部
業務品質處	財務行政中心
行銷發展處	人力資源部
客戶服務中心	管理總務處
團險事業部	資訊技術處
服務品質部	稽核室
收展企劃部	新客戶事務處
市場企劃部	保戶服務
公關廣宣處	文件管理處
證券投資處	業務行政處
服務推廣處	意外險處
安泰投顧	收費行政處
安泰財顧	自繳處
不動產／放款處	理賠服務處
業務活動處	策略行銷本部
	企劃中心
	精算企劃處
	商品開發處

資料來源：台灣安泰人壽網站（2001）。

✣ 國泰人壽簡介

國泰人壽公司的介紹，係以發展沿革、業務概況與組織系統等方面，來加以概括性說明。

✤ 發展沿革

　　國泰人壽為霖園關係企業旗下的企業，創立於1962年，為國內率先成立的民營壽險公司之一。設立初期，由蔡萬春先生擔任董事長，蔡萬霖、林阿九、呂守義，林項立先生為常務董事，經營儲蓄保險、養老保險、平安保險及學童團體保險、幸福團體保險等業務。國泰人壽堅持其四大經營理念：經營腳踏實地，工作精益求精；注重商業道德，講究職業良心；重視保戶權益，負起社會責任；加強員工福利，兼顧股東利益。

　　國泰人壽創業迄今，歷經台灣社會政經的大變革，隨環境變遷而適度修正，使國泰人壽在國內保險市場占有率居高不下，並將觸角伸及海外市場。在2000年的財星雜誌中，國泰人壽以年營收99億450萬美元進入全球五百大企業的行列，更是台灣唯一上榜的企業。國泰人壽近年除經營保險業務外，更熱心贊助藝文活動，充份表現其對本土文化的關懷，目前國泰人壽的保戶已近700萬名，資本額超過419億，總資產近一兆，透過同為霖園集團的神坊資訊，國泰人壽亦走向ISP定位，結合科技與人文，邁向電子化的未來。

✤ 業務概況

　　國泰人壽初期的業務訂有三大項目：

- ・人壽保險的拓展：保險的基礎建立在大數法則上，意指契約的件數與保額必須大量，才足以支撐死亡率並維持較穩定的危險率。當企業的規模愈大，社會的信用及能供運用的資金也愈多，對於公司的經營也愈有利。而壽險公司的業務規模，是以有效契約為衡量標準，所以壽險公司必須持續招攬契約，以累積有效契約的量，國泰人壽內部負責拓展業務的部門，除了業務部外，尚有團體保險部，意外保險部及展業部等四大業務部門。

・契約的保全與服務：契約的保全是爲防止契約中途失效，或保戶中途解約而導致保戶失去保障，進而影響公司資金的運用。所以基於「銷售始於完善的售後服務」之觀點，有效契約的保全與拓展新契約同等重要。除了透過投保後的收費來爲保戶進行契約保全，契約內容變更、複效，保單抵押貸款給付及理賠，都是契約保全工作項目。國泰人壽於1983年在總公司即成立了「保戶服務中心」，爲保戶提供更便捷服務。

・資產的運用：壽險公司收取保戶的保費後，累積的大量資金，若不經妥善運用不但影響保戶生活的保障，甚至與國家經濟發展也有密切關係，壽險公司所運用於投資的資金，均屬於代保戶保管的性質，投資營運的收入亦占準備金賠款與儲蓄金的大部分，故投資的風險與利得絕不能掉以輕心。國泰人壽在資產運用上，則多投資於有價證券、不動產投資、抵押貸款及購屋貸款方面。

✚ 組織系統

國泰人壽公司的組織架構圖，如（**圖9-1**）所示。

✤ 南山人壽簡介

南山人壽公司的介紹，係以發展沿革、組織系統、業務概況，以及電子化行銷等方面，來加以概括性說明。

✚ 發展沿革

南山人壽成立於1963年7月，原係由本省名流集資經營。1970年公司改組，由美國國際集團（**AIG**）遠東區總裁朱孔嘉先生投資接辦並出任董事長，引進西方先進保險經營理念及教育訓練制度，以專業、誠信、負責的服務態度，堅持嚴謹的風險

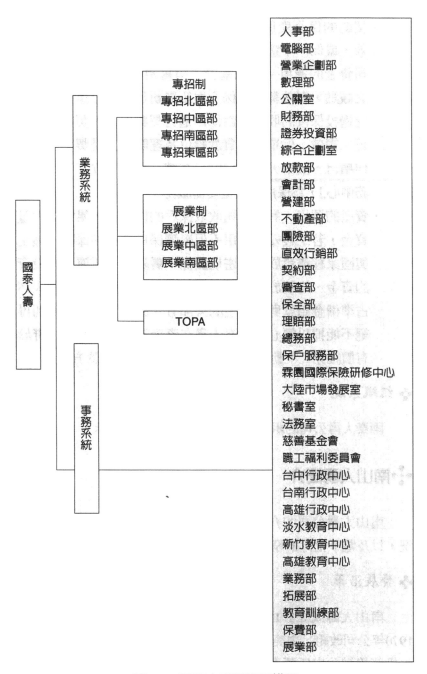

圖9-1　國泰人壽組織架構圖

資料來源：國泰人壽網站（2001）。

控管與穩健安全的投資策略，截至2001年底總資產達5,260億元，每股淨值高達290.59元。2002年第一季時保費收入為349.14億元，市場占有率為20.1%，直追保險業龍頭國泰人壽；一般壽險及團體壽險有效契約總額達4兆200億元，目前設有16家分公司，全省通訊處達290多處，登錄業務員約為4萬餘人，壽險、團體險及意外險保單逾570萬件。

1978年又領先推出增值分紅保單，1981年推出特別增值分紅終身保單，引進國外最新觀念，提供最優厚的保單利益。1992年國內卓越雜誌台灣地區企業聲望調查，南山人壽是銀行、保險、信託、證券等金融服務機構中，唯一列入聲譽最佳的五十大企業排行榜者。南山人壽以落實的「誠信第一、服務至上」經營理念及健全的教育訓練為經緯，在其獨特的企業文化孕育下，更是栽培出獨當一面的壽險顧問群，提供值得社會大眾信賴的保險服務，為國內消費者認同「形象最好」，也是最值得推薦的人壽保險公司。

✚ 組織系統

南山人壽之母公司為美國國際集團（AIG），為國際性美資保險及金融機構，美國國際集團屬下的成員公司，如（圖9-2）所示，透過多種的銷售管道，在全球130多個國家及地區，經營一系列商業及個人保險產品。美國國際集團的全球業務，包括金融服務及資產管理；美國國際集團的股票於紐約、倫敦、巴黎、瑞士及東京的股票市場均上市；AIG集團在台灣尚有美國人壽保險公司，以及美國環球產物保險公司。透過AIG之統一管理、協助發展及規劃，使南山成為國內首家將其業務迅速擴展至意外傷害保險及團體醫療保險之保險公司。

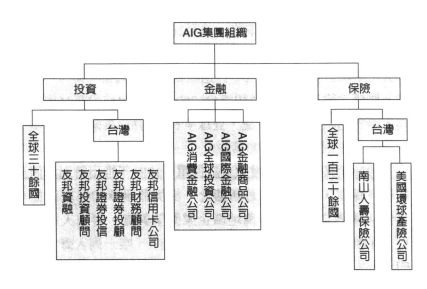

圖9-2　AIG集團組織架構圖
資料來源：南山人壽保險股份有限公司（2000）。

✚ 業務概況

　　南山人壽自從改組之後，在壽險業當中創下許多壽險業中的首創，其中包括第一家開辦綜合意外險（1972年2月）；第一家開辦抵押貸款消費壽險（1990年5月）；第一家開辦信用卡持有人傷害保險（1992年7月）；第一家提供保戶認同卡的壽險公司（1994年7月）；第一家開辦重大燒燙傷保險，獲得現代保險雜誌最佳產品創意獎（1997年7月）；第一家完成千禧年Y2K電腦系統轉換（1998年9月）；在2001年名列中華徵信所「2001年台灣地區大型企業排名TOP5000」中，民營企業排名前十大服務業第三名、賺最多錢公司稅前純益服務業第五名、財產最多公司服務業第三名。另外，連續九年榮獲現代保險雜誌評為「業務員最好」、「最值得推薦的壽險公司」；連續二年榮獲現代保險雜誌主辦「保險信望愛」——最佳保險專業獎；連續五年榮獲全國商業總會評選為「企業職業訓練績優單位」。

南山人壽為了提供給保戶更即時的服務，落實e化政策，自2000年10月起，針對壽險e化投資大量成本，其e化進度可為壽險業之先軀，LECM機台是南山人壽保單的主要管理系統，有效保單超過568萬件，現階段每日處理超過25萬筆資料更新，其功能為儲存大量業務相關資料，維護南山人壽基本運作而建置。南山人壽目前的e化可分為十大部分，如（圖9-3）所示，包括行動電話簡訊服務系統（SMS）、通訊處業務行政助理作業系統（e-AAS）、業務人員保單查詢系統（e-AES）、自動照會系統（ANS）、業務人員業績查詢系統（APES）、南山PDA數位業務作業系統（PDA）、理賠系統（Minor Claims）、投資型商品系統（ALS）、客戶關係管理系統（CRM）及客戶查詢系統（CES）。

✚ 電子化行銷

　　壽險從業人員在商業社會行銷領域中，為高度挑戰性之業務工作，通常在從事前並不受家人朋友之支持，其必須克服自

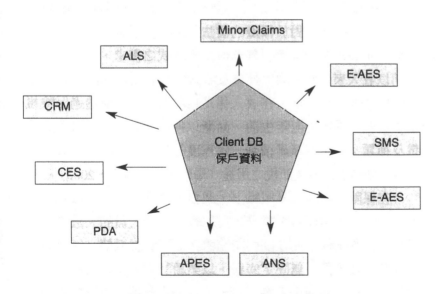

圖9-3　南山人壽 e 化系統組織圖
資料來源：整理自南山人壽網站（2003）。

我心理因素及面對人群時受拒絕之心態。在馬斯洛需求層級圖，如（圖9-4a）中，壽險從業人員在行銷初期，乃是為了滿足其生理、安全需求去促使行銷的達成；當其在渡過心理建設期之後，獲得旁人認同之後，逐漸轉向追求社會及尊敬需求，藉著行銷及客戶服務帶給自己在社會地位的提升，以及晉陞獲得客戶及旁人尊敬（楊政學、詹麗容，2003）。

後期則是因為其專業能力的充實，漸漸使得壽險從業人員在面對自己的工作之餘，對於自我實現的需求增加，壽險從業人員在後期的表現往往出乎原先意料之外，原因在於壽險從業人員在行銷的過程當中，接觸的客戶群漸漸多元化，資訊來源發達，促使壽險從業人員必須不斷地增加自我本身的知識，尚能與人群拉近距離，無形中壽險從業人員的人生閱歷愈來愈豐富，對於自我本身的要求亦不斷提升，促使自我學習成長的結果，對於自我實現的需求也就愈來愈強烈（楊政學、詹麗蓉，2003）。

一般民眾對於保險的需求，如（圖9-4b），隨著時代改變及教育程度的提升，對於保險的看法已漸漸從迴避到接受並主動諮詢，而民眾對於保險的需求則為漸進式之需求，需求的改變原則以收入來分類，剛出社會及收入較少者對於保險，以風險管理為最基本的需求；在收入穩定且增加後，則會透過保險規劃子女教育經費及老年生活，漸漸以投資理財來增加保單的數量及種類；到了資產累積到一定程度的時候，保險之於大眾的作用，則轉變為遺產節稅之用途（楊政學、詹麗蓉，2003）。

在保險公司的人員組織上，業務人員為整個公司體系之主力，就南山人壽而言，業務人員比行政內勤人員的人數比例，足足多出數十倍，而在國內業務體系之薪資採雇傭（每月有固定底薪）與承攬（無固定底薪，以業績計薪）兩種體制下，目前採用承攬制的南山人壽，有三分之一之業務人員屬於兼職壽險從業人員，其餘三分之二才為南山人壽之全職壽險從業人

員。在南山人壽公司內部組織體系中，與業務部門平行之部門，尚有行政部門與主管部門，行政部門則泛指教育訓練部門、契約部門、財務部門等內部專業行政部門，其功能不外乎業務人員之職前訓練、保單核發、保單精算等。在主管部門中，乃是指公司的決策者，其組織包括正副董事長、正副總經理等，其角色主要為公司策略之決策者（楊政學、詹麗蓉，2003）。

（圖9-4a）中馬斯洛需求層級，是壽險業務人員與一般消費者皆會面臨之心理需求，業務人員與一般消費者在工作與生活中，所追求之理想為一體兩面的。而客戶保險需求階段，則以消費者在人生不同階段，對保險不同需求所產生之差異。（圖9-4c）所產生之圖形，則為公司內部的人員分布區塊，三個圖形相結合之後，產生出圖形陰影之部分，則為一般消費者與壽險高階主管，皆會面臨的稅與自我實現的需求，同時也是消費

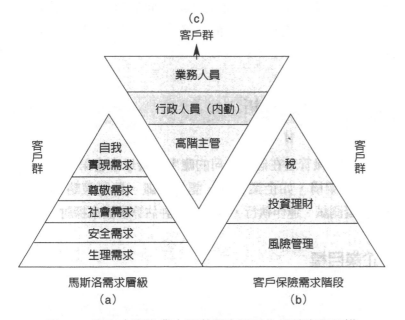

圖9-4　南山人壽從業人員與顧客電子化行銷實務架構

資料來源：楊政學、詹麗蓉（2003）。

者願意支付較高之金額來投資保單，進而節稅之部分。然e化創造了消費者與業務人員之互動的增進，因為保單的成交通常需要一個契機點，此一契機點錯失之後，通常保單之成交則會產生許多之阻礙，對業務人員而言，挫敗感會加深（楊政學、詹麗蓉，2003）。

對消費者而言，保單的成立則是多一份生活保障，往往因為消費者保單未成交，而發生事故無法理賠的案例在業界不勝枚舉，遺憾的發生不僅是消費者的損失，也造成壽險從業人員的自責與不安。而透過e化過程後，壽險從業人員在保單行銷上，加速了保單成交的時效性，e化的各種工具（如e化系統之PDA、行動電話），讓壽險從業人員在從事行銷行為時，可以提供消費者即時且快速的服務，彷彿為消費者量身訂作的個人服務系統，除了保單成交的時間縮短外，在客戶心理層面上，也因為不需再等待而飽受心理之不安。在壽險從業人員方面，透過此一e化系統，讓其可以提供更專業即時的服務予消費者，一份保單的成交不僅僅是客戶的保障，更是壽險從業人員的自我肯定（楊政學、詹麗蓉，2003）。

9.3 個案實務分析

針對知識管理在個案公司的應用，擬以本書第八章建構的實務模式架構，如企業目標、認知共識、擬訂策略、資訊系統、模擬測試、運作執行，以及績效評估等層面來探討。

❖ 企業目標

（表9-2）說明國壽、安壽與南壽三個案公司知識管理實務運作上，在企業目標階段比較分析之結果。企業目標在於深入

表9-2　個案公司知識管理中（企業目標）實務運作之比較

特點 建構要素	共通性	作法差異		
		國泰人壽	安泰人壽	南山人壽
企業目標	·改造內部機制 ·網路科技化 ·業務資訊化 ·客戶銷售導向 ·全面性經營	·長期性保戶 ·創造性保戶	·零距離的服務 ·作業流程透明	·壓低成本 ·快速核保

資料來源：楊政學（2003c）。

　　瞭解企業對知識管理執行時的願景與目標，並且以企業本體的立場，來探討執行知識管理時，必須對經濟體系的變化、策略性的建構、明確的經營方針、以及組織作業的特性，作全面通盤的考量。

　　在個案公司中，國泰人壽的展業人員藉由溫和親切的在地形象，加上厚實的人脈網絡，已為公司創造出不少的業績。展業人員制度也使保戶續繳保金意願增強，提高保戶的定著力，在企業目標設定上，較著重在鞏固現有長期性與創造性的保戶數目。唯國泰人壽亦相當重視推動企業「全面e化」的策略，利用網路的便利性與科技的創造性，提供最快速的業務支援，藉此提升業務人員的工作效率。

　　安泰人壽目前已經整合"e-service"、"e-commerce"、"e-process"、"e-learning"四大架構，希望從全方位的角度，提升業務人員專業與行銷服務上的能力；要求零距離的服務，且作業流程透明化揭露。南山人壽為使客戶之保單能夠儘速送達客戶手中，提供保單影像系統，統一處理保單核保動作，使保戶儘快得到更好的服務，達成快速核保目標，因應保戶的需求。同時以低成本、快速度的目標，持續開發同業意想不到的新產品。三家個案公司都極力改造內部機制，以網路科技來因應未來，且以客戶為銷售導向，研訂促使資訊流通更快速、更具競爭的經營策略，朝全面e化的目標不斷努力。

✛ 認知共識

（表9-3）說明三個案公司知識管理中，認知共識階段的實務分析結果。國泰人壽利用內部衛星新聞、書刊及DM，不斷的在電視上與期刊上，傳達公司積極推動「全面e化」的目標，將壽險服務資訊化，兩者的結合不但增長了業務人員的專業及執行能力，並且能夠快速且有效地為客戶服務，再經由各單位主管的宣達，以建立人員對公司執行的策略能有所共識與認知，進而促進業績的提升。此外，國泰人壽更有項徹底施行的「早會」文化，業已形成國壽人員彼此砥礪反省、情感交流的場所，企業推行知識管理的認知共識，更可藉此早會活動來加以凝聚。

安泰人壽也不斷的透過內部刊物，以及對外的宣傳品、網站、座談會等，鼓勵人員自動自發的學習，並輔以各種的獎勵活動、措施，增加員工的學習意願。在客戶部分，安泰首創國內保險公司的先例，成立24小時全年無休的「電話服務中心」，解決業務同仁的相關詢問及客戶抱怨，以主動的客戶關懷及重視客戶的聲音為宗旨，規定所有主管輪值來突顯其決心，並要求服務中心人員在一定時間內要解決客戶的問題，且做成紀錄存查，該單位的做法現已通過ISO9002國際品質認證。南山人壽在認知共識上，對於公司內部資訊的傳遞，採取以電子郵件或

表9-3　個案公司知識管理中（認知共識）實務運作之比較

特點 建構要素	共通性	作法差異		
		國泰人壽	安泰人壽	南山人壽
認知共識	·書刊、DM ·重視學習、使命性與認知性	·內部衛星新聞 ·早會文化 ·年齡上的學習差異	·網站 ·座談會 ·習慣上的調整共享	·電子郵件 ·手機簡訊 ·心態上的經驗傳承

資料來源：楊政學（2003c）。

手機簡訊的方式，將照會保單、理賠狀況及保單核發，或公司內部活動及教育訓練，即時傳送到業務員手中，使業務員能在最短時間內回應客戶的需求，作最佳的服務。

三家個案公司凝聚人員使命性與認知性的方式與管道都相差不多，最終還是希望能夠全面性的落實到各個階層，以學習新知爲目的。在執行知識管理過程中，國泰人壽以年輕的新進人員學習較佳，資深人員則必須較長的時間適應，存有年齡上學習的差異。安泰人壽也是因爲使用習慣還未調整，所以正半強制的要求業務人員開始利用網路來學習與共享知識，存有習慣上的調整。

南山人壽採取以電子郵件或手機簡訊的方式，將公司內部資訊即時傳送或分享到業務員手中，以求企業內部知識充分運用分享，同時在心態上強化業務員的經驗傳承，以維繫高品質的服務。三個案公司彼此對客戶的回應問題，都能適時且快速的給予解答與處理；部門間並不會因爲競爭壓力，而產生業務上的鬥爭與衝突行爲；並且對於時間的利用，也都能作有效的分配，以因應業務作業的需要，而達到即時與正常的運作。

擬訂策略

（**表9-4**）說明三個案公司知識管理中，擬訂策略階段的實務分析結果。國泰人壽比較重視的是業務單位執行的成效，不斷的提供各種業務支援，以滿足其業務上的需求。透過業務單位所呈現的績效，讓其他單位利用本身所擁有的知識與應有的需求，去執行知識管理。在國泰人壽中有非常完備的升遷制度，並且時常舉辦活動，來建立人員對公司的情誼與認知，進而使人員能夠願意繼續爲公司貢獻。

在安泰人壽，所有的資訊技術以滿足業務部門的需求爲最大的目標，在資訊技術中心的最大客戶就是業務員之後，才陸

表9-4　個案公司知識管理中（擬訂策略）實務運作之比較

| 建構要素 | 特點 共通性 | 作法差異 |||
		國泰人壽	安泰人壽	南山人壽
擬訂策略	·大抵由高層會議決定 ·先由業務部門開始實行 ·具完備升遷制度留住人才	·偏傳統上對下 ·偏重業務績效	·開放員工討論 ·滿足業務需求	·開放員工討論 ·教育訓練與業務部門交流

資料來源：楊政學（2003c）。

續將核保、收費、賠償、電話服務中心等後勤單位整合進來，循序漸進。安泰對於人才的培養不遺餘力，期望能夠適應其企業文化而留下來爲公司競爭力打拼。南山人壽的策略擬訂，除了在行政部門擬訂外，亦會透過執行單位，如教育訓練部與業務單位之主管，作相互溝通交流，擷取業務單位的真正需求，以研擬更適當之經營管理策略。

　　三個案公司有關公司經營策略的擬訂，還是傳統的上對下的評估方式，策略的構思與規劃，都是在企業高層會議當中決定的，員工真正可以參與的機會，只有在策略全面實行的時候。理論上，此作法與員工互相討論後，所產生的共識有很大的不同，員工並不會主動要求說要實施知識管理，員工通常是事後才被告知。另外，在相關的配合措施上，執行之初都是以業務部門作爲實行知識管理的執行先鋒，配合經營策略的執行，使業務人員的能力產生加值的作用，並且間接的提高業務績效。個案公司中均有完備的升遷管道與晉升制度，以及相關的福利措施，使優秀的人員能夠持續的爲企業貢獻個人知識。

❖資訊系統

　　（表9-5）說明三個案公司知識管理中，資訊系統階段的實

表9-5 個案公司知識管理中（資訊系統）實務運作之比較

建構要素	特點	共通性	作法差異 國泰人壽	作法差異 安泰人壽	作法差異 南山人壽
資訊系統	蒐集	・教育訓練 ・輔助教材 ・具廣泛即時性 ・具主動積極性	・國泰衛星新聞 ・保戶即時服務系統	・電子化資料庫	・電子化設備
資訊系統	儲存	・業務報告 ・錄影帶、光碟 ・錄音帶 ・具雙向回饋性	・客戶家庭卡 ・資料倉儲系統	・e-agent的平台	・網路資料庫
資訊系統	系統化	・專屬網路平台 ・具虛擬性 ・無紙化境界	・CSN視訊系統 ・網路大學 ・國泰人園地 ・服務訊息傳遞 ・資料倉儲系統 ・業務系統化	・安泰增援行銷資料庫 ・行政部門支援 ・保單整合資訊 ・安泰人月刊 ・業務資訊化 ・減少人工作業	・LECM系統 ・南山人園地 ・南山保戶園地 ・南山商品服務資訊 ・網站分眾化 ・高效e化環境
資訊系統	學習	・職前訓練 ・在職訓練 ・mentor制 ・廣泛學習 ・有彈性	・超級學習網 ・策略性聯盟 ・學術交流 ・偏集體化學習	・安泰金融大學 ・偏個人化學習 ・較自由	・結合總裁學苑網站 ・員工自行設計 ・自發性學習
資訊系統	分析	・業務日誌 ・維持客戶良好關係與互動性	・計畫書 ・分析表	・保單設計	・保單規劃書
資訊系統	共享	・mentor制 ・深長的情誼 ・公開的討論 ・信任度	・邀請績優的人員來分享經驗 ・降低人員離職流動率 ・分享失敗經驗 ・國泰互動式增員光碟 ・希望自我主觀價值受到認同	・業務門診 ・列入考核 ・增員選才 ・業務競賽 ・人員擁有某些相同特質 ・無須花費太多時間 ・沒有冗長座談	・組訓制度 ・專業化團隊 ・專業外勤業務制度 ・經過溝通分享瞭解個人特性 ・以公司業務競賽與晉升制度激勵員工
資訊系統	創新	・業務編制 ・業務流程 ・具互動性、效率化、即時性	・24小時客戶服務中心 ・首創contact center	・首創24小時電話服務中心 ・網路服務中心 ・Net Meeting	・24小時單一窗口服務中心 ・首創金裝海外服務

資料來源：楊政學（2003c）。

務分析結果。茲依資訊系統內不同組成要素,其具體作法來描述說明之。

✤ 知識的蒐集

三家公司的業務人員,蒐集知識的管道大多來自總公司。由於彼此都有建設屬於自己的資訊電子儲存系統,所以業務人員都能夠自行使用系統,搜尋想要的相關資訊。透過進階的課程訓練及輔助教材,提升人員在業務執行時的效率。國泰人壽也透過內部的衛星新聞,每天播放最新的訊息讓人員吸收,使其不至於因重視業務的工作,而忽略隨時吸收新知的重要性。不過知識的蒐集還是需要人員的主動與積極,畢竟只有自己才知道自己需要哪些知識。

✤ 知識的儲存

三家公司都非常重視資料的回饋性,因此對於內部網路平台系統的運作與維護,都希望能夠持續的正常執行,提高人員使用系統的意願,間接的將資料儲存在企業內部。但由於每個人的習慣與作業特性不一樣,有些人員還是會以硬體的媒介來將資料紀錄與保留下來,像是業務報告、紀錄卡、錄音帶、錄影帶等,搭配網路系統的虛擬媒介,使得儲存的工作更加完備。

✤ 知識的系統化

核心知識的整合,都透過公司建構的網路平台呈現,讓人員知道重要的知識在何處,並且可以蒐集與使用。透過資料的系統化、分類、編碼與建檔,使得業務人員減少紙張的浪費,達到作業無紙化的境界。國泰人壽也以業務人員的業務特性與商品特質,來設計各種能夠輔助業務人員的支援軟體,提供下載的服務。安泰人壽則著重於作業流程的簡單化,強調能設計

給機器做的事，就不需讓人來執行，讓人員能處理更有附加價值的事。南山人壽亦以強大的網路資料庫，提供業務員資訊查詢及行銷工具下載，客戶保險相關資料查詢；資深業務人員，亦樂意將經驗傳承新進人員，言論採集結成書或錄影儲存。

✚ 知識的學習

以學習方式來看，國泰人壽傾向於集體化、固定時間的學習，每天會有固定的時間安排要收看的電視節目，經由衛星遠距教學之國泰人壽超級學習網（CSN）系統的搭配，使人員與企業的互動性更高，不受任何時空的限制隨時選課。國泰人壽另有組訓制度，由陪同新進人員拜訪保戶的方式，除學習資深人員經驗外，亦可拓展人脈網絡與訓練膽量。安泰人壽則是較為自由，每天的業務門診由各業務單位自理，業務員應上的課程則自行調配時間前往上課。

南山人壽員工訓練少由公司主導安排，反而是員工自掏腰包、自行設計教材，南山人壽並沒有一套適用各分公司的訓練系統。目前公司業與「總裁學苑」合作，提供員工網路學習，採實際訓練與虛擬課程相互運用的方式，且透過完整的進階式教育訓練，邀請績優業務員經驗分享。三家個案公司都相當重視職前與在職人員的教育訓練，透過mentor的帶領，讓人員在學習的過程更加有彈性，且學習領域更為廣泛。

✚ 知識的分析

客戶的紀錄卡、計畫書及相關的分析表，都是業務人員最重要的資源，並且也是業務績效的依據來源。持續的和客戶維持良好關係與介紹新的商品，進而為客戶規劃與設計新的理財表與保單，不但能夠有效落實公司的經營策略，而且能夠為自己的績效成績奠定良好的基礎。對此，國泰人壽、安泰人壽與南山人壽的業務人員，都有著相同的想法與共識。

✤ 知識的共享

　　國內的壽險公司其實業務員的流動率頗高，安泰人壽所淘汰而留下來的人大多能適應安泰的企業文化，大家都共同擁有某些相同的特質，因此無須花費太多的時間便能凝聚出員工共識，沒有經過冗長的座談會、研討會等過程；國泰人壽的新進人員裡有些是新世代的年輕人，由於擁有強烈的自尊心，以及希望自我主觀的價值能夠受到主管的認同，所以當累積的挫折與失敗的經驗過多時，就會出現人員離職的情況。但相對的，透過國泰嚴格的篩選、專業的訓練與精心的培育，使得能夠留在國泰的人員，都有著一定程度的知識與能力，且對國泰的企業文化與目標，也能夠秉持認知的信念與執行感。

　　南山人壽則是設立專業化團隊，除吸收高素質人力外，更可藉由經驗的傳承維持人員高品質的服務。業務人員工採自學的方式，自掏腰包到外面進修，或自行設計學習教材，形塑自發性學習的氣氛；同時經過溝通分享去瞭解個人特性，以公司業務競賽與晉升制度激勵員工。三家個案公司無論在新人對mentor、對主管甚至是團隊之間，都有相當深的情誼存在，所以對任何的訊息、話題都能公開的討論。平時也藉由專題、座談會的時間，邀請績優的業務人員或是專業人士，一同分享經驗與知識。

✤ 知識的創新

　　業務的編制與流程，是國泰與安泰創造新知識的基本制度；專業外勤業務制度，更是南山人壽知識創新來源與主要競爭優勢。人員彼此的互動，適時的給予支援、協助，讓業務工作的執行能夠更加的效率化，時時的拜訪客戶，不斷介紹新的壽險訊息、商品，並且隨時調整服務態度，以和客戶長期建立良好的互動關係。從業務的編制到業務的流程當中，每一個步

驟、程序、執行就會產生新的觀念、計畫以及方法。但對於三家個案公司而言，最重要的創新來源，是蒐集客戶的回應與訊息，藉此針對公司的營運策略做適時的調整，且創造新的商品，以滿足服務客戶的需求。

國泰人壽設有保戶即時服務系統、24小時客戶服務中心（contact center），首創業界自動語音辨識系統；安泰人壽首創客戶24小時的電話服務中心，且由高階輪流值班接聽，另設立有網路服務中心，提供Net Meeting的功能；南山人壽設置有24小時單一窗口服務的客服中心，2001年底更結合友邦保險公司，推出業界首創的「金裝海外服務」，嘉惠大陸、港、澳地區保戶的服務，上述客戶電話服務中心設立之目的，就是要最直接且最即時的服務客戶。此外，三家個案公司皆致力於產品的創新，同時強化其財務穩健，採差異化經營策略，故在微利時代下，仍能提供高利率保單予客戶做理財投資之規劃選擇。

✦✦模擬測試

（**表9-6**）說明三個案公司知識管理中，模擬測試階段的實務分析結果。知識管理執行小組的編制，國泰人壽方面是由所屬的電腦部門來執行，電腦部門有網路設計、軟體研發以及維

表9-6　個案公司知識管理中（模擬測試）實務運作之比較

特點 建構要素	共通性	作法差異		
		國泰人壽	安泰人壽	南山人壽
模擬測試	·獎勵表揚 ·給機會或是再學習	·電腦部門執行 ·由業務單位測試成效 ·單位間產生比較的作用	·各單位抽調組成的執行團隊 ·由業務單位測試成效 ·個別單位先行建構流程	·教育訓練與業務單位配合 ·由業務單位與教育訓練共同商討測試成效

資料來源：楊政學（2003c）。

修等相關技術人員，能夠隨時與發生問題的單位、部門做最即時且直接的詢問，並且提供解決問題的方法，或是前往該單位處理。

安泰人壽則是由各單位所抽調而組成的執行團隊，執行之初都是由公司的業務單位來執行，雖然透過各種管道、媒介，來宣達公司的執行策略，但由於年齡上的差距，理解能力有所差別，使得凝聚人員共識的策略無法落實。南山人壽則由教育訓練部與業務單位相互配合，模擬測試上是以業務單位為個體，作整體績效達成之評估，且由業務單位主管與教育訓練部人員，商討方案測試的成效。

國泰人壽為因應業務上的需求，不斷的提供業務支援軟體，但也因此讓單位間的執行成效有了比較的作用。安泰人壽則是以個別單位先行建構流程，最後再由執行小組設計所需求的支援。南山人壽是以業務單位為個體，作整體績效達成之評估，且由業務單位主管與教育訓練部人員，共同商討方案測試的成效。不過執行的過程當中，適時的給予鼓勵與幫助，表現優良的人員自然能夠得到公司給予的獎勵與表揚。相對表現不如預期的人員，公司也會給予機會或是再學習，以提升自己的專業與服務的能力，這也是三家個案公司對人員管理的相同處。

✛運作執行

（**表9-7**）說明三個案公司知識管理中，運作執行階段的實務分析結果。知識管理的執行過程中，人員的互動性與機動性，適時的充分利用內部的人與資源，讓問題與狀況發生的時候，都能作最即時且妥善的處理。擴張業務部門時，三家個案公司也都能運用先前的知識與經驗，轉化在新部門的管理架構上，因為本質架構小，所以人員便能有效的管理內部資源與清

表9-7　個案公司知識管理中（運作執行）實務運作之比較

建構要素	特點　共通性	作法差異		
		國泰人壽	安泰人壽	南山人壽
運作執行	·持續教育訓練 ·運用先前經驗 ·充分利用內部 　人與資源 ·具全面、互動 　與機動性	·要求通過認證 　考試 ·全面性宣導	·納入升遷條件 　考核 ·著重e化宣達	·建立學習護照 　督促 ·高效e化環境

資料來源：楊政學（2003c）。

楚的掌握執行的方向。

　　國泰人壽仍然會用各種方式與宣傳媒介，進行全面性宣導，使其能夠真正深入到每一位人員的心中。並且為了提升人員的專業能力，也會要求持續的進行教育訓練與認證的考試，配合高互動性、同步訊息傳遞、以及無時空限制隨選課程的學習環境，使人員能夠達到事半功倍的學習效果。安泰人壽因為宣傳口號表達的不夠明確，致使人員對策略的實行感到模糊不清。但由於彈性化的教育訓練，以及納入升遷的條件當中，促使人員產生學習的動力，也間接彌補了其對策略感到陌生的現象。南山人壽對於業務員的學習，以員工學習護照的建立為主，透過學習護照的制度，督促員工在職訓練，並建立高效率的e化服務環境。

✥ 績效評估

　　（表9-8）說明三個案公司知識管理中績效評估階段實務分析結果。績效評估是公司利用平時的上台簡報、檢討會，以及業務活動中，針對業務人員的訓練績效與業務績效，進行相同的評估方式。訓練績效必須經過循序漸次的學習完相關的課程，才能進一步的獲得晉升。相對的業務績效則必須建立在以

表9-8　個案公司知識管理中（績效評估）實務運作之比較

特點 建構要素	共通性	作法差異		
		國泰人壽	安泰人壽	南山人壽
績效評估	·兼顧訓練與業務績效來評估執行成效	·業績導向輔以通過認證要求	·業績導向輔以納入升遷考核	·業績導向輔以學習護照制度

資料來源：楊政學（2003c）。

「客戶為中心」的績效評估，因為績效的來源是客戶。三家公司都設有以服務客戶的網路平台系統，所以能夠即時的蒐集客戶的訊息，給予適時的相關服務。

執行知識管理後的業績，有其實質的正面效果，也會給予回饋式的獎勵。相對的，彼此的研發團隊能夠秉持著維護的信念，使知識管理平台的運作維持正常。在績效評估上，由於壽險業仍為營利機構，故大抵以業績導向來評估策略執行之成功與否，如縮減的作業時間成本、減少的面談次數等；唯在訓練績效評估作法上稍有差異，如國泰人壽輔以通過認證的要求，安泰人壽輔以納入升遷的考核，而南山人壽則輔以學習護照的制度。

9.4 結論與建議

經過本章節研究設計的執行，可歸結得出本章節的研究結論與研究建議（楊政學，2003c）。

❖ 研究結論

歸納本研究三家個案公司推行知識管理實務運作的研究心得，可具體列示如下幾點研究結論：

- 壽險業知識管理的建構，仍較偏向於電子化平台系統的建構，至於企業文化與目標，仍需持續融入組織成員對知識管理的共識。
- 壽險業目前尚未建立合理的知識管理績效評估制度，仍賴領導者長遠的眼光在維繫與推行，在永續經營上有待突破的困境。
- 壽險業知識管理的執行，尚未設置專責單位，大抵以專案小組或部門抽調方式組成，易受制於層級權限而缺乏推行成效與阻礙頻生。
- 壽險業目前均能運用資訊科技來強化本身的競爭力，唯在知識創新策略上，尚需不斷努力追求知識創新的商業價值。

✦ 研究建議

延伸本研究所得出的結論與心得，進而可列示如下幾點研究建議：

- 壽險業知識管理的實務應用上，應該回歸以人為本體的思維模式，將組織成員的職涯規劃與自我成長一併納入考量。
- 壽險業知識管理宜整合資訊系統與文化生態概念，發展量身訂作的實務運作架構，真正將企業體內隱與外顯知識，予以資訊化與價值化。
- 壽險業知識管理績效評估制度的建立，除納入升遷考核與認證要求外，宜同時以較具體的獎金或紅利措施，來擴大組織的學習效益。
- 壽險業宜持續以創新的服務、技術、教育訓練與產品，不斷追求知識創新所帶來的商業價值，且可回饋並支持知識管理的永續推行。

重點摘錄

- 本章節在資料蒐集上，採行初級訪談記錄與次級文獻檔案合併驗證的方法，來針對所建構之概念與實務架構予以相互驗證，以深入瞭解知識管理在壽險業實務運作的情形。

- 壽險業在知識管理的建構上，較偏向於電子化及知識管理平台系統的建構。尚未建立一套完整合理的知識管理績效評估制度。知識管理的執行尚未設置專責單位，易受制於層級權限的不足。

- 知識管理在壽險業的應用上，應該回歸以人為本體的思維模式，整合知識管理中資訊系統面與文化生態面的概念，發展出量身訂作的知識管理實務運作架構，真正將企業體內隱與外顯的知識，予以資訊化與價值化。同時可用獎金或紅利措施，來擴大組織的學習績效。

- 壽險業應以服務、技術、教育訓練與產品創新策略，不斷創造知識創新的商業價值，且此價值可回饋並支持知識管理的永續推行。

重要名詞

價值（value）

創新（innovation）

速度（speed）

三角測定（triangulation）

文獻分析法（analyzing documentary realities）

深度訪談法（in-depth interview）

知識管理流程（knowledge management process）

服務中心（contact center）

問
題
與
討
論

1.本章節所提出的壽險業知識管理的實務模式，在資料蒐集上有何特性？試研析之。

2.本章節針對國內壽險業知識管理個案推行上，有何研究結論？試研析之。

3.本章節針對國內壽險業在知識管理的應用上，有何研究建議？試研析之。

4.本章節針對國內壽險業在創新策略上，有何建議的作法？試研析之。

5.本章節三家個案公司在知識管理實務運作上，有何差異性存在？請談談你個人的看法為何？

note

浮塵短句：所謂生命的柔軟度，就只是我們是否還願意。

Chapter 10

壽險業知識管理（Ⅱ）

　　本章節探討壽險業知識管理的實務運作，討論的議題有：實證研究設計、知識管理實務分析，以及結論與建議。其中，有關知識管理的學理概念，以及其實務模式建構的探討，請逕行參閱本書前面的章節內容。而本章節在研究方法上，則進一步納入量化研究的嘗試。

10.1 實證研究設計

　　本章節陳述實證研究的設計架構，包括：研究背景、研究目的、研究方法與步驟，以及研究對象等議題的討論。

✥研究背景

　　面對21世紀知識經濟的時代，知識管理與網路經濟整合的經營模式，將成為未來企業策略管理最新研究議題。企業從早期的成本競爭、品質競爭，跨入另一個視知識為資本的新經濟時代。整體經濟的基礎亦由自然資源移轉到智慧資產，知識的維持與創新更將是獲取競爭優勢的重要來源。網際網路的迅速發展，不但改變企業獲利的模式，也改變取得知識與自我成長的規則，讓知識與智慧資本能夠自由流動，不再被資深員工獨自控管。資訊科技工具對向來重視服務品質的壽險業而言，無疑扮演著最佳輔助的角色。

　　台灣產業結構日益轉型為服務導向的三級產業，而壽險業乃具綜合性、多角化經營的企業體，其所供應的商品或服務，無法預先大量生產與儲存，且牽涉人類經濟生活層面。壽險從業人員服務品質的好壞，直接影響企業體的形象，因此「人本」的因素扮演壽險業成敗與否的關鍵。在企業內部，可透過網路簡化工作流程，提高員工的工作效率與服務品質；在企業外

部，網際網路更是扮演溝通橋樑的角色，讓企業能確實掌握客戶需求。因此，對壽險業而言，網路科技改變了傳統的客戶經營模式，網路可以讓企業主動的去經營潛在客戶，也讓客戶能夠比較自在的選擇所需資訊，藉以提高客戶滿意程度。

隨著網際網路與資訊科技的融入，使得知識管理眞正有了可以實際驗證的機會。網路扮演著資料傳遞、溝通的角色，基本上沒有情感的互動，因此對業務員而言，並不是取代了他們的功能，而是使業務員可以有更多的時間與客戶做感情面的人性化互動，故在壽險業中，網路是業務員與保戶間最佳的溝通工具，但不是溝通的全部。

一般企業在進行知識管理之初，較缺乏明確的實行流程及方法，加以知識與智慧資本具有無形、易變與非線性等特徵，增加了企業衡量與管理上的困難，致使變成過度管理其外在的形體，而非重視內在的實質精神。因此，本章節選擇「以人爲本」的壽險業個案，來探討其如何將知識藉由資訊系統的建置，且融合企業文化生態的價值，以整合性落實於企業體經營管理的實務運作。

❖研究目的

本章節認爲知識管理的眞正內涵，除了「資訊系統」的「建置」外，更要融入「文化生態」的「價值」（楊政學、林依穎，2003）。知識的管理不但需要領袖設立願景，建立起企業內的文化價值，更需要確定企業的知識創新策略，以達成知識管理系統建構的眞正使命。經由研究個案之實務運作與理論交錯比對分析，探討知識管理在壽險業實務執行上可能應用的方式與困境，並藉此給予日後企業實施知識管理的建議。

茲將本章節較爲具體的研究目的，列示如下：

‧瞭解知識管理的意涵與發展（略，請參閱第三章）。

·建構壽險業知識管理的實務模式架構（略，請參閱第八章）。
·比較分析壽險業個案間知識管理實務運作流程。
·歸結壽險業知識管理發展特性與結論。

✤研究方法與步驟

本章節採用質走向量的研究型式，以**定性**（qualitative）研究做開始，屬典型的**探索性**（exploratory）研究，經由對研究對象的開放式訪談，定義出可能的**實務命題**（propositions）。在第二個階段，則採取**定量**（quantitative）的方式，對由定性分析中，所產生的概念進行操作化定義，以及對命題進行初步驗證（楊政學，2004a）。

在研究流程上，首先，利用**文獻分析法**（analyzing documentary realities）蒐集相關文獻資料，以瞭解知識管理的意涵與發展，並萃取出建構知識管理模式的重要因素。再者，利用**立意抽樣**（purposive sampling）針對研究個案中，重要行政管理主管人員，採用非結構性**深度訪談**（in-depth interview），以實地瞭解其對知識管理實際運作上的意見（楊政學、邱永承，2001；楊政學，2002a）。最後，輔以壽險業個案中業務人員的**問卷調查**（questionnaire survey）之統計分析，以探討業務員對施行知識管理的認知態度（楊政學，2002c）。

本章節係以**個案研究**（case study）的方式進行，同時採用研究方法與資料蒐集雙重的**三角測定**（triangulation）程序，來針對本研究中所建構之**實務模式**予以相互**驗證**，並將之應用於所研究個案知識管理實務運作流程之操作化定義。茲將本章節整合定性與定量研究方法之理論架構（楊政學，2002b），圖示如（**圖**10-1）。

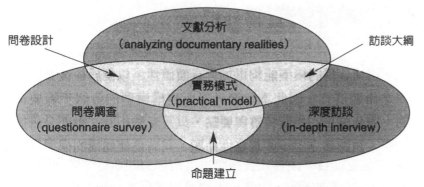

圖10-1 定性與定量方法整合之理論架構
資料來源：楊政學（2002b）。

　　在研究步驟流程上，本章節在確立研究問題，設立研究目標與範圍後，即進行大量相關文獻之蒐集與整理的工作。確認深度訪談及問卷調查對象，繼而將資料整合分析後，設計問卷內容及擬訂訪談大綱。隨即發放問卷與回收追蹤，在此同時進行研究個案之深度訪談，最後依據問卷資料、訪談記錄與次級文獻等資料，進行系統性整理、分析與比較，且結合本章節所建構之知識管理實務運作模式的架構，來探討研究個案的實務操作化意涵，進而歸結出研究結論與建議。

❖研究對象

　　在研究對象的擇取上，選擇安泰人壽與國泰人壽兩個案公司，乃基於安壽為領先的外商壽險公司，而國壽為規模相當的本土壽險公司，兩者的發展背景及企業文化存有相當的差異性，在知識管理推行的認知與作為可能有所取捨，因而引發本章節想去深入探討與比較的動機。

10.2 知識管理實務分析

　　為使建構的模型能夠更加具有價值性，以便於往後實務研究之命題建立，因此本章節針對所建構模型的各個步驟要素間，所延伸出的相關特質與要點，以及參酌相關文獻部分研究成果，試圖建立出一些實務性命題。同時為使建構的模型與個案研究相互結合，使其在實務應用上所發生的執行困難與問題處理，能夠得到印證。因此，本章節利用所蒐集到之企業內部與外部文獻檔案資料、人員實地訪談（2002年8月）內容、問卷調查（2002年11月）分析結果、以及企業內部知識管理作業平台系統等，試圖對命題進行驗證（楊政學，2004a）。

　　在人員實地深度訪談上，安壽以台北市分公司、國壽以板橋市分公司等機構，職務為區經理、襄理人員為晤談對象；而問卷調查受訪對象，則是以業務部門外勤人員為主。再者，組織架構配合知識管理的執行，對於訊息流通、人員管理及業務處理等相關要素，有其不同層面的影響。本章節在針對各個建構要素上，詳細分析與比較個案間，對策略執行與營運管理等問題的解決與處理，其執行方式與特性的相同性與差異性，並依前述建構之實務模式架構，列示比較說明如后。

❖企業目標

　　（**表10-1**）及（**表10-2**）分別說明國壽與安壽兩個案公司知識管理實務模式，在企業目標階段上命題驗證與比較分析之結果。兩個案在深度訪談所蒐集之資料，大抵呈現已實施但未形成共識的現象；而組織人員對知識管理中企業目標的體認，在五刻度（1分至5分）李克特量表衡量下，則有高度的認同。

　　企業目標在於深入瞭解企業對知識管理執行時的願景與目

表10-1　兩個案公司知識管理命題驗證結果（1）：企業目標

命題	深度訪談		問卷調查	
	國壽	安壽	國壽	安壽
1-1：企業目標是所有人員策略認知與建立共識的鎖鑰與催化劑。	☐	☐	4.09	4.64
1-2：當企業決定以知識管理為執行策略時，則必須以長期性的規劃與建構為衡量基礎。	☐	☐	4.09	4.62
1-3：企業目標是策略執行時所依循的方向與指標，而策略的執行必須達成企業目標所訂定的計畫和願景。兩者在企業的經營循環體系中，能夠呈現出彼此的配合性與真實性。	☐	☐	4.17	4.58
1-4：企業欲執行知識管理時，必須體認到他所帶來的新經濟方式與方法論，並且能夠提升業務上實質的效率。	☐	☐	4.22	4.42
1-5：增加企業知識的共享程度，以提升解決問題的能力；並藉由提高競爭優勢增加收益，是企業目標最確切的理念。	☐	☐	4.24	4.55
1-6：知識管理的執行，在企業目標的推動下，能以創造性與革新性，帶動企業在市場的適應能力。	☐	☐	4.20	4.53

註：☐代表已實施但未落實。
資料來源：楊政學（2004a）。

表10-2　兩個案公司知識管理實務運作之比較分析（1）：企業目標

特點	相同性	差異性	
建構要素		國泰人壽	安泰人壽
企業目標	改造內部機制 網路科技化 業務資訊化 客戶銷售導向 全面性經營	長期性 創造性	零距離的服務 作業流程透明

資料來源：楊政學（2004a）。

標，並且以企業本體的立場，來探討執行知識管理時，必須對經濟體系的變化、策略性的建構、明確的經營方針以及組織作業的特性，作全面通盤的考量。兩個案公司都極力改造內部機

制，以網路科技來因應未來，且以客戶為銷售導向，研訂促使
資訊流通更快速、更具競爭的經營策略，朝全面e化的目標不斷
努力。

在個案公司作法差異性上，國泰人壽的展業人員藉由溫和
親切的在地形象，加上厚實的人脈網絡，已為公司創造出不少
的業績。展業人員制度也使保戶續繳保金意願增強，提高保戶
的定著力，因此在企業目標設定上，較著重在鞏固現有長期性
與創造性的保戶數目。面對知識經濟的時代，國泰人壽亦著重
於推動企業「全面e化」的策略，利用網路的便利性與科技的創
造性，提供最快速的業務支援，藉此提升業務人員的工作效
率。安泰人壽目前已經整合了內部各項流程，提出所謂的 "e-
service"、"e-commerce"、"e-process" 與 "e-learning" 四大架
構，希望從全方位的角度，提升業務人員專業與行銷服務上的
能力；要求零距離的服務，且作業流程要求透明化揭露。

✛認知共識

（**表10-3**）及（**表10-4**）分別說明國壽與安壽兩個案公司知
識管理實務模式，在認知共識階段上命題驗證與比較分析之結
果。兩個案在深度訪談所蒐集之資料，在不同議題之命題驗證
下，或已實施但未落實，或已實施且有功效，而組織人員對知
識管理中認知共識的體認，則呈現高度的認同程度。

國泰人壽利用內部衛星新聞、書刊及DM，不斷的在電視上
與期刊上，傳達公司積極推動「全面e化」的目標，將壽險服務
資訊化，兩者的結合不但增長了業務人員的專業及執行能力，
並且能夠快速且有效地為客戶服務，再經由各單位主管的宣
達，以建立人員對公司執行的策略能有所共識與認知，進而促
進業績的提升。此外，國泰人壽更有項徹底施行的「早會」文
化，業已形成國壽人員彼此砥礪反省、情感交流的場所，企業

表10-3　兩個案公司知識管理命題驗證結果（2）：認知共識

命題	深度訪談		問卷調查	
	國壽	安壽	國壽	安壽
2-1：知識管理的基礎必須建立在員工彼此間的信賴。	○	○	4.26	4.53
2-2：企業員工所擁有的知識是否能夠充分運用與重視，且能不藏私的貢獻出來，是企業執行知識管理時的一項挑戰。	□	□	4.17	4.60
2-3：客戶的抱怨及對問題的回應，適當的加以改善，能夠幫助企業在管理與執行上的運作。	○	○	4.24	4.55
2-4：部門間有競爭的壓力，而產生鬥爭、猜忌時，不願將知識分享出來，可能會導致部門間知識的流通出現障礙，甚至停頓。	○	○	4.11	4.58
2-5：在知識管理的過程中，員工對新系統的學習心態，會影響企業執行策略時，是否順利或是停滯。	□	□	4.24	4.36
2-6：企業的管理階層必須認知，知識管理的執行不一定在工作時間外，使其整體業務能夠維持正常的運作。	□	○	4.09	4.42

註：□代表已實施但未落實；○代表已實施且有功效。
資料來源：楊政學（2004a）。

表10-4　兩個案公司知識管理實務運作之比較分析（2）：認知共識

特點 建構要素	相同性	差異性	
		國泰人壽	安泰人壽
認知共識	書刊、DM 重視學習、使命性 與認知性	內部衛星新聞 早會文化 年齡上的學習差異	網站 座談會 習慣上的調整共享

資料來源：楊政學（2004a）。

推行知識管理的認知共識，更可藉此早會活動來加以凝聚。

　　安泰人壽也不斷的透過內部刊物，以及對外的宣傳品、網站、座談會等，鼓勵人員自動自發的學習，並輔以各種的獎勵活動、措施，增加員工的學習意願。在客戶部分，安泰首創國內保險公司的先例，成立24小時全年無休的「電話服務中心」，

解決業務同仁的相關詢問及客戶抱怨,以主動的客戶關懷及重視客戶的聲音為宗旨,規定所有主管輪值來突顯其決心,並要求服務中心人員在一定時間內要解決客戶的問題,且做成紀錄存查,該單位的做法現已通過ISO9002國際品質認證。

兩個案公司凝聚人員使命性與認知性的方式與管道都相差不多,最終還是希望能夠全面性的落實到各個階層,以學習新知為目的。在執行知識管理過程中,國泰人壽以年輕的新進人員學習較佳,資深人員則必須較長的時間適應,存有年齡上學習的差異。安泰人壽也是因為使用習慣還未調整,所以正半強制的要求業務人員開始利用網路來學習與共享知識,存有習慣上的調整。

意謂兩個案公司在認知共識凝聚上,分別有不同的問題需要去改善與解決。彼此對客戶的回應問題,都能適時且快速的給予解答與處理;部門間並不會因為競爭壓力,而產生業務上的鬥爭與衝突行為;並且對於時間的利用,也都能作有效的分配,以因應業務作業的需要,而達到即時與正常的運作。

✦擬訂策略

(**表10-5**)及(**表10-6**)分別說明國壽與安壽兩個案公司知識管理實務模式,在擬訂策略階段上命題驗證與比較分析結果。兩個案在深度訪談所蒐集之資料,在不同議題之命題驗證下,僅國壽在命題3-3已實施但未落實,其餘均已實施且有功效,而組織人員對知識管理中擬訂策略的體認,則有高度的認同。

國泰人壽比較重視的是業務單位執行的成效,不斷的提供各種業務支援,以滿足其業務上的需求。透過業務單位所呈現的績效,讓其他單位利用本身所擁有的知識及應有的需求,去執行知識管理。在國泰人壽中有非常完備的升遷制度,並且時常舉辦活動,來建立人員對公司的情誼與認知,進而使人員能

表10-5　兩個案公司知識管理命題驗證結果（3）：擬訂策略

命題	深度訪談		問卷調查	
	國壽	安壽	國壽	安壽
3-1：企業的知識管理策略如不能和企業的營運策略相互配合，則執行知識管理策略的績效會不具效益性。	○	○	4.11	4.57
3-2：針對企業內某一部門，且具高價值的知識，來實施知識管理。讓接下來欲執行的部門，有目標可以依循、仿效。	○	○	4.20	4.42
3-3：知識管理能夠不斷的共享與創新，使其永續的執行，則必須降低技術人員的離職率，使專業資源能保存在企業內部。	□	○	4.13	4.51
3-4：知識管理的執行配合資訊的系統化，必須讓員工能快速、便捷的搜尋資料，增加其工作效率。	○	○	4.30	4.55

註：□代表已實施但未落實；○代表已實施且有功效。
資料來源：楊政學（2004a）。

表10-6　兩個案公司知識管理實務運作之比較分析（3）：擬訂策略

特點 建構要素	相同性	差異性	
		國泰人壽	安泰人壽
擬訂策略	由高層會議決定 先由業務部門 開始實行 具完備升遷制度 留住人才	偏傳統上對下 偏重業務績效	開放員工討論 滿足業務需求

資料來源：楊政學（2004a）。

夠願意繼續為公司貢獻。在安泰人壽，所有的資訊技術以滿足業務部門的需求為最大的目標，在資訊技術中心的最大客戶就是業務員之後，才陸續將核保、收費、賠償、電話服務中心等後勤單位整合進來，循序漸進。安泰對於人才的培養不遺餘力，期望能夠適應其企業文化，而留下來為公司競爭力打拼。

　　兩個案有關公司經營策略的擬訂，還是傳統的上對下的一套，策略的構思與規劃，都是在企業高層會議當中決定的，員

工真正可以參與的機會，只有在策略全面實行的時候。理論
上，與員工互相討論而產生共識有很大的不一樣，員工並不會
主動要求說要實施知識管理，員工通常是事後才被告知。另
外，在相關的措施配合上，執行之初都是以業務部門作為實行
知識管理的執行先鋒，配合策略的執行，使業務人員的能力產
生加值的作用，並且間接的提升業務績效。兩者彼此都有完備
的升遷管道與晉升制度，以及相關的福利措施，使優秀的人員
能夠持續的為企業貢獻知識。

✛資訊系統

（**表10-7**）及（**表10-8**）分別說明國壽與安壽兩個案公司知
識管理實務模式，在資訊系統設計階段上命題驗證與比較分析
之結果。兩個案在深度訪談所蒐集之資料，在不同議題之命題
驗證下，均已實施且有功效，而組織人員對知識管理中的資訊
系統，則有高度認同。

　　資訊系統的設計，在知識管理推行上，扮演著知識的蒐
集、儲存、系統化、學習、分析、共享與創新間連結與整合的
功能。兩家個案公司的業務人員，知識或資訊蒐集的管道大多
來自總公司。由於彼此都有建設屬於自己的資訊電子儲存系
統，所以業務人員都能夠自行使用系統，搜尋想要的相關資
訊。透過進階的課程訓練及輔助教材，提升人員在業務執行時
的效率。國泰人壽也透過內部的衛星新聞，每天播放最新的訊
息讓人員吸收，使其不至於因重視業務的工作，而忽略隨時吸
收新知的重要性。不過知識或資訊的蒐集還是需要人員的主動
與積極，畢竟只有自己才知道自己需要哪些知識或資訊。

　　兩家公司都非常重視資料的回饋性，因此對於內部網路平
台系統的運作與維護，都希望能夠持續的正常執行，提高人員
使用系統的意願，間接的將資料儲存在企業內部。但由於每個

表10-7　兩個案公司知識管理命題驗證結果（4）：資訊系統

命題	深度訪談		問卷調查	
	國壽	安壽	國壽	安壽
4-1：能夠廣泛、有效且快速的蒐集知識，不但能夠增加企業核心資源的實質性與使用性，而且可以提升企業在執行策略時的效益性。	○	○	4.26	4.55
4-2：將員工擁有的知識加以整合，經由網路平台的媒介，儲存在企業內部，則必須來自員工的自發性與回饋心。	○	○	4.17	4.53
4-2-1：網路平台必須隨時維持正常運作，以增加人員與網路平台互動時的效益性與使用機率。	○	○	4.20	4.57
4-3：企業的知識資源經過系統化的編碼、分類而將之建檔、備份，能夠有效的改善舊有且複雜的紙上作業。	○	○	4.17	4.62
4-3-1：企業將核心知識系統化後，能夠清楚的讓員工知道在何處可以找尋知識？那些知識是重要的，且對企業有其價值。	○	○	4.17	4.53
4-3-2：人員與網路平台的互動，能夠提升企業對網路平台的重視性與再造性。	○	○	4.20	4.49
4-4：企業知識透過「組織網」內人員彼此的交流與共享，能夠達到經驗的傳承與解決問題時所需的理論依據。	○	○	4.15	4.49
4-5：企業應賦予員工多重的自主性與企圖心，能隨時隨地的對研發設計、策略執行，作開創性的想法與構思，而創造出有別於其他企業所沒有的文化或是know-how。	○	○	4.15	4.53

註：○ 代表已實施且有功效。
資料來源：楊政學（2004a）。

人的習慣與作業特性不一樣，有些人員還是會以硬體的媒介來將資料紀錄與保留下來，諸如：業務報告、紀錄卡、錄音帶、錄影帶等，搭配網路系統的虛擬媒介，使得儲存的工作更加完備。

　　核心知識的整合，都透過公司建構的網路平台呈現，讓人

表10-8 兩個案公司知識管理實務運作之比較分析（4）：資訊系統

特點 建構要素		相同性	差異性	
			國泰人壽	安泰人壽
資訊系統	蒐集	教育訓練 輔助教材 具廣泛即時性 具主動積極性	國泰衛星新聞 保戶即時服務系統	電子化資料庫
	儲存	業務報告 錄影帶、光碟 錄音帶 具雙向回饋性	客戶家庭卡 資料倉儲系統	e-agent的平台
	系統化	專屬網路平台 具虛擬性 無紙化境界	CSN視訊系統 網路大學 國泰人園地 服務訊息傳遞 資料倉儲系統 業務系統化	安泰增援行銷資料庫 行政部門支援 保單整合資訊 安泰人月刊 業務資訊化 減少人工作業
	學習	職前訓練 在職訓練 mentor制 廣泛學習 有彈性	超級學習網 策略性聯盟 學術交流 偏集體化學習	安泰金融大學 偏個人化學習 較自由
	分析	業務日誌 維持客戶良好 關係與互動性	計畫書 分析表	保單設計
	共享	mentor制 深長的情誼存在 公開的討論 信任度	邀請績優的人員 來分享經驗 降低人員離職率 分享失敗經驗 互動式增員光碟 希望自我主觀價值 受到認同	業務門診 列入考核 增員選才 業務競賽 人員具某些相同特質 無須花費太多時間 沒有冗長座談
	創新	業務編制 業務流程 具互動性、效率化 、即時性 創新投資型保單	24hr客戶服務中心 首創contact center	首創24hr電話服務 中心 網路服務中心 Net Meeting

資料來源：楊政學（2004a）。

員知道重要的知識在何處，並且可以蒐集、使用。透過資料的系統化、分類、編碼與建檔，使得業務人員減少紙張的浪費，達到作業無紙化的境界。國泰人壽也以業務人員的業務特性與商品特質，來設計各種能夠輔助業務人員的支援軟體，提供下載的服務。安泰人壽則著重於作業流程的簡單化，強調能設計給機器做的事，就不需讓人來執行，讓人員能處理更有附加價值的事。

以學習方式來看，國泰人壽傾向於集體化、固定時間的學習，每天會有固定的時間安排要收看的電視節目，經由衛星遠距教學之國泰人壽超級學習網（CSN）系統的搭配，使人員與企業的互動性更高，不受任何時空的限制隨時選課。國泰人壽另有組訓制度，由陪同新進人員拜訪保戶的方式，除學習資深人員經驗外，亦可拓展人脈網絡與訓練膽量。安泰人壽則是較為自由，每天的業務門診由各業務單位自理，業務員應上的課程則自行調配時間前往上課。兩公司都相當重視職前與在職人員的教育訓練，透過mentor的帶領，讓人員在學習的過程更加有彈性，且學習領域更為廣泛。

客戶的紀錄卡、計畫書以及相關的分析表，都是業務人員最重要的資源，並且也是業務績效的依據來源。持續的和客戶維持良好關係與介紹新的商品，進而為客戶規劃與設計新的理財表與保單，不但能夠有效落實公司的經營策略，而且能夠為自己的績效成績奠定良好的基礎。在此看法上，國泰人壽與安泰人壽的業務人員，都有著相同的想法與共識。

其實國內壽險公司業務員的流動率頗高，安泰人壽所淘汰而留下來的人，大多能適應安泰的企業文化，大家都共同擁有某些相同的特質，因此無須花費太多的時間便能凝聚出員工共識，沒有經過冗長的座談會、研討會等過程。國泰人壽的新進人員裡有些是新世代的年輕人，由於擁有強烈的自尊心，以及希望自我主觀的價值能夠受到主管的認同，所以當累積的挫折

與失敗的經驗過多時,就會出現人員離職的情況。

　　但相對的,透過國泰嚴格的篩選、專業的訓練與精心的培育,使得能夠留在國泰的人員,都有著一定程度的知識與能力,且對國泰的企業文化與目標,也能夠秉持認知的信念與執行感。兩個案公司無論在新人對mentor、對主管甚至是團隊之間,都有相當深的情誼存在,所以對任何的訊息、話題都能公開的討論。平時也藉由專題、座談會的時間,邀請績優的業務人員或是專業人士,一同分享經驗與知識。

　　業務的編制與流程,是國泰與安泰創造新知識的基本制度。人員彼此的互動,適時的給予支援、協助,讓業務工作的執行能夠更加的效率化,時時的拜訪客戶,不斷介紹新的壽險訊息、商品,並且隨時調整服務態度,和客戶長期建立良好的互動關係。從業務的編制到業務的流程中,每一個步驟、程序及執行,就會產生新的觀念、計畫及方法。但對於個案公司而言,最重要的創新來源,是蒐集客戶的回應與訊息,藉此針對公司的營運策略做適時的調整,且創造新的商品,以滿足服務客戶的需求。

　　國泰人壽設有保戶即時服務系統、24小時客戶服務中心(contact center),首創業界自動語音辨識系統;安泰人壽首創客戶24小時的電話服務中心,且由高階輪流值班接聽,另設立有網路服務中心,提供Net Meeting的功能。此外,兩個案公司皆致力於產品的創新,同時強化其財務穩健,採差異化經營策略,故在微利時代下,仍能提供高利率保單予客戶做理財投資之規劃。

✛模擬測試

　　(表10-9)及(表10-10)分別說明國壽與安壽兩個案公司知識管理實務模式,在模擬測試階段上命題驗證與比較分析之

表10-9 兩個案公司知識管理命題驗證結果（5）：模擬測試

命題	深度訪談		問卷調查	
	國壽	安壽	國壽	安壽
5-1：企業實施知識管理前，必須在特定的單位作實驗性的推行。避免因為先前所設計與開發的流程，有技術與執行上的缺失，而導致人員業務上的混亂及企業資源的浪費。	○	○	4.26	4.49
5-2：知識管理執行小組能夠本著自己有的專業與技術，快速的解決與回應問題的所在。	○	○	4.20	4.51
5-3：知識管理執行小組必須在實施的單位作全面的教育與宣導，凝聚單位成員的認知與共識，讓彼此對知識管理的執行有著共同的團隊意識。	○	○	4.13	4.55
5-4：知識管理執行的過程中，管理階層能夠適時的給予參予的成員鼓勵與嘉勉。而對於學習能力較差的成員，也能適度的關心與再輔導。	○	○	4.11	4.64

註：○ 代表已實施且有功效。
資料來源：楊政學（2004a）。

表10-10 兩個案公司知識管理實務運作之比較分析（5）：模擬測試

特點 建構要素	相同性	差異性	
		國泰人壽	安泰人壽
模擬測試	表現優良者給予獎勵表揚 表現不佳者給予機會或是再學習	電腦部門執行業務單位測試成效單位間產生比較的作用	各單位抽調組成團隊 業務單位測試成效 個別單位先行建構流程

資料來源：楊政學（2004a）。

結果。兩個案在深度訪談所蒐集之資料，在不同議題之命題驗證下，均已實施且有功效，而組織人員對知識管理中模擬測試的體認，則呈現高度認同。

　　知識管理執行小組的編制，國泰人壽方面是由所屬的電腦部門來執行，電腦部門有網路設計、軟體研發及維修等相關技

術人員，能夠隨時與發生問題的單位、部門做最即時且直接的詢問，並且提供解決問題的方法，或是前往該單位處理。安泰人壽則是由各單位所抽調而組成的執行團隊，執行之初都是由公司的業務單位來執行，雖然透過各種管道、媒介，來宣達公司的執行策略，但由於年齡上的差距，致個別對壽險理念的理解有所落差，使得凝聚人員共識的策略無法真正落實。

國泰人壽為因應業務上的需求，不斷的提供業務支援軟體，但也因此讓單位間的執行成效有了比較的作用。安泰人壽則是以個別單位先行建構流程，最後再由執行小組設計所需求的支援。不過執行過程當中，兩個案公司均會適時給表現優良的人員獎勵與表揚；相對表現不如預期的人員，公司也會給予機會或是再學習，以提升自己專業與服務的能力。

❖ 運作執行

（表10-11）及（表10-12）分別說明國壽與安壽兩個案公司知識管理實務模式，在運作執行階段上命題驗證與比較分析之結果。兩個案在深度訪談所蒐集之資料，在不同議題之命題驗證下，均已實施且有功效，而組織人員對知識管理中運作執行的體認，則有高度的認同程度。

國泰人壽仍然會用各種方式與宣傳媒介，進行全面性宣導，使其能夠真正深入到每一位人員的心中。並且為了提升人員的專業能力，也會要求持續的進行教育訓練與認證的考試，配合高互動性、同步訊息傳遞，以及無時空限制隨選課程的學習環境，使人員能夠達到事半功倍的學習效果。安泰人壽有時會因為宣傳口號表達的不夠明確，致使業務人員對策略的實行感到模糊不清；但由於彈性化的教育訓練，以及將其納入升遷的考核條件當中，亦促使人員產生學習的動力，也間接彌補了其對策略感到陌生的現象。

表10-11 兩個案公司知識管理命題驗證結果（6）：運作執行

命題	深度訪談		問卷調查	
	國壽	安壽	國壽	安壽
6-1：知識管理在企業內正式的實施，必須對企業的目標、營運方針、策略方向，作全面性的告知，才能夠克服陸續所延伸出來的困難與障礙。	○	○	4.28	4.47
6-2：知識管理的運作，人員的素質能力與學習慾望，會影響執行過程時的操作順利、快速處理問題與否。	○	○	4.09	4.51
6-3：推動全面性的知識活用時間、營造適當的環境、培養活用知識資料庫的習慣，才能將知識管理永續的執行。	○	○	4.28	4.47
6-4：知識管理的運作成效，能夠在未來作為企業再造與擴張組織架構時的重要論據與技術。	○	○	4.26	4.53

註：○代表已實施且有功效。
資料來源：楊政學（2004a）。

表10-12 兩個案公司知識管理實務運作之比較分析（6）：運作執行

特點 建構要素	相同性	差異性	
		國泰人壽	安泰人壽
運作執行	持續教育訓練 運用先前經驗 充分利用內部人與資源 具全面、互動與機動性	要求通過認證考試 全面性宣導	納入升遷條件考核 著重e化宣達

資料來源：楊政學（2004a）。

✛績效評估

（**表10-13**）及（**表10-14**）分別說明國壽與安壽兩個案公司知識管理實務模式，在績效評估階段上命題驗證與比較分析之結果。兩個案在深度訪談所蒐集之資料，在不同議題之命題驗

表10-13　兩個案公司知識管理命題驗證結果（7）：績效評估

命題	深度訪談		問卷調查	
	國壽	安壽	國壽	安壽
7-1：知識管理執行中，建立績效評估能夠影響或引導成員在行為與思考上，作適度的規劃與執行，且與企業欲實施的目標、方針，產生相同的共識與默契。	□	○	4.22	4.62
7-2：以顧客為中心的績效評估，蒐集全面性有關顧客的訊息，其正面的評估效益，利用在產品服務的設計與策略執行時，能夠產生極具效益與客觀的特質。	○	○	4.15	4.58

註：□代表已實施但未符合；○代表已實施且有功效。
資料來源：楊政學（2004a）。

表10-14　兩個案知識管理實務運作之比較分析（7）：績效評估

特點 建構要素	相同性	差異性	
		國泰人壽	安泰人壽
績效評估	兼顧訓練與業務績效來評估執行成功與否	業績導向輔以通過認證要求	業績導向輔以納入升遷考核

資料來源：楊政學（2004a）。

證下，除國壽在命題7-1上已實施但未落實外，其餘均已實施且有功效，而組織人員對知識管理中績效評估的體認，則呈現高度的認同。

　　績效評估是公司利用平時的上台簡報、檢討會，以及業務活動中，針對業務人員的訓練績效與業務績效，進行相同的評估方式。訓練績效必須經過循序漸次的學習完相關的課程，才能進一步的獲得晉升。相對的業務績效則必須建立在以「客戶為中心」的績效評估，因為績效的來源是客戶。兩家公司都設有以服務客戶的網路平台系統，所以能夠即時的蒐集客戶的訊息，給予適時的相關服務。

　　執行知識管理後的業績，有其實質的正面效果，也會給予

回饋式的獎勵。相對的，彼此的研發團隊能夠秉持著維護的信念，使知識管理平台的運作維持正常。在績效評估上，由於壽險業仍爲營利機構，故大抵以業績導向來評估策略執行之成功與否，如縮減的作業時間成本、減少的面談次數等；唯在訓練績效評估作法上稍有差異，如國泰人壽輔以通過認證的要求，安泰人壽輔以納入升遷的考核。

10.3 結論與建議

藉由本研究的實證分析，可歸納得出本章節的研究結論與研究建議（楊政學，2004a）。

研究結論

歸結本章節對兩個案公司知識管理實務運作過程中，所得出的研究心得，可具體列示說明如下幾點：

- 國內壽險業在知識管理的建構上，目前較偏向於電子化及知識管理平台系統的建置，至於文化生態面中的企業文化與目標，可能受限於時間與執行次序等因素，尚未落實於成員對知識管理的共識上。
- 國內壽險業爲以人爲本的產業，因而成員在知識學習與知識共享上，表現較其他產業爲佳，故在推行知識管理上，相對較其他產業具競爭優勢。
- 國內壽險業目前尚未建立一套完整合理的知識管理績效評估制度，加以知識管理對企業的影響，屬於長遠且無形，故若領導者缺乏長遠的眼光，將難以持續推行。
- 國內壽險業對知識管理的執行，尚未設置專責單位，而是以專案小組或部門抽調組成的方式成立，易受制於層

級權限的不足，造成推行上缺乏成效與易生阻礙。
- 國內壽險業目前均能運用資訊科技來強化本身的競爭力，頗具知識經濟的競爭基礎，唯在創新策略作法上，仍需不斷創造知識創新的商業價值。

❖ 研究建議

整體而言，本章節延伸上述個案之研究結論，可進而提出以下幾點建議供參考：

- 國內壽險業在知識管理的實務應用上，應該回歸以人爲本體的思維模式，亦即將員工的生涯規劃與自我成長，併同企業體知識管理的推行來共同思考。本章節建議應整合知識管理資訊系統面與文化生態面的概念，再針對企業體本身特性的差異，發展出一套量身訂作的知識管理實務模式架構，真正將企業體的內隱與外顯知識，予以資訊化與價值化。
- 國內壽險業在知識管理績效評估上，已分別用認證要求或升遷考核的設計納入制度，唯仍過於偏向形式化，本章節建議可建立更爲具體實際的獎勵方式，如獎金、紅利等，來更爲激勵員工的學習士氣，以擴大組織整體的學習效益。
- 國內壽險業在知識管理創新策略作法上，本章節建議可以創新服務、創新技術、創新教育訓練、創新產品的策略作法，來創造更多知識創新的商業價值，而此商業價值的獲取，更可相對支持企業文化的永續推展，讓企業體知識管理的推行能更具意義。

重
點
摘
錄

- 本章節嘗試提出壽險業知識管理的實務模式，同時整合研究方法與資料蒐集的三角測定程序，來探討研究個案知識管理之實務運作流程，分析比較個案間的相同性與差異性。
- 國內壽險業均能運用資訊科技來強化本身競爭力，唯多著重於電子化系統建置的層次，在企業目標上較未獲致共識，完整評估標準與專責單位仍有待建立，長期應以創新策略的作法，不斷創造知識創新的商業價值。
- 國內壽險業在知識管理的應用上，應該回歸以人為本體的思維模式，整合知識管理中資訊系統面與文化生態面的概念，再針對企業體本身特性的差異，發展出一套量身訂作的知識管理實務運作架構，真正將企業體內的內隱與外顯知識，予以資訊化與價值化。

重要名詞

定性（qualitative）　　　　　　　立意抽樣（purposive sampling）
探索性（exploratory）　　　　　　深度訪談（in-depth interview）
命題（propositions）　　　　　　　問卷調查（questionnaire survey）
定量（quantitative）　　　　　　　個案研究（case study）
文獻分析法（analyzing documentary realities）　三角測定（triangulation）
　　　　　　　　　　　　　　　　服務中心（contact center）

問題與討論

1. 本章節所提出壽險業知識管理的實務模式，在研究方法與資料蒐集上有何特性？試研析之。

2. 本章節所探討國內壽險業知識管理的個案推行上，有何研究結論？試研析之。

3. 本章節所探討國內壽險業在知識管理的應用上，有何研究建議？試研析之。

4. 本章節探討的兩家個案，在知識管理的實務運作上，有何差異性存在？請談談你個人最主要的研讀心得為何？

Chapter 11

旅館業知識管理

　　本章節探討旅館業知識管理的個案研究，討論的議題有：個案研究設計、研究個案編輯、知識管理之命題驗證、知識管理之實務分析，以及結論與建議。其中，知識管理學理基礎與架構建立的討論，請逕行參考本書前面的章節內容。

11.1 個案研究設計

　　本章節說明個案研究的設計架構，包括：研究動機與目的、研究方法與步驟，以及研究對象與範圍等議題的討論。

❖ 研究動機與目的

　　二十一世紀是一個腦力取勝的世紀，也是一個以知識建構優勢、智者生存的世紀。新經濟時代的來臨，資訊科技加速市場與競爭的全球化，企業的競爭優勢在價值、創新與速度，即企業需要更「迅速」地以「創新」的技術與觀點，來為顧客創造更高的「價值」，知識管理亦因而成了企業界創造組織活力的泉源。

　　台灣產業結構由農業、工業，轉型為以服務導向的第三級產業，加以週休二日的實施，致使人們消費型態趨於多樣化，同時行政院大力推動「觀光客倍增計畫」，更加速觀光服務業的發展。旅館事業乃是一種綜合性、多角化經營的企業體，所供應的商品或服務，無法預先大量生產與儲存，而且牽涉人類經濟生活層面。旅館內個別從業人員的服務，即是直接出售的無形商品，服務品質的好壞直接影響整體旅館的形象，因此，「人本」的因素決定旅館業成功與否的關鍵（楊政學、林依穎，2003）。

　　旅館業如何運用知識管理的概念，並藉由組織內部的工作

者,達成知識的分享傳遞、累積,並創造新的知識來強化企業的競爭優勢,在實務上是相當重要的。因此,本章節嘗試在個案實務分析上,採用資料蒐集的三角測定(triangulation)程序(楊政學,2004b;Cavana, Delahaye & Sekaran,2001),來針對所建構之理論與實務架構予以相互驗證,以深入瞭解知識管理在旅館業實務運作的情形。

本章節較為具體之研究目的,可歸納以下四點:

· 探討知識管理的內涵與型態(略,請參閱第三章)。
· 瞭解知識管理在旅館業的實務運作情形。
· 比較不同旅館業個案知識管理之異同點。
· 提出旅館業知識管理發展特性與建議。

✤ 研究方法與步驟

本章節採用定性研究方法,同時在資料蒐集上,採行初級訪談記錄與次級文獻檔案合併驗證的方法,亦即融入資料蒐集的三角測定概念(楊政學,2003a;楊政學,2002b)。首先,利用**文獻分析法**(analyzing documentary realities)蒐集相關文獻資料,以瞭解知識管理對組織的影響。其次,試圖由學理基礎與研究文獻中,建構出旅館業知識管理的概念性架構。再者,延伸知識管理的學理概念,加以考量旅館業知識管理實務運作的可行性與可衡量性,而修正建構出知識管理的實務性架構,進而推演不同建構要素下的諸多命題,以為後續實務分析討論的脈絡。

最後,在**個案研究**(cases study)方面,由於多重個案設計可用作個案比較分析,以衍生或延伸理論,且為瞭解並比較旅館業在幾項因素與知識管理整合是否有關,因此針對兩家新竹地區飯店個案,採用人員**深度訪談法**(in-depth interview),作

為研究個案的訪談紀錄與整理。

在研究流程上，首先確立研究問題，設立研究目標與範圍之後，即進行相關研究文獻之蒐集與整理工作。確認深度訪談對象後，擬訂個案訪談大綱，再進行個案之訪談，最後依據個案訪談、文獻檔案及相關次級資料，進行整理、分析與比較，而後結合本章節實務架構的建置，期能整合性瞭解知識管理在旅館業的實際運作情形，進而提出本章節之結論與建議。

❖ 研究對象與範圍

本章節研究以新竹地區為範圍，選擇新竹國賓大飯店（以下簡稱新竹國賓）、新竹老爺大酒店（以下簡稱新竹老爺）為研究對象，以探討其知識管理的具體作法與差異。新竹國賓與新竹老爺兩個案的選擇，除考量本研究地理範圍的侷限性外，兩者在經營型態與組織規模上大抵相當，均為連鎖經營體系的旅館業，因而將其做為個案研究對象。

在初級資料的蒐集上，採用深度訪談的方法來進行，本研究在進行人員實地訪談上，因考量業者推行知識管理之業務負責人員，而針對兩個案飯店內，人力資源部經理或副理人員進行訪談，訪談期間為2002年1月至3月，以人員多次親訪再輔以電話後續訪問方式，來蒐集本研究所需的資料，進而在加以編碼、分類及歸納，以試圖分析與比較不同個案飯店，在知識管理執行方式的共通性與差異性（楊政學、林依穎，2003）。

11.2 研究個案編輯

在研究個案的編輯上,分別概括介紹新竹國賓大飯店,以及新竹老爺大酒店等兩家個案公司,俾使讀者對研究個案能有初步概略的瞭解,以利後續知識管理議題的討論與體認。

❖新竹國賓大飯店簡介

新竹國賓大飯店的介紹,係以發展沿革與組織架構來說明之(新竹國賓大飯店網站,2002)。

✚ 發展沿革

新竹國賓為響應政府提倡觀光事業之號召,於台北市中山北路現址動土,創辦國內首屈一指之國際觀光大飯店,資本額6千萬元。1964年12月飯店正式開幕營業;在1978年配合政府開發南部觀光地區,高雄國賓大飯店動土興建,且在當年的12月份股票正式公開發行,利潤分享投資大眾,為因應世界經濟復甦及來台商旅激增,台北擴建工程施工。1981年高雄國賓大飯店正式開幕,為南部觀光開闢新途徑。自此南北連鎖經營,舉凡客房、中西餐廳皆備,提供顧客喜慶宴會、酒會及開會之舒適場所。

國賓為了多元化經營,做國際化及經營之垂直整合,曾跨足投資國外飯店及成立綜合旅行社。在1993為增加餐飲營業收入,開始於飯店外之百貨公司樓層設立餐飲據點。國賓為加強對新竹科學園區顧客及前往新竹地區遊樂設施休閒之遊客的服務,興建現代化複合型的新竹國賓大飯店。

新竹國賓大飯店於2001年5月10日正式開幕,位於新竹市中心,數分鐘即可抵達新竹火車站,距新竹科學園區亦僅15分鐘

之車程。其內擁有254間高級客房，包含1間總統套房，4間新竹國賓套房，5間商務套房及11間精緻套房。東西合併及豪華的觀念設計，使位於新竹市中心的新竹國賓能將市全景盡收眼底。

❖ 組織架構

國賓於2001年度，員工數為1,191人，其中職員有501人，服務人員有690人。在教育程度部分，大專程度人數占有24%，高中程度占46%，高中程度以下占30%。現有的組織架構於股東大會下置董事會、監察人，董事會下設董事長及總經理各一人，其下並包括有台北、高雄、新竹分公司，其下各相關部門，如（圖11-1）所示，其中新竹分公司員工有340人。

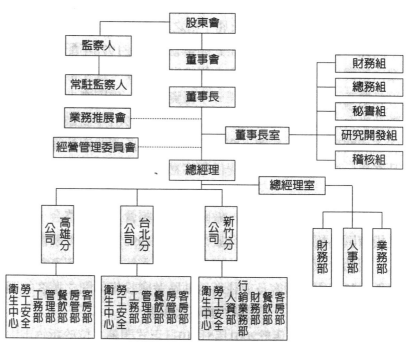

圖11-1　國賓大飯店組織架構圖
資料來源：新竹國賓2001年度年報（2002）。

✛ 新竹老爺大酒店簡介

新竹老爺大酒店的介紹，係以發展沿革與組織架構來說明之（老爺大酒店網站，2002）。

✚ 發展沿革

新竹老爺是由隸屬於互助集團的老爺大酒店股份有限公司所轉投資，並於1999年元月15日上午11時正式開幕營業。老爺大酒店集團累積長達18年飯店經營管理之經驗，其所屬的關係企業包括有：台北老爺大酒店、知本老爺大酒店、新竹老爺大酒店、金府大飯店、模里西斯帝王大飯店、尼加拉瓜洲際大飯店，以及新竹老爺關西高爾夫球場。知本老爺大酒店於1999年12月21日首次上櫃，且以台北老爺大酒店、知本老爺大酒店、新竹老爺大酒店而言，僅有台北老爺大酒店與日人有合作關係。

新竹老爺大酒店擁有208間豪華客房、5個中西餐廳，以及設備齊全的健身與美容中心，提供了多元化的服務。由於近新竹科學園區，並位於新竹縣市中心位置，鄰近新竹縣市各旅遊景點，交通便利，故以優質的環境、貼心的服務並結合現代的科技，營造出一個除了適合商務人士出差或休憩的最佳酒店，也是週休二日暢遊新竹的最佳選擇。

✚ 組織架構

新竹老爺大酒店於2001年度，員工人數為222人，組織架構主要分為行銷業務部、大廳副理、客務部、房務部、餐飲部、人力資源部、財務部、採購部、工程部九大部門，直屬於新竹老爺大酒店總公司，新竹老爺其下各相關部門，如（圖11-2）所示。

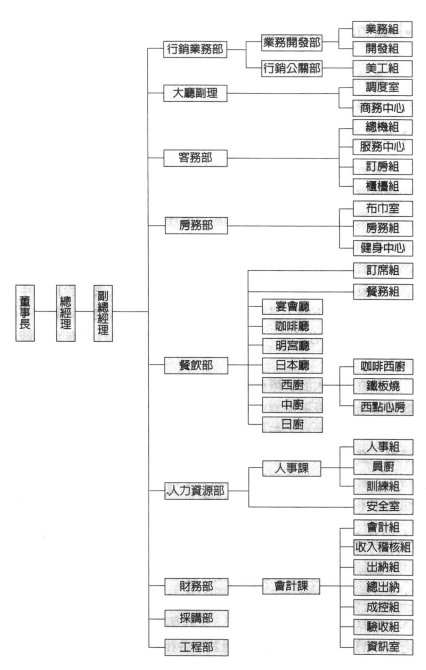

圖11-2　新竹老爺大酒店組織架構圖

資料來源：老爺大酒店網站（2002）。

11.3 知識管理之命題驗證

在知識管理命題驗證上，先行以相關研究文獻與訪談大綱，來推演並建立實務命題，再採用個案訪談記錄、文獻檔案資料、以及相關次級資料，予以綜合交互驗證各項命題成立與否及程度大小。茲將本研究個案飯店之知識管理命題驗證結果，說明如下：

✤企業文化與目標

（表11-1）說明新竹國賓與新竹老爺兩家個案知識管理實務，在企業文化與目標之命題驗證結果；在命題1-1及1-2上新竹國賓與新竹老爺均已實施且有成效，而命題1-3驗證的結果，則是兩家飯店已實施但未符合。

新竹國賓強調「以和為貴」，將飯店定位為商務飯店，以科學園區為目標顧客群；採美式管理風格鼓勵員工發表自己的看法，確實又流暢的雙向溝通，對知識管理推行有正向影響；新竹老爺則強調"service of smile"，因靠近科學園區為典型之商務飯店，員工藉由與主管面對面的溝通來協調問題，此文化對於知識管理的推行也有正面的幫助。

表11-1　個案公司知識管理命題驗證結果（1）：企業文化與目標

命題	訪談個案	
	新竹國賓	新竹老爺
1-1 企業文化及管理風格會影響知識管理執行的成效。	○	○
1-2 企業內固有的企業文化，在其推行知識管理時是具有正向的影響。	○	○
1-3 知識管理的推行能使企業更具效率的達到所設立的目標。	□	□

註：○代表已實施且有成效；□代表已實施但未符合成效。
資料來源：楊政學、陳怡婷、簡竹均（2003）；楊政學、簡竹均、黃靖芳（2003）。

新竹國賓的營運目標交由各分店總經理負責,再經由台北總管理部加以審核。新竹老爺則由分店各部門的主管訂定,最後將訂定的目標交由總經理審核。訪談內容沒有實際具體數據可以佐證其命題1-3,因此無法得知知識管理的推行,是否會讓企業更具效率的達成目標。

❖企業內認知共識與競爭力分析

(表11-2)說明新竹國賓與新竹老爺兩家個案知識管理實務,在企業認知共識與競爭力分析之命題驗證結果;除命題2-1在新竹老爺驗證結果,以及命題2-4兩家飯店均為已實施但未符合外,其他命題皆已實施且有成效。

新竹國賓每星期會有例行主管會議,各部門則會有小型的會議,作為部門主管與基層員工間互動的橋樑,新竹國賓認為新政策與改革的推行,須在落實改革前與員工做良好的雙向溝通。新竹老爺之部門主管每星期有固定例行會議,檢討應執行的工作是否有確實施行。倘若有跨部門的建議則是在私底下餐會中提出,基層員工也不會主動提出對飯店的建議。

表11-2 個案公司知識管理命題驗證結果(2):企業內認知共識與競爭力分析

命題	訪談個案	
	新竹國賓	新竹老爺
2-1 員工是否願意將自己的知識分享給其他部門,是企業執行知識管理時的挑戰。	○	□
2-2 適當凝聚員工向心力,將有助於知識管理推行。	○	○
2-3 員工對知識管理的認知,會影響到知識管理推行的成敗。	○	○
2-4 企業經過競爭力分析的過程後,會有助於知識管理系統的設計及運作。	□	□

註:○代表已實施且有成效;□代表已實施但未符合成效。
資料來源:楊政學、陳怡婷、簡竹均(2003);楊政學、簡竹均、黃靖芳(2003)。

　　企業競爭力的分析上，新竹國賓與新竹老爺皆由行銷業務部負責，新竹國賓分析自身與同業競爭力過後，希望推出不同於同業的優惠方案，提高住房率與顧客回流率。新竹老爺行銷業務部將資料整理過後，會提報促銷企劃案或是將數據資料提供給其他部門參考。

擬定策略

　　（表11-3）說明新竹國賓與新竹老爺兩家個案知識管理實務，在擬定策略之命題驗證結果；在命題3-1及3-2上新竹國賓與新竹老爺兩家飯店均已實施但未符合。

　　新竹國賓與新竹老爺的後勤人員，每人皆配有一部桌上型電腦，再輔以各種作業系統增加其工作效率，但是在外場餐飲部與客房部之服務人員，則共同使用前檯作業系統。訪談的內容沒有數據，不足以佐證資訊系統所增加的工作效率為何，只可推論系統的導入能增進員工之工作效率。

　　新竹國賓與新竹老爺都是由高層決定策略，不會讓基層員工參與該會議討論，改由實際推行新政策改革計畫前，藉座談會或是例行會議告知員工。

表11-3　個案公司知識管理命題驗證結果（3）：擬定策略

命題	訪談個案	
	新竹國賓	新竹老爺
3-1 知識管理推行計畫中，所擬定之資訊系統，兼具有便利、快速及低成本特色，可增加其工作效率。	☐	☐
3-2 知識管理推行方法的擬定，關係到執行成效，員工應派代表參與討論，將可使推行的成效更具顯著性。	☐	☐

註：☐代表已實施但未符合成效。

資料來源：楊政學、陳怡婷、簡竹均（2003）；楊政學、簡竹均、黃靖芳（2003）。

❖ 系統設計

（**表11-4**）說明新竹國賓與新竹老爺兩家個案知識管理實務，在系統設計階段之命題**驗證**結果；在命題4-1、4-3、4-4、4-5、4-8、4-9、4-11上新竹國賓與新竹老爺均已實施且具有成效，而命題4-2、4-6、4-7、4-10驗證的結果，則是兩家飯店均已實施但未符合成效。

在系統設計階段上，係以知識的蒐集、學習、儲存、整合、運用、創造與分享為構念，來推演此運作階段的命題，而後續命題的驗證，亦是以所蒐集的資料，來依序對此不同構建的要素進行討論。

新竹國賓與新竹老爺在於內部知識的蒐集上，皆有建立顧客資料庫，以記錄顧客的資料，顧客的檔案中除了有顧客的基本資料外，並會特別標記顧客的特殊習慣與喜好。顧客的個人資料、住房記錄、顧客意見、抱怨事項或其他特殊狀況，都會記錄在顧客的檔案中。飯店將顧客的需求、問題與建議，加以整理成有用的資訊，再透過系統將知識做建檔與儲存，可有效降低工作錯誤的重複率，以及滿足顧客的服務需求。

現階段中新竹國賓與新竹老爺所最欠缺的是，在資訊系統上的功能並未能夠將內部知識做整合，所建立的資料庫都是獨立作業，只限於相關部門所使用，並未將資料庫整合成可以提供員工搜尋知識的系統，無法讓員工清楚的知道在何處可以找尋知識、哪些知識是重要的，且對企業有其價值意義。

在創新的活動，在新竹老爺是以各單位自己來做，且會以績效評核加分的方式鼓勵員工創新，員工們也不吝於將自己的意見提出來。員工的創新都是透過單位會議中提出來，並分享給各部門。員工的意見及想法易被接受，再加上企業文化的因素，使得業務部門員工對於自己也願意求新求異，創造出更多且更好的產品及服務方案。

表11-4　個案公司知識管理命題驗證結果（4）：系統設計

命題	訪談個案	
	新竹國賓	新竹老爺
4-1 組織能夠廣泛、有效且快速的蒐集知識，以提升企業在執行策略時的效益。組織上下全體皆具有積極蒐集知識的熱誠，以活絡組織所推行的知識管理。	○	○
4-2 企業將核心知識系統化之後，能夠清楚的讓員工知道在何處可以找尋知識、哪些知識是重要的，且對企業有其價值意義。	□	□
4-3 記錄客戶資訊，掌握客戶需求，並確保作業執行之一致性與執行成果之品質。	○	○
4-4 藉由人員和企業的雙向學習，增加彼此互動，以達到各取所需、截長補短的功能；且經由軟、硬體的輔助，使其產生實質且記憶性的系統學習。	○	○
4-5 知識的儲存可累積顧客的需求、問題與建議，將其加以整理、分成有用的資訊，透過系統將知識做建檔與儲存，可以有效降低工作錯誤的重複產生，以及可滿足顧客的服務需求。	○	○
4-6 利用系統自動化做資訊的整合，可有效使組織知識使用範圍倍增；整合組織內外的資訊衍生新的知識，有助於員工達成工作目標；個人知識的檔案化、系統化會提升工作效率。	□	□
4-7 系統運用目的在於使成員持續且重複獲得、學習、分享及創新，以累積新的組織知識。	□	□
4-8 實施知識管理的必要性，除能累積並有效利用知識外，更能快速提供有創意的服務與產品給顧客。	○	○
4-9 給予員工一個自由開放的知識交流空間及溝通管道，可激發員工更多創新的泉源；主管開放的權限，可影響一個創新活動進行的成功與否。	○	○
4-10 增加組織知識共享程度，以提升解決問題的能力。以資訊科技方式分享知識，可使知識的傳遞更有效率。在分享過程中，可建立員工與員工，員工與公司間的互信互賴，達到互動的關係，以營造新的企業文化。	□	□
4-11 從員工方面進行教育訓練，以建立起知識分享觀念，當員工對知識分享抱持正面且良好態度時，便能順利推行知識分享，在員工明瞭其重要性並運用後，能有效地完成工作，提升員工及企業的優勢，更能幫助提升企業的經濟效益。	○	○

註：○代表已實施且有成效；□代表已實施但未符合成效。
資料來源：楊政學、陳怡婷、簡竹均（2003）；楊政學、簡竹均、黃靖芳（2003）。

在旅館業中，除了藉由會議及師徒制的方式，讓員工與飯店做雙向的分享外，員工間亦會利用mail的方式做知識的交流。兩家飯店皆有所謂的「茶水間」文化，從彼此分享經驗中，可避免在工作進行上犯同樣的錯誤。在分享的過程中可建立員工與員工，員工與公司間的互信互賴，以達到互動的關係，以營造新的企業文化。兩家飯店會針對員工在職訓練，從員工方面著手進行教育訓練，以建立知識分享觀念，當員工對知識分享抱持正面且良好的態度時，便能順利推行知識分享，在員工明瞭其重要性且運用後，能有效地完成工作，並提升員工及企業的優勢，更能有效提升企業的經濟效益。

❖ 運作執行

（表11-5）說明新竹國賓與新竹老爺兩家個案知識管理實務，在運作執行階段上命題驗證之結果；在命題5-1及5-2上新竹國賓與新竹老爺均已實施且有成效。

在知識管理運作執行過程中，兩旅館業者皆分別對知識的蒐集、學習、儲存、整合、運用、創造與分享，有其固定的執行方法，使知識管理的運作有正面的成效。另外為提升人員的專業能力，新竹國賓會針對不同的層級作不同的教育訓練，如主管研習營、外派師傅觀摩美食等。新竹老爺也會針對加強餐

表11-5　個案公司知識管理命題驗證結果（5）：運作執行

命題	訪談個案	
	新竹國賓	新竹老爺
5-1 透過知識的蒐集、學習、儲存、整合、運用、創造、分享，可促使組織在整體運作執行時更為有效。	○	○
5-2 在知識管理過程中，人員的素質會影響系統運作的成效。	○	○

註：○代表已實施且有成效。
資料來源：楊政學、陳怡婷、簡竹均（2003）；楊政學、簡竹均、黃靖芳（2003）。

廳服務人員的專業能力，作英文課程規劃等。在與顧客互動上，兩家旅館業者皆採積極的態度，主動與顧客連繫，告知飯店目前舉辦的活動。

績效評估

（表11-6）說明新竹國賓與新竹老爺兩家個案知識管理實務，績效評估階段上命題驗證之結果。在命題6-1上新竹國賓與新竹老爺均已實施但未符合，而命題6-2驗證結果，則是皆已實施且有成效。

兩家飯店皆有知識管理的運作，現階段所缺乏的是資訊系統的整合，在人員規劃方面的實施較為完整。績效評估會將員工的工作表現，以及對於訓練課程之吸收列入評估標準。在固定的考績評核中，可以發現員工對於專業上知識的瞭解與其應用的程度。公司對於不足之處再加以加強，保持企業的競爭力。另外，如果公司的企業文化支持改變及創新，那麼在透過績效評估時就可以看到成效。

表11-6　個案公司知識管理命題驗證結果（6）：績效評估

命題	訪談個案	
	新竹國賓	新竹老爺
6-1 在績效評估活動中，可確認員工對知識管理系統的瞭解程度，以及知識管理資訊系統的學習效益。	□	□
6-2 透過績效評估，可確認系統的運作執行是否符合企業設立之目標與反應其文化。	○	○

註：○代表已實施且有成效；□代表已實施但未符合。
資料來源：楊政學、陳怡婷、簡竹均（2003）；楊政學、簡竹均、黃靖芳（2003）。

11.4 知識管理之實務分析

在知識管理的實務分析上，同時配合實務模式架構流程，逐一探討各階段的實務運作情形與比較。茲將本研究個案飯店之知識管理實務分析結果，依其相同性與差異性，比較說明如下：

❖企業文化與目標

飯店內服務人員與顧客的關係密切，因此新竹國賓與新竹老爺都希望藉由親切的服務來贏得顧客的青睞；再者，科學園區位於新竹的地利之便，兩家飯店都是定位爲商務飯店，如（**表11-7**）所列。在差異性分析上，新竹國賓強調自身美式管理風格，作風節奏較其他飯店快速，其營運目標的訂定並不經過各部門主管，是由總經理直接決定。新竹老爺先由各部門先行訂定之後，再交由給總經理審核。相較之下，新竹國賓目標的訂定較不具彈性，會有無法確實達成預先設定的目標之情況。

表11-7　個案公司知識管理實務運作之比較（1）：企業文化與目標

特性 建構要素	相同性	差異性	
		新竹國賓	新竹老爺
企業文化與目標	1.強調和氣生財的文化。 2.定位爲商務飯店。 3.以新竹科學園區人士爲目標顧客群。	1.美式管理風格。 2.目標由各分店之總經理自行訂定，再回報總管理部。	1.強調團隊精神。 2.目標由分店各部門先行訂定，再交由總經理審核。

資料來源：修改自楊政學、林依穎（2003）。

❖企業內認知共識與競爭力分析

新竹國賓與老爺飯店凝聚共識都是以會議的方式進行，最

終的目的是希望改革策略能全面性落實到各個部門，如（**表11-8**）所列。明顯的差異在於新竹國賓重視基層員工意見回饋，希望透過員工的意見與看法，讓知識管理的推行計畫更具完整性，而新竹老爺則只是將高層的意見單向傳達給基層員工，並不鼓勵員工表達自己的看法，在企業競爭力分析的工作，新竹國賓與新竹老爺兩家飯店，都是由行銷業務部負責，再將所分析之結果提報給高層策略管理單位。

表11-8　個案公司知識管理實務運作之比較（2）：企業內認知共識與競爭力分析

特性 建構要素	相同性	差異性	
		新竹國賓	新竹老爺
企業內認知共識與競爭力分析	1.藉由會議的方式凝聚員工共識。 2.企業競爭力的分析都是由行銷業務部負責。	重視雙向溝通，鼓勵員工勇於表達自己的意見與看法。	著重上對下的資訊傳遞，缺乏員工回饋的資訊。

資料來源：修改自楊政學、林依穎（2003）。

✛擬定策略

　　新竹國賓與新竹老爺在策略的擬定上，依循上對下的傳統方式；策略的構思與規劃都是在企業高層會議中決定，員工真正可以參與的機會，是在策略全面實行的時候，如（**表11-9**）所列。實務上是很難舉辦員工大會，讓員工參與新變革細節的討論，此做法是相當費時耗力，雖然可以綜合多方面的意見但卻不具效率。新竹國賓與新竹老爺都認為，告知員工使其清楚的明瞭變革，可以降低員工對組織變革後的不安；但是新竹國賓會在座談會或是部門會議中告知員工變革後，會鼓勵員工發表對變革的看法，希望藉由聆聽員工的聲音方式，瞭解實行之策略與變革的可行性與完整性。

表11-9　個案公司知識管理實務運作之比較（3）：擬定策略

特性 建構要素	相同性	差異性	
		新竹國賓	新竹老爺
擬定策略	由高層決定策略主體	會將員工對變革回饋的意見，視情況回報給管理高層。	僅將變革告知員工，尚未積極鼓勵員工回饋意見。

資料來源：楊政學、林依穎（2003）。

✛系統設計

　　（**表11-10**）說明知識管理在系統設計階段上，不同分項的綜合比較。新竹國賓及新竹老爺外部知識來源，包括有：同業交流、顧客回饋、媒體交流、業務員蒐集。內部知識來源，包括有：教育訓練、資料庫、e-mail、文件移轉。在新竹國賓對於外來的知識蒐集面較窄，與同業的互動上也較少。新竹老爺有別於新竹國賓的是，其業務人員至特定區域做挨家挨戶拜訪與市調。

　　從學習的方式來看，旅館業主要是藉由「人」來提供服務給顧客。在管理上，人的因素十分的重要，兩家飯店都偏向於師徒制的方式來訓練新進人員，因師徒制的學習方式較具彈性，互動性也較高。唯在人員外派安排上，新竹國賓傾向短期專題式，外派地點有歐洲、日本、大陸等，其學習面較廣。新竹老爺則為長期區域性，到相關企業做較長期實習，其學習面較具深度。

　　在知識儲存部分，新竹國賓偏向於以文件方式儲存知識，而新竹老爺的儲存方式較完整，結合系統與文件方式儲存知識，並製作各部門工作說明書，以儲存工作職位所執行的工作事項。顧客的資料可瞭解顧客的需求，以滿足顧客需求及提高顧客滿意度。顧客滿意度有利於增加顧客回流率，加上工作日誌的輔助，使員工可清楚知道事件的處理狀況及流程，以提高

表11-10 個案公司知識管理實務運作之比較（4）：系統設計

特性 建構要素		相同性	差異性	
			新竹國賓	新竹老爺
系統設計	蒐集	外部知識來源： 1. 同業交流。 2. 顧客回饋。 3. 媒體交流。 4. 業務員蒐集。 內部知識來源： 1. 教育訓練。 2. 資料庫。 3. e-mail。 4. 文件移轉。	外部知識來源： 1.管理者以「老大、領導者」自居，對於外來的知識蒐集面較窄。 2.顧客對象以團體為主。	外部知識來源： 1.與同業交流頻繁且互動關係密切，以蒐集外部同業與市場的資訊。 2.蒐集方式最為特殊的是定期指派業務員，至特定區域做挨家挨戶拜訪及市調。
	學習	員工訓練： 1.外派到國外做觀摩。 2.師徒制。	員工訓練： 1.新進人員訓練。 2.透過師徒制方式進行。 訓練課程： 著重於員工潛能激發的訓練發展課程，如名人開講。 外派： 短期專題式，外派地點有歐洲、日本、大陸等，其學習面較廣。	員工訓練： 1有新進人員課程訓練。 2.在職人員課程訓練。 訓練課程： 以專業化知識為主，如英文課程。 外派： 1.長期區域性，到相關企業做較長期實習，其學習面較具深度。 2.部門工作說明書，列出工作事項大綱。 3.以部門為單位做工作輪調。
	儲存	1. 資料庫。 2. 工作日誌。 3. 文件建檔。	偏向於文件方式儲存知識。	1.結合系統與文件方式儲存知識。 2.建立會議記錄資料庫。 3.製作各部門工作說明書，以儲存工作職位所執行事項。

續表11-10　個案公司知識管理實務運作之比較（4）：系統設計

特性 建構要素		相同性	差異性	
			新竹國賓	新竹老爺
系統設計	整合	1. 客房作業系統。 2. 員工資料庫。 3. 顧客資料庫。	缺乏系統性整合。	1.以系統性方式做知識的整合。 2.會議記錄建檔。
	運用	1. 經驗知識。 2. 線上訂房。	員工知識的運用上較具彈性。	員工知識的運用上較具有系統。
	創造	建立顧客滿意度。	1.電腦語音系統式的客服專線。 2.對於顧客報怨的即時性反應較短。	1.專業客服的客服專線。 2.顧客抱怨流程尚未制式化，故反應時間較長。 3.全省0800-免付費訂房專線。
	分享	1. 會議。 2. 師徒制。 3. 茶水間文化。	員工與公司間互動關係較具彈性。	1.員工與公司的關係偏向制式化。 2.員工意見箱。

資料來源：修改自楊政學、林依穎（2003）。

工作效率，不會因不確定的情況下，同樣的事件浪費時間做重複的處理。

　　新竹國賓及新竹老爺並藉由員工資料庫的資訊，以提供人力資源管理經營及教育訓練上的各項分析規劃，使飯店擁有人才並做到知人善用。新竹老爺會議記錄的建檔，可有效將飯店經驗累積並加以整理，在需要時提供資訊上的協助。業務人員亦可運用資料庫中的顧客資料，作為推出新服務專案時的評估點。

　　新竹國賓與新竹老爺在新竹地區皆屬具競爭力的飯店，對於產品與服務的求新求變相當重視，其會依據顧客需求及同業動態，配合季節及特殊節日，推出新的產品及服務組合。新竹國賓在客服專線是由電腦語音系統來轉接，處理重大顧客抱怨的即時性反應較新竹老爺迅速，當發生顧客抱怨時，立即將問

題發落到相關單位,直接由相關單位部門處理。在新竹老爺總機則由專業人員負責,重大事項須經由會議提出做檢討處理,回應時間較長。

　　新竹國賓與新竹老爺兩家飯店皆提供了許多溝通管道,讓員工與員工、員工與飯店之間,能從多方面的互動,以達到知識分享的目的。新竹國賓以美式管理方式,給予員工一個雙向彈性的溝通環境。新竹老爺所注重的是團隊精神,所有事項先由各單位各部門做溝通協調。新竹國賓與新竹老爺員工間的「茶水間」交流溝通文化,使得員工都不吝嗇將自己的經驗,透過平時在一天工作下午茶休息時段,在泡茶或泡咖啡時與大家在「茶水間」作分享,以建立起所謂的「茶水間文化」,從過程中建立起員工間,以及員工與飯店間的互信關係。

✦運作執行

　　當遇到突發狀況時,即是考驗現場人員的應對能力,在組織具備完整知識管理系統之下,員工可透過平時訓練課程的學習、公司文件(如:工作日誌)的查詢、經驗的運用來處理類似狀況,以利於企業與顧客間互動,達到知識管理的效應。在新竹國賓方面,如(**表**11-11)所列,因公司開設期間過短,在各方面(如人員)皆不穩定,知識資料未能完備以及缺乏系統的整合下,採行較彈性的運作方式,並以公司目前已有的架構為主體,著重於員工潛能激發。在新竹老爺方面,內部的系統化較完整,採行較具系統性方式運作,作業程序藉由資訊系統的輔助,皆按部就班的運作。

表11-11　個案公司知識管理實務運作之比較(5):運作執行

特性 建構要素	相同性	差異性	
		新竹國賓	新竹老爺
運作執行	傳統執行的方式	彈性化運作	系統性運作

資料來源:修改自楊政學、林依穎(2003)。

✛ 績效評估

考核主要是針對工作職掌、工作態度、配合度作評分，兩家飯店皆具有彈性的評估方式，進行績效的評比。每位員工都有機會為自己的工作表現打分數，如（**表11-12**）所示。不同的是，新竹國賓在考績評核上，有20%的分數掌握在員工手中，80%由部門主管評定，考績會關係到員工的調薪及年終獎金，主管在評分時都力求客觀。

表11-12　個案公司知識管理實務運作之比較（6）：績效評估

特性 建構要素	相同性	差異性	
		新竹國賓	新竹老爺
績效評估	彈性的評估方法	員工擁有部分評比的權限	員工個人之評比僅供主管參考

資料來源：楊政學、林依穎（2003）。

在新竹老爺方面，公司會先讓員工自己對自己的工作表現給予分數，主管再依此作為參考標準，加以斟酌，但員工並無實際評分的權限。平時在工作上的表現，包含訓練課程的參與及運用，皆在評分範圍中。另外，由於產業特性的關係，前檯服務人員不可能人手一機，在資訊系統的整合運用不易，所以較無法達到知識管理應有的效益。

11.5 結論與建議

茲將本章節研究的結論與建議，分別歸納列示說明如下幾點要項，以供讀者或相關業者推動知識管理的參考（楊政學、林依穎，2003）。

❖❖研究結論

歸結本章節對研究個案知識管理實務運作之分析，可具體
列示幾點研究發現：

第一、建立親切服務的人本文化，藉以提升組織經營績
效。旅館業與其他產業相較之下，產業受到「人本」因素影響
甚鉅，因此飯店能否與顧客建立良好的互動關係，是關鍵成功
因素之一，再者旅館業是否具備鮮明的企業文化與明確的企業
目標，也會影響員工的工作態度與服務品質。本章節發現新竹
國賓與新竹老爺希望以親切的服務贏得顧客的青睞，藉此達成
企業所設立的目標。「人」是所有資源的運用者，以人為本的
企業文化更能提升組織的表現與績效。

第二、組織管理風格的差異，會影響企業目標訂定的方
式。新竹國賓與新竹老爺兩飯店企業目標的訂定方式有所不
同，強調美式管理風格的新竹國賓，其管理作風節奏較快速；
營運目標由總經理擬定後，直接下達各部門，要求相關人員全
力相互配合；重視制度化工作流程之新竹老爺，則由各部門主
管先行評估預期可達成之目標，再交由總經理審核，兩者差異
在於新竹國賓有效率且快速的定出目標，新竹老爺則較客觀與
具彈性。由各階層主管共同評估訂定的目標，易凝聚群體共
識，以達到企業目標。

第三、善用員工對組織變革的回饋，可提高組織策略的周
延性。旅館業主要在提供顧客服務，故推動知識管理時必須要
全體同仁有一致的共識，才能全面落實於組織當中。新竹國賓
與新竹老爺對於凝聚員工共識，主要是藉由會議的方式進行，
其差異點在於會議之後新竹國賓重視員工回饋，作為改進與調
整政策的依據，而新竹老爺其資訊較多單向傳遞，缺乏聆聽員
工對變革的看法；由員工回饋的程度大小，可能會影響到主管

決策時的周延性。

第四、實施作業流程的制式化，會加快知識創新速度。旅館業在知識系統設計上，必須透過人與人之間的知識流動，才能有效地實施知識管理。旅館業在知識的蒐集、儲存到創造、分享過程中，以員工學習及分享的實行最為具體有效，新竹國賓與新竹老爺最大的差異點，應是在作業流程上的制式化程度，制式化程度的差異會影響整個知識管理實務運作的進度，以及飯店內進行知識創新的速度。如研究個案中，新竹老爺相對制式化程度較低，造成反應時間較長，若能提高作業流程的制式化程度，將有利於將節省下來的時間，作知識創新的投入，以加快知識創新的速度。

第五、資訊系統的完整性不足，將是企業推動知識管理的阻力。新竹國賓與新竹老爺在知識管理執行運作，並未設置專案小組推動。由於產業的特性，知識管理中的運作流程主要是透過人在執行，以資訊系統為輔助。旅館業目前在資訊科技實際運作情形缺乏整合，各個作業系統都是獨立作業，組織內沒有設立專職的資訊部門維護飯店內系統的運行。未來推動知識管理時，作業流程的資訊化與人的知識、經驗之結合仍是一大工程。

第六、彈性運用績效評估，可強化組織知識管理的推行。一套完整的績效評估方法及標準，可使組織內部運作更趨於完整。新竹國賓與新竹老爺於績效評估的差異，在其作業彈性化程度，雖然二者皆採主管與員工共同評分制，在新竹國賓員工具有實質的評分權限，而新竹老爺之員工自我評核僅供主管參考之用。績效評估的彈性化能整合較多元的評估制度，飯店內部可透過績效評估，以回饋修正組織與員工的工作成果與績效。

研究建議

本章節進而延伸個案研究分析結果，擬綜合提出以下幾點建議，以供參考：

第一、強化知識管理系統的整合，並發展電子文件系統。新竹國賓與新竹老爺在知識管理實務運作上，最欠缺的是知識整合的部分。所謂發展電子文件系統，係指業者可利用資訊科技，將可重複使用的知識做分類、系統化後連結在一起，並鼓勵員工使用文件資料庫，以及貢獻文件或個人心得到資料庫，讓員工彼此可以透過網路系統來分享隱性知識。

第二、連接企業文化與組織制度的共享，提升知識管理導入的執行效率。新竹國賓在企業文化上的塑造，是從客服人員的服務態度上著手，「以和為貴」及「要做同業領導者」的經營理念。對新竹國賓來說都有相當的力量，其文化的著力點都在於凝聚全體員工信念階段，在制度的方面過於強調彈性的管理做法，對於飯店在未來推行知識管理的過程，可能會遇到不易整合組織的情形。現階段建議可將員工現有共享的企業文化與組織制度相互連接，增進成員對團體價值與管理哲學的認同，建構一個有制度有向心力的新文化，加速知識管理的導入達成較佳效果。

第三、兼顧人員的招募訓練與生涯發展，以降低員工的離職率。新竹老爺作業運作強調團隊精神，各部門都是一個生命共同體從小至大、由內而外，所有活動推行起來也較具效率。在旅館業中所強調的是提供給顧客的服務品質，因此建議對於前檯人員的管理，應建立一個以人為本的企業文化，加強人員的招募、訓練、發展，給予員工一個愉悅的工作環境，從工作中員工能看到自己的未來發展，將可降低員工的離職率，對於知識的儲存及擴散更為有利。並輔予彈性的績效評估，從績效

評估中肯定員工的價值，協助員工發掘、解決問題及凝聚員工
的向心力，有助於未來旅館業全面推行知識管理的成功關鍵因
素。

重
點
摘
錄

- 本章節採用定性研究方法，同時在資料蒐集上，採行初級訪談記錄與次級文獻檔案合併驗證的方法，亦即融入資料蒐集的三角測定概念，以瞭解該產業個案公司之內部運作模式、知識管理發展現況等議題，進行理論與實務架構之驗證與個案比較分析，以求得個案間的共通性與差異性。
- 個案公司在進行知識管理實務運作時，宜建立親切服務的人本文化，藉以提升組織經營績效。
- 組織管理風格的差異，會影響企業目標訂定的方式；善用員工對組織變革的回饋，可提高組織策略的周延性。
- 實施作業流程的制式化，會加快知識創新速度；資訊系統的完整性不足，將是企業推動知識管理的阻力；彈性運用績效評估，可強化組織知識管理的推行。
- 目前旅館業已建立起推行知識管理之共識，但應再行強化知識管理系統的整合，並發展電子文件系統。同時連結企業文化與組織制度的共享，提升知識管理導入的執行效率。
- 旅館業者宜兼顧人員的招募訓練與生涯發展，以降低員工的離職率。

重要名詞

三角測定（triangulation）

文獻分析法（analyzing documentary realities）

個案研究（cases study）

深度訪談法（in-depth interview）

問題與討論

1. 本章節所提出的旅館業知識管理的實務模式,在研究方法與資料蒐集上有何特性?試研析之。

2. 本章節探討國內旅館業知識管理個案推行上,有何研究結論?試研析之。

3. 本章節針對國內旅館業在知識管理的應用上,有何研究建議?試研析之。

4. 本章節兩家個案公司在知識管理實務運作上,有何差異性存在?請談談你個人的看法為何?

Chapter 12

精品旅館業知識管理

　　本章節探討精品旅館業知識管理的實務探討，討論的議題有：個案研究設計、研究個案編輯、研究個案分析、實務模型建構、個案實證分析，以及結論與建議。其中，知識管理的意涵與概念架構，請逕行參考本書前面的章節內容。

12.1 個案研究設計

　　本章節進行個案研究的設計架構之說明，包括：研究背景與動機、研究目的、研究方法與步驟，以及研究範圍與對象等議題的討論。

✛ 研究背景與動機

　　隨著經濟環境的成長，人民重視休閒生活品質的趨勢，休閒產業儼然成為最龐大的服務事業體，然而對於國內旅館業者而言，提升服務品質引導顧客優質的休閒體驗，是現今知識經濟下必須面臨的挑戰，要如何將原本為單一個人所擁有的知識，彙集為企業的整體記憶，進而轉化為企業的競爭力，有賴知識管理體系的完整建構與運轉，所以無論在經營上是如何掌握組織核心知識，都需要進而加以強化運用，才能使企業產生新的競爭優勢，並維持在市場上的生存及成長，成為一個很重要的課題。

　　知識管理（knowledge management）與知識創新（knowledge innovation）已成為企業提升競爭能力的關鍵因素，要如何協助企業對知識資產作有效的管理，是本章節針對薇閣精品旅館做個案研究的動機。薇閣突破傳統旅館只提供住宿的概念，將企業賴以維生的智慧資本加以經營管理，來為顧客創造一種新品味，一種新價值，一個整體新感覺及一種新的生活態度，

透過知識管理系統的協助可以將知識數位化儲存起來形成企業
的知識庫，讓企業內的員工可以透過系統平台共同分享與創新
知識，打造一種屬於都會人的新都會休閒文化，再怎麼忙碌的
都市人也能輕易地享受忙裡偷閒的自由與舒暢的休閒生活。

研究目的

隨著知識經濟時代的來臨，資訊科技快速的發展成長，在
競爭如此強烈的環境中，知識管理就顯得更為重要，而企業成
功兩項重要因素就是：知識管理與創新，瞭解知識如何取得、
創造、分享及儲存，企業如何能更快取得新知識及技術成為至
勝的重要關鍵，知識創新為現今熱門話題之一，而汽車旅館業
也開始重視，如何運用知識管理的觀念，並藉由企業內部的管
理者與員工，達到知識的傳遞、分享及運用知識並持續創新，
實具有刻不容緩的重要性。

本章節研究以薇閣汽車旅館為研究對象，探討此企業如何
以自我的創新風格在汽車旅館業中獨樹一格。茲將本章節研究
目的，大致歸納為以下三點：

· 探討知識管理的內涵與建構知識管理實務模式。
· 瞭解知識管理在精品旅館業的實務操作情形。
· 提出精品旅館業發展特性與建議。

研究方法與步驟

本研究整合研究方法與資料蒐集的三角測定（triangulation）
程序，來探討研究個案公司知識管理之實務運作流程（Cavana,
Delahaye & Sekaran，2001；楊政學，2002b、2005）。首先，先
切入知識管理意涵的探討，利用文獻分析法，資料蒐集做為次
級資料的來源，透過前人研究、期刊雜誌、博碩士論文相關題

材加以整合,透過舊有的學理探討知識管理的實務架構,再針對這次探討的主題作深入的追蹤。

對於初級資料的部分,對研究的個案公司採取深度訪談法,透過其公司主管的訪談,從而瞭解其公司架構,以及其創新延革的理念、步驟及方法。同時,對其公司員工作出問卷調查。最後,將質化與量化研究結果相互整合,歸結出具體的研究結論與建議。

在研究流程步驟上,首先確立研究目標,在設立探討研究的內容與範圍,即開始著手蒐集相關的文獻資料,經由整合並建立出主題的觀念性架構。再對研究個案進行深度訪談,並對其公司員工作出問卷調查。最後依據所蒐集的各項資料,進行分析、比較,來做出最後的驗證,提出對此研究的結論與建議。茲將本章節研究步驟流程架構,圖示如(**圖12-1**)。

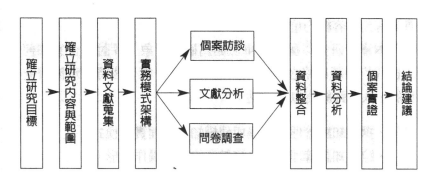

圖12-1 研究步驟流程架構圖
資料來源:楊政學等(2005)。

❖研究範圍與對象

薇閣精品旅館台北館(以下簡稱薇閣)位於台北市,集娛樂、休閒、夜生活等行業齊聚的林森北路正核心地帶(林森北路與錦州街口),其經營團隊一直認為,現代服務業應該有一個

責任，不僅要提供消費者全新的消費經驗，更應該教導人們如何消費，如何享樂。 薇閣突破傳統旅館只提供住宿的概念，率先將客房分為六大主題、32種風情，希望為顧客創造一種具有品味、價值，並且打造一種屬於都會人的新都會休閒文化，希望忙碌的都市人都能輕易地享受忙裡偷閒的自由與舒暢。

近年來因政府大力推行週休二日政策，使得週休二日度假風氣越來越盛行，許多汽車旅館業者紛紛加入此戰場，更將營業觸角伸展到年輕族群，這使得原本就已經競爭非常激烈的汽車旅館業，更是如雨後春筍般的出現。然而能在這股潮流中率先闖出一片天的便是薇閣精品旅館，它將以往的汽車旅館業型態帶領到現今的精品旅館型態，由於薇閣使用了差異化的經營策略，使其成功的成為該產業中最具代表性的企業。

本研究將針對薇閣對於知識管理的部分加以研究與探討，並且對該精品旅館的經營者進行深度訪談，此外，本研究還針對薇閣的員工做再進一步的問卷調查，以便瞭解薇閣對於知識管理的運用與執行上的狀況。因此，薇閣的經營者與員工均為本研究的研究對象。

12.2 研究個案編輯

在研究個案編輯上，首先說明旅館業的發展，引出精品旅館業的出現；再陳述說明個案公司的發展歷程，如公司簡介、企業文化與經營目標。

✛ 旅館業的發展

汽車旅館發展於美國，由於汽車旅行者，不斷在增加，汽車旅館能夠提供寬敞而免費之停車場，房租也較一般旅館為平價，一開始都位於公路上，占地寬大而廣闊。一些市內或週市

邊的旅館,位於市內土地較貴,其經營以商用顧客為主。台灣
旅館業長久以來都是以「房間出租業」的宿命觀念在經營,而
今天消費者需求的變化又是如此快速,幾十年來,客房內一張
床、一間小浴室、一台小電視。在日新月異的今天,顧客對旅
館業的需求,早已不只是租賃一個房間過夜棲身而已。顧客要
的是一個品味、一個價值、一個整體感覺及一種生活態度。因
此,現在旅館業下一步的發展演進,即是以創新為主軸的「精
品旅館」漸漸掘起於台灣的社會。

❖ 個案公司發展歷程

　　關於薇閣精品旅館的發展歷程,擬以公司簡介、企業文化
與經營目標等層面來說明,以便讓讀者對研究個案有進一步的
認識。

✚ 公司簡介

　　薇閣位於台北市集娛樂、休閒、夜生活等行業齊聚的林森
北路正核心地帶(林森北路與錦州街口),占地面積近2,600坪,
以每坪地價約200萬計算,光土地價值就達50億台幣。在這塊黃
金地點上,薇閣規劃了90個精品客房、客房淨面積達到16～30
坪,外加專屬私密停車位等設施、每間客房造價已遠遠超過國
內所有五星級飯店,可說是國內首座超六星級飯店,即使在國
際名牌飯店的競爭平台上,也絲毫不遜色。房內無隔間設計,
使得房內的視覺達到極大延伸效果。台北地狹人稠,薇閣為讓
所有顧客產生驚異感受,甚至將部分傢俱尺寸放大到有點誇張
的戲劇效果,讓您的身與心都充分釋放與舒解。

　　薇閣一直都認為,現代服務業應該有一個責任,不僅要提
供消費者全新的消費經驗,更應該教導人們如何消費,如何享
樂。薇閣突破傳統旅館只提供住宿的概念,率先將客房分為六

大主題、32種風情，希望為來客創造一種品味，一種價值，一個整體感覺與一種生活態度；希望打造一種屬於都會人的新都會休閒文化，希望忙碌的都市人都能輕易地享受忙裡偷閒的自由與舒暢。

　　薇閣的經營團隊，經過一年多的規劃、構思、甚至走訪全世界的著名飯店，仍然找不到旅館業的競爭利基與獲利模式。後來終於瞭解在舊經營模式、舊行業思維中，將永遠找不到「新的物種」，唯有「創新」才能突破傳統，也才能超越現狀。

✚ 企業文化

　　為讓顧客一來再來，薇閣致力於創造不同價值與新鮮感，讓顧客在薇閣不只是承租一個房間，而是度過一段歡樂的時光；讓顧客從對住的需求，昇華到滿足感官的欲求，從功能的滿足轉化為對品味的追求。旅館客人長久以來被業界忽略的夢想，永遠站在消費者立場著想的Wego團隊，讓這些夢想成真，創造新都會休閒文化。薇閣以下列四項為其企業經營的宗旨：

- ・隱密安全的休閒方式。
- ・浪漫歡樂的娛樂環境。
- ・寬容細膩的貼心服務。
- ・領導品牌的優越概念。

✚ 經營目標

　　薇閣現在已經成功的在旅館業占有一席之地，要如何永續經營將是他們下一步的課題，其以不斷創新為出發點，規劃有短程、中程與長程的經營目標：

- ・**短程目標**：繼續延續組織的經營優勢，其內容可分為服務、硬體與技術這三方面。在硬體方面由於薇閣台北館已成立兩年多的時間，所以房間內的裝潢已不再為企業

帶來優勢的競爭力,因此,薇閣台北館將重心放在服務這方面,希望藉由高品質的服務與同業產生差異化。無論如何,一切都是以創新為出發點。

· 中程目標:薇閣目前正與劉爾金所經營的「健康煮」洽談,未來將以住宿結合飲食的方式,提供給顧客更新穎、全方面的服務。之所以會在眾多知名的餐飲連鎖店中選出「健康煮」,主要是基於此店的服務風格與薇閣非常的契合,都是強調顧客第一。除此之外,「健康煮」的table service將可表現出薇閣對於創新的要求與重視。

· 長程目標:預計2006年在大直重劃區開設分館,館內將有草地、宴會廳、教堂、運河結合船行的服務等,腹地將比現在的薇閣台北館還大,而且以提供結婚場所的目標邁進,並且將推行一套創新的結婚行銷方案,只要到薇閣舉行婚禮便贈送草皮party的服務,還可依照新人的要求來布置會場,並在房內提供專業攝影的服務,改變一般人運用照相機攝影的觀念,將攝影設備撤除,便可成為新人的洞房房間,此創舉將打破一般人對於精品旅館的經營模式。

12.3 研究個案分析

茲將本研究對薇閣內部條件及外部環境的分析結果,列示如(**表12-1**)所示,而較為細部的說明如下:

❖ 內部優勢條件

針對薇閣精品旅館的內部優勢條件,茲列示說明如下:

表12-1 薇閣精品旅館SWOT分析表

優勢（Strength）	劣勢（Weakness）
1.產品多樣化。 2.結合多種休閒設施。 3.絕對隱私。 4.個人貼心服務。 5.精品旅館業的龍頭。	1.價位高。 2.被顧客貼上偷情場所的標籤。 3.分店不夠多。
機會（Opportunity）	威脅（Threat）
1.休閒支出比例日益高漲，生活品質提高。 2.可提供young party場所。 3.社會風氣日漸開放。 4.週休二日的推行。 5.女性意識提升。	1.偷拍風氣盛行。 2.同類型旅館競爭。 3.社會景氣變化。

資料來源：楊政學等（2005）。

✤ 產品多樣化

薇閣（Wego Taipei）突破以往傳統旅館客房給人的印象，將客房分為六大主題、三十二種風情。由於政府週休二日的實施，加上國人休閒支出比例的增加，薇閣提供了都市人放鬆的好場所，將每間客房運用不同的主題搭配上不同的風情，提供消費者多樣的選擇，不用出國一樣可以感受到國外的特種風情。

✤ 結合多種休閒設施

薇閣的另一項創舉即是將一般五星級飯店才有的豪華享受搬到精品旅館中。例如，目前最盛行的SPA健康風潮，和一般傳統旅館客房最大的不同即是浴室的坪數，薇閣的每間客房浴室的坪數約為6～10坪，除此之外還有烤箱、蒸氣室與大型水療按摩浴缸，在燈光方面，薇閣提供了四種不同的群組燈光設施，包括：晴空燈、浪漫燈、舞台燈及睡眠燈，夜燈的設計與浴室馬桶附近的腳底燈連線，貼心的服務解決了常常在半夜上廁所

時，會影響到另一半睡眠品質的消費者。

✚ 絕對隱私

近年來由於八卦雜誌的登入與科技的進步，偷拍的行為已經是嚴重的影響到消費者的生活了，許多的顧客對於一般傳統的旅館業普遍的存有被偷拍風險的疑慮，薇閣為了要讓顧客擁有絕對的隱私，所以提供了許多的設施來阻絕偷拍風的盛行，讓顧客一到薇閣便能完全的放鬆。薇閣將停車場設計成直立式的停車塔型，這是在精品旅館業中的創舉，讓顧客免於下車便能直接進入各樓層的客房，搭計程車也可直接到客房門口才下車。在Room Service方面，客服人員會將餐點送到門口待餐區後，再通知顧客來取用，完全避開陌生人的干擾。

此外，貴賓可享有VIP專屬車道，自由進出無人的櫃檯，從館外check in到一直到check out，完全不需與任何服務人員面對面接觸，只需要一張IC卡。在反偷拍方面則是使用反偷拍系統，除了24小時的即時全區偵測之外，更在每次顧客退房之後，再次的做儀器檢測，做到滴水不漏的保密。再加上一氧化碳的安全偵測、RC防火建材、逃生規劃、中控廣播系統、車庫安全系統等，更是對人車安全的最佳保障。

✚ 個人貼心服務

薇閣除了提供五星級的設備享受，對於細節也是非常的重視，為了體貼女性顧客，特別提供了髮圈、髮夾、卸妝棉、卸妝乳液、洗面乳、潤膚乳液、排梳、女仕專用小尺寸免洗脫鞋與髮雕液。除此之外也提供了無味香皂、潤絲精、浴巾球、漱口水、馬桶衛生紙墊、依必朗消毒液、蒸氣專用植物精油、溫泉專用硫磺液、隱形眼鏡專用生理食鹽水，以及純咖啡。

✦ 精品旅館業的龍頭

　　台灣的旅館業一直以來都存在著缺乏品牌觀念的問題，薇閣為了要突破傳統，率先將客房風閣分成六大主題、三十二種風情，對於客房內的設備也是顛覆了傳統的模式，除了基本的配備之外，還提供了24小時放映院線影片的服務，並且與唱片公司簽定合法的最新KTV新歌，讓顧客可以盡情的享受。

　　此外還有以SPA為概念的浴室規劃、以舞台概念為軸心的燈光組群，即時全區的反偷拍系統，還以貼心的服務來滿足每一位顧客的需求，薇閣將自己朔造為旅館業的名牌精品、服務業的專家，成功的滿足顧客所要的品味、價值、整體感覺與生活態度。由於薇閣的細心規劃，使其快速的打開知名度，將自己與一般傳統的旅館業做差異化的經營，成功的開創出一條全新的路，可以說是帶動精品旅館風潮的火車頭。

✦ 內部劣勢條件

　　針對薇閣精品旅館的內部劣勢條件，茲列示說明如下：

✦ 價位高

　　房間陳設精緻高貴，總共分為六大主題館，三十二種風情，以區分每間房間的獨特性，而且空間都比傳統的設計來的寬敞許多，加上工作人員專業的服務品質，提供個人化私密的消費品質，自然裝潢設計、人事成本比其他業者高，消費者所必須負擔的價格自然也提升，因此造成消費者因為價格比預定的消費金額高出許多，轉而選擇較低價的其他競爭者，造成部分以價格為考量的消費族群流失。

✚ 被顧客貼上「偷情場所」的標籤

實際上汽車旅館一開始是提供消費者休息的場所，其原先目的是在便利消費者，然而因為具有停車位且較能保有個人隱私，加上以往汽車旅館的消費者多半是不願意公開讓別人知道，有些是可能跟情婦來秘密約會，造成大多數人將其視為複雜場所，讓大多數消費者對汽車旅館留下負面印象。

✚ 分店不夠多

目前薇閣精品旅館只有台北及桃園兩家分店，常常出現房間供不應求的現象，或者在其他較遠縣市的消費者也想到薇閣精品旅館消費，但因為距離的關係無法前往消費。

❖ 外部機會條件

針對薇閣精品旅館的外部機會條件，茲列示說明如下：

✚ 休閒支出比率日益高漲、生活品質提高

國民生活品質，可以從許多指標加以觀察或測定，其中指標之一是民間消費的型態。在1971年時，國民消費型態的主要支出是食品費，占41.72%，而教育文化及娛樂支出僅占8.11%；但至1997年，食品支出已下降至22.27%，而教育文化娛樂支出卻提升至18.18%，占全部消費支出的第二位。現今教育文化娛樂消費明顯增加，顯示國民對於此一方面的重視。

✚ 可提供young party場所

現在的年輕人愈來愈重視休閒活動，但又怕太吵，所以現在有了更好的選擇，那就是可以選擇來薇閣，又不怕吵，又不必擔心被發現，這是個好地方，可讓你盡情享受歡樂。

✚ 社會風行開放

　　根據2001年E-ICP統計，20～29歲民眾對婚前性行為持非常同意的占13.8%，同意的占29.5%，有點同意的占32.8%。總合起來，20～29歲民眾對婚前性行為的接受度高達67%，顯然社會風氣已經逐漸開放，對於性方面的話題也能夠接受，人們不再對去汽車旅館的情侶發出異樣的眼光，反而覺得這是日常生活中的一部分，所以對於旅館業者於情侶必定要度過的重要節日，例如，情人節與聖誕節，都會適時為情人們推出適合情人度過一夜的最佳旅館。

✚ 週休二日

　　由於現在有週休二日，但二天的時間又不能出國，可是薇閣就是有這種好處，不必讓你花大錢，但還是能讓你享受出國的心情，「為享受休閒，多花一些錢也是值得的」，讓你既感到貼心又得到該有的隱私。

✚ 女性意識提升

　　現在女性在職場上工作的人數愈來愈多，而且對於自己所能支配的金錢也相對的增加，而她們最希望能在工作上帶來成就感，從這裡也可知道目前的女性自我意識在不斷的增加，所以針對女性所需而產生的產品與服務，也越來越多了。

✦ 外部威脅條件

　　針對薇閣精品旅館的外部威脅條件，茲列示說明如下：

✚ 偷拍風氣盛行

　　自從網路盛行以來，加上人的偷窺心態，造成偷拍風氣直線飆漲，別說沒有良好管理設施的一般旅館，就連一些高級飯

店也都無可避免，更別說是偷情者喜愛的汽車旅館，更是成為偷拍業者最優先入侵目標。

✦ 同類型旅館競爭

薇閣提供的屬於高單價高品質的房間設備，但事實上只要股東能夠付出足夠的資金，找尋具有獨特概念的設計師，引進良好的管理系統，塑造出跟薇閣相同的硬體設備來提升房間品質，同樣能夠提供更新鮮的產品給顧客。此時，薇閣就更需要做出較獨特品味的風格，來吸引另一階層的消費者。

✦ 經濟景氣變化

由於近來台灣地區受天災人患的影響，造成社會經濟不景氣，可能導致部分合作廠商減少，顧客對觀光旅遊有負面影響，也會間接影響飯店或旅館業的經營，加上同業成長率趨緩，市場也逐漸飽和等等，都將會威脅到薇閣發展。

✛ 策略矩陣分析

本研究進而再將SWOT結果交叉分析，取得SWOT策略矩陣的分析結果，如（**表12-2**）所示，以提供業者經營管理上的參考作法。

表12-2　薇閣精品旅館SWOT策略矩陣分析表

外部 策略 内部	機會	威脅
優勢	1.對於生活水準的提升，需要重視高品質的服務。 2.讓顧客有多樣性的選擇。	1.保障顧客安全及隱私。 2.創新產品及設備來提升公司競爭優勢。
劣勢	1.提供物超所值的服務。 2.擴充新設備。 3.創造更好的休閒場所。	1.走出特有品牌風格。 2.更新防偷拍系統設備。 3.增加媒體曝光率。

資料來源：楊政學等（2005）。

12.4 實務模型建構

本章節探討知識管理實務模型建構的相關議題，如實務模式建構、訪談大綱擬訂、實務命題推演，以及問卷內容設計等。

❖ 實務模式建構

延續前述知識管理概念性架構的討論，吾人不難發現企業推行知識管理的最終目的，是期望在企業經營實務運作上，能達成個人知識與組織知識的資訊化與價值化。所謂的知識資訊化，乃是使用知識平台作為工具，用以獲取、儲存、擴散、分享知識，使組織能夠透過資訊系統的運用，得到最完善知識。再者，所謂的知識價值化，則是將員工的個人知識，透過不斷的萃取轉化為組織的共同知識。因此，知識管理應該是兩者相互結合、相輔相成，才可以讓知識管理績效達到最大的效益。

本章節綜整知識管理相關文獻與企業採行知識管理的作法，且在第八章概念性架構的精神下，試圖發展出知識管理的實務性架構。以新竹地區旅館業為例，結合理論與實務，探討內部之管理、傳承之內化與知識之分享。由概念性架構轉而以實務性架構來討論，乃基於考量企業知識管理實務運作的可行性，以及知識管理推行成效的可衡量性，而彼此間轉換的精神與關聯，則如下所述。因此，本章節在知識管理實務運作架構的建立上，主要可分為三大重點，如（圖12-2）所示。

其一乃是根據原有的企業文化、願景，訂立企業目標與核心能力的發展步驟，透過競爭力分析進行策略之擬定。此部分建構有「企業經營目標」與「認知共識」，而此架構重點對應（圖8-3）的「企業文化」、「領導者」與「競爭能力」等要素。企業內認知共識的凝聚，乃由企業領導者來主導，以正式與非

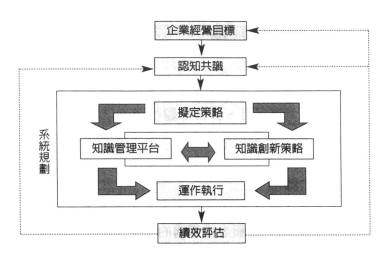

圖12-2 精品旅館業知識管理的實務運作架構圖
資料來源：楊政學等（2005）。

正式的**社群**（community）形式來進行。

其二所探討的是企業如何透過系統的設計規劃，將外部取得的知識有效地移轉到組織內部，並有效的運用。經由系統設計到運作執行後，將之系統性的管理與績效評估。此部分為「系統規劃」，包括有：「擬定策略」、「知識管理平台」、「知識創新策略」與「運作執行」，而此架構重點對應（圖8-3）的「資訊系統」，亦即「知識管理流程」的要素。

其三則是對於企業如何使有用的知識，在組織系統內產生累積及擴散，並且在更新、連結後，協助組織成員創造新知識及提升工作績效。此部分為「績效評估」，而此同樣對應（圖8-3）的「績效評估」，著重在知識管理效益的衡量，因此知識管理績效評估指標與制度的建立是很重要的。

✦訪談大綱擬訂

本章節研究採深度訪談的方式，來蒐集業者對推行知識管

理各流程步驟的看法，因此而擬訂一系列的訪談大綱，如（**表12-3**）所示。

表12-3　薇閣精品旅館業者訪談大綱表

序號	題項	問題
1	企業經營目標	請問貴公司企業文化與經營目標為何？
2	認知共識	請問貴公司的員工與主管有達到認知的共識嗎？
3	擬定策略	請問貴公司有哪些擬定好的策略？
4	知識管理平台	1.請問貴公司用了哪些方法來獲取資訊？ 2.請問貴公司如何處理顧客抱怨？如何作為下一次改進的範本？ 3.請問貴公司如何取得及保存顧客的資料？
5	知識創新策略	1.請問貴公司如何跳脫傳統旅館經營模式？ 2.請問貴公司如何針對創新方面，經營Wego呢？
6	運作執行	請問貴公司知識管理的執行能為公司帶來哪些正面的效益呢？
7	績效評估	請問貴公司未來如何以創新的手法，帶領公司邁向永續經營之路呢？

資料來源：楊政學等（2005）。

❖實務命題推演

實務命題推演是依訪談大綱如企業經營目標、認知共識、擬定策略、知識管理平台、知識創新策略、運作執行與績效評估，本研究針對上述推演出以下十九題實務的命題，及第二十題的開放式的問題，其內容在說明員工對於工作上的意見，詳細情形請見（**表12-4**）。

❖問卷內容設計

在問卷內容設計相關問項前，我們將蒐集的資料，包含訪談後的內容，以及薇閣原始基本資料外，再加上我們對研究的假設，完成本研究的模式並充分瞭解這此資料的性質，再進一

表12-4　薇閣精品旅館實務命題推演

1.我認為住宿結合餐飲的經營方式，可提供給顧客更新鮮及全方面的服務。
2.我認為推行住宿結合結婚行銷方案是未來的趨勢。
3.房間布置、燈光效果、衛浴設施與貼心的女性服務為公司的關鍵成功因素。
4.在每週定期舉行的兩次會議中，對於觀念上的溝通與宣導以及一些未來經營的方向，都可以使我達成共識。
5.公司鼓勵我提出自己的想法並增進創新計畫的策略擬定。
6.認為公司在擬定策略上都是以顧客為優先考量。
7.公司會在特定的日子舉辦特別的活動，並且藉由媒體將訊息傳達給顧客，以提高公司對外的曝光率及知名度。
8.我在公司內會勇於發表意見、分享經驗並不斷提出創新想法，而公司也會積極地參考及採用。
9.透過顧客意見瞭解顧客問題所在，並由各個部門單位來做改善，可提高我在公司內部的解決能力。
10.公司通常會利用電腦系統發布最新訊息給我們知道。
11.公司將顧客的抱怨統計之後作適當的分類，然後交給所屬的部門來處理，經由主管的指示並讓我快速改善問題。
12.公司的知識分享可透過內部網路、電子郵件與教育訓練的方式來傳遞。
13.教育訓練使我能清楚的知道公司對員工的要求，也可以用來提升個人的工作能力。
14.透過燈光效果、虛擬情境聲音、按摩浴缸以及和臥房一樣大的衛浴設備，創造出一個歡樂浪漫、隱密且安全的休閒場所。
15.運用電腦直接顯示客房的現狀，可清楚的知道客房目前的狀況是清潔中還是有待清潔，此設備可以提高員工的工作效率。
16.公司全體員工都已培養出創新精神，養成長期創新文化。
17.對於公司創新項目的運作在細節方面都有做明確的溝通。
18.公司有一套完整且透明的績效評估方案可使我們互相砥礪。
19.公司不定期的舉行創意發表的活動，對我而言有激勵的效果。
20.其他意見

資料來源：楊政學等（2005）。

步進行問卷設計，先後經過少數有經驗者的問卷預試，以及薇閣主管的意見後，經由討論、修訂而完成問卷內容設計。

問卷內容架構共分兩大部分：第一部分為基本資料，在於瞭解目前員工在公司內掌管職位及個人資料。再來，第二部分為問卷主要內容，目的在於瞭解員工對組織的認同程度。茲將問卷調查之內容結構，列示如（**表12-5**）所示。

表12-5　薇閣精品旅館問卷調查之內容結構

類別	衡量變數	題項與題數	衡量尺度
第一部分	人口統計變數	題項1含題數6	名目尺度
第二部分	認同程度評分	題項2含題數20	等距尺度

資料來源：楊政學等（2005）。

12.5 個案實證分析

　　在個案實證分析上，本章節分別以個案訪談、問卷分析、信度分析、效度分析與實務運作等議題來說明。

❖個案訪談

　　本研究在2004年10月中旬前往薇閣進行深度訪談，在人員的選定上，主要以營運部副理為主。張副理對於薇閣的運作流程相當瞭解，給予本研究相當多的協助與建議，也為本研究的論點及其相關的議題作詳細的解釋（楊政學等，2005）。

❖問卷分析

　　本研究調查執行時間為2004年11月中旬，調查對象為目前在薇閣內的員工們，預計抽取30份樣本，實際總計抽取24份樣本，有效樣本24份樣本，有效問卷比率達100%，抽樣狀況如（**表12-6**）所示。

表12-6　薇閣精品旅館抽樣狀況表

抽樣地點	抽樣對象	抽取樣本數	有效樣本數	有效百分比（％）	占總有效問卷數百分比（％）
薇閣旅館	館內員工	24	24	100	100

資料來源：楊政學等（2005）。

本研究發現無論認同程度在與性別方面、年齡方面、學歷方面、部門方面、職位方面與服務期間都會有不同的改變。在性別分面來說,發現男女僱用將近各半,但還是以男性居多;以年齡方面來說,以31~40歲人數居多,其次是21~30歲;以學歷方面來說,教育程度以高中畢業人數比例占最多,其次是專科畢業;以員工隸屬的部門來說,以房務部門人數占最多,其次是客務部門;以員工隸屬的職位來說,屬於部門員工占最多,部門主管次之;以員工在薇閣的服務期間來說,工作一年以上的人數居多,其次是一年以內。

❖ 信度分析

針對本研究回收的24份有效問卷,探討並彙總員工基本資料與認同程度分析之問卷量表是否一致性,**信度**(reliability)在說明本研究所測出來的量表是否可靠及穩定。本研究發現知識創新策略與績效評估二部分的平均信度 α 係數值大於0.7,表示知識創新策略與績效評估是較爲接受的,其他部分的平均信度都介於0.5~0.7之間,然而本研究之問卷的總平均信度爲0.6769,故表示此份問卷都是在可接受範圍內的,因此先前所做的量表結果具有可靠性。

❖ 效度分析

效度(validity)即測量的正確性,在說明測驗或其他測量工具確能測得出測量的特質或功能之程度,大致區分爲細項的單項效度及平均效度。單項效度反映測量工具的適切程度,本研究問卷內容是參考各學者所研究的量表,以及經由訪談大綱內容及薇閣相關書籍討論出問卷之命題細項,再進行整理設計適用的指標來敘述,故都是具有內容效度的。

✦實務運作

經由主管深度訪談的十個問題,加上員工問卷的二十個題項,本研究將個案訪談與問卷分析結果,依(圖12-2)所建構的實架構模式,分成企業經營目標、認知共識、擬定策略、知識管理平台、知識創新策略、運作執行與績效評估七大項。至於,薇閣精品旅館知識管理的實務模式運作情形,則綜合整理如(表12-7)所示。

表12-7 薇閣精品旅館知識管理實務模式運作

個案訪談與問卷分析結果	
企業經營目標	短期──延續組織的經營優勢。 中期──住宿結合飲食的經營方式。 長期──於大直重劃區開設新館。
認知共識	定期舉行會議,有助於觀念上的溝通與宣導及未來經營方向之共識。
擬定策略	硬體設施──主要以能營造出驚奇的感覺為主。 軟體方面──以人性為出發點,尤其是女性用品的需求。 行銷策略──於特定的日子舉行活動。
知識管理平台	透過過內部網路、電子郵件與教育訓練的方式,達到知識分享。將顧客意見表適當分類並作成統計表,傳遞給其負責部門來改善問題。
知識創新策略	以創新為出發點,藉由高品質的服務與同業產生差異化。 全體員工已培養出創新的精神並養成長期創新文化。
運作執行	人員的配置有效率的使用,達到資源不浪費。
績效評估	薇閣有一套完整且透明的績效評估方案。

資料來源:楊政學等(2005)。

12.6 結論與建議

經由本章節個案研究的分析,可歸納得出本研究的研究結論與研究建議,以供相關業者推行知識管理之參考(楊政學等,2005)。

❖研究結論

　　茲歸結本章節對研究個案知識管理實務運作分析，可得出如下四點結論：

- ·薇閣運用大量創新的手法，來穩固其在許多精品旅館業中的領導品牌地位。
- ·薇閣目前尚無一套完整的知識管理系統，故無法顯示知識管理為組織帶來正面的效益。
- ·在運作執行方面，組織對於創新項目的運作，在細節方面，尚需加強與員工之間溝通上的明確程度。
- ·在績效評估方面，薇閣並無一套完整的績效評估系統。除此之外，公司雖然有不定期的舉行創意發表的活動，但經由問卷分析結果顯示，對於員工的激勵效果還有待加強。

❖研究建議

　　本研究發現薇閣在發展前景仍有極大的拓展空間，茲將本研究建議整理如下：

✚建立一個學習型組織

　　學習型組織在於創造、取得、傳遞知識，並且配合新知識與見解而改變行為，主要活動例如系統化解決問題，在於訓練員工解決問題的技巧，擁有共同的語言及一貫的原則，在面對問題來時採用相同的方法尋求解決之道；如實驗新方法，取得新想法並配合持續性計畫給予鼓勵的獎勵制度，讓員工覺得實驗帶來的好處勝過他們付出的代價，由實驗及解決問題能推動組織朝知識結構移動，促進組織學習。

再從過去經驗中學習，有用的失敗帶來深入的見解與領悟，來擴大組織共有的智慧，像萬聖節扮鬼嚇到顧客的例子；再來是向他人學習，無論是競爭者或是顧客，都可透過分析並採用參考別人最佳的做法，然而也必須敞開心胸面對批評與壞消息，透過以上幾點以迅速而有效將知識傳播到整個組織，想法應該由大家分享，組織若要更有效地管理學習的過程，可建立促進這些活動的制度與流程，將這些活動融入日常工作中，便可完善成為學習型組織。

使用電子文件系統來整合知識系統

建議員工使用內部網路以促進溝通及知識分享，讓內部與外部同時創造一個知識分享的有利環境，內部網路可促進組織內部的協調合作，更有效的運作，以滿足顧客的需求，並利用資訊科技將可重複使用的知識分類、系統化後連結一起，發展電子文件系統，可免去許多複雜的紙張文件工作，然而知識整合的作業也要鼓勵員工使用文件資料庫，以貢獻文件到資料庫，才能發展出將人與知識連結在一起的網路，相關的部門合作可創造出解決方案，開放網路新聞群組讓員工討論不同的話題分享內隱知識，也可擁有一個外部的面向，可以讓顧客取得訊息並直接聯繫公司。

強化知識是一項持續不變的目標

組織可透過三項內在活動及一項外在活動來達成此目標，內在活動在於分享式的創造性問題解決，執行及整合新方法與工具，以及正式與非正式的試驗；外在活動是將外界的專業能力引入組織中。建議在組織能建立知識分享的文化，有助於去除許多垂直或水平的溝通障礙，員工並不會被放在單一的工作領域中，主管可以在任何問題情境上分享他們的觀點，基於他們分享及創造知識的能力而被挑選出來，擁有一個創新的環

境，才能夠持續追隨標竿、觀念外尋及不斷地試驗。

✚ 兼顧人員的招募、訓練與發展，以降低員工的離職率

　　以傳統旅館業中所強調的是提供高品質服務給顧客，因此建議在對於前檯人員的管理，建立以人為本的企業文化，加強人員的招募、訓練與發展，經由個人能力與企業能力的連結，員工可以自我組織成為有效的團隊，所以組織要先留住員工的心，給予員工一個愉悅的工作環境，工作中員工能看到自己未來的發展，可降低員工的離職率。輔以彈性的績效評估，從績效評估中肯定員工的價值，協助員工發掘、解決問題及凝聚員工的向心力，有助於薇閣精品旅館成功推行知識管理。

重點摘錄

· 本章節以薇閣精品旅館為研究對象，嘗試提出精品旅館業知識管理的實務模式，同時整合研究方法與資料蒐集的三角測定程序，來探討研究個案公司知識管理之實務運作流程。

· 研究發現薇閣運用大量創新手法，來穩固其在許多精品旅館業中的領導品牌地位，唯尚需加強與員工之間溝通上的明確程度，且完整的知識管理與績效評估系統有待建立。

· 研究建議建立一個學習型組織；使用電子文件系統來整合知識系統；強化知識是一項持續不變的目標；兼顧人員的招募、訓練與發展，以降低員工的離職率。

重要名詞

知識管理（knowledge management）　　社群（community）

知識創新（knowledge innovation）　　信度（reliability）

三角測定（triangulation）　　　　　　效度（validity）

問題與討論

1. 本章節所提薇閣精品旅館業知識管理的實務模式，在研究方法與資料蒐集上有何特性？試研析之。
2. 薇閣精品旅館業知識管理個案推行上，有何研究結論？試研析之。
3. 薇閣精品旅館業在知識管理的應用上，有何研究建議？試研析之。

Chapter 13

金融業知識管理與創新策略

本章節探討金融業知識管理與創新策略的個案研究，討論的議題有：個案研究設計、模式架構建立、研究個案編輯、個案實務分析，以及結論與建議。

13.1 個案研究設計

本章節進行個案研究的設計架構之說明，包括：研究動機與目的、研究方法與步驟，以及研究對象與範圍等議題的討論。

✛ 研究動機與目的

我國金融業在消費金融的成長下，消費理財活動較以前廣泛，需求也越趨多樣化與複雜化，近年來購併風潮更是興起，因而使得金融業受到很大的衝擊，是故為增加銀行的競爭優勢，除了需有健全的體制外，如何積極推動知識管理與創新策略，乃是刻不容緩的任務。金融業是知識密集型的產業，在變遷快速的環境下，各金融業者如何有效利用知識管理，進行知識取得、蓄積、擴散與創造，進而推行不同構面的創新策略，將是值得深入探討的研究議題。

由於目前知識管理的相關研究中，大多偏重於知識取得、蓄積與擴散，較少針對知識創新的實務作探討，甚至討論創新策略擬訂與推行的影響，因而引發本章節的研究動機。茲將本章節具體之研究目的，列示如下：

・建構金融業知識管理與創新策略的實務模式架構。
・探討個案公司知識管理與創新策略的具體作法。
・歸結研究結論並提供建議，來回饋個案公司作參考。

✛研究方法與步驟

　　本章節採用質化研究的方法，唯在資料蒐集上，採行初級訪談記錄與次級文獻檔案合併驗證的方法，亦即融入資料蒐集的三角測定（triangulation）概念（楊政學，2002b；Cavana, Delahaye & Sekaran，2001），來加強質化研究的信度與效度水準。在研究流程上，首先，利用**文獻分析法**（analyzing documentary realities）蒐集相關文獻資料，以瞭解知識管理與創新策略對組織的影響。再者，在研究個案方面，由於多重個案設計可用作個案比較分析，且為瞭解金融業知識管理與創新策略的整合運作，因此針對三家個案公司，採用人員**深度訪談法**（indepth interview），作為研究個案的訪談紀錄與整理。最後，結合本章節建置之實務模式架構，期能整合性瞭解知識管理與創新策略，在金融業個案公司的實際運作情形，進而提出本章節之研究結論與建議。

✛研究對象與範圍

　　本章節以新竹地區為範圍，選擇中國信託商業銀行、玉山商業銀行、新竹國際商業銀行為研究對象，以探討其知識管理與創新策略的具體作法與差異。在人員實地訪談上，以2003年8月至10月間，針對各分行經理人員或課長進行訪談，試圖分析與比較不同個案公司執行方式的共通與差異性。

　　中國信託前身為中華證券投資股份有限公司，成立於1966年，至今已有37年歷史。其發展過程曾歷經兩次變革：先於1971年改組為中國信託投資股份有限公司，又於1992年改制為中國信託商業銀行股份有限公司。這一成長軌跡，正好歷經了台灣金融市場的萌芽、成長與蛻變三個重要時期，與台灣的經

濟脈動息息相關（中國信託商業銀行網站，2003）。

　　玉山銀行於1992年2月21日開幕營業，至今已有11個年頭了，以清新專業的形象，及銀行業首屈一指的服務品質，贏得各界好評。玉山沒有財團背景，堅持一貫的企業文化，在上下一致努力下，如此已成為著名銀行業模範生，玉山銀行之所以以台灣最高的山──「玉山」命名，乃立志成為台灣最Top的銀行（玉山商業銀行網站，2003）。

　　新竹國際商銀於1948年由桃竹苗地方仕紳共同發起成立，原名為「新竹區合會儲蓄股份有限公司」，專門辦理合會業務，營業區域遍布於桃園縣、新竹縣與苗栗縣。1999年4月20日正式改制為「新竹國際商業銀行」，擺脫客戶層與區域性的限制，繼續為大眾提供完善的金融服務。為深耕台中、台南地區，2001年相繼在台中及台南地區成立五家簡易分行，目前共有八十個營業據點（新竹國際商業銀行網站，2003）。

13.2 模式架構建立

　　針對研究個案知識管理模式架構的建立，本章節分別由概念性架構，以及實務性架構來探討，以供相關業者參考。

❖ 概念性架構

　　面對知識快速變遷的現代，金融業所擁有的主要資產，是以無形的智慧資本形式存在，其主要的價值在於公司內部成員的經驗、才智、開發與創造能力。面對眾多的競爭對手，如何普及運用智慧資本、如何強化內部的核心能力，便成為創造競爭優勢的關鍵來源。企業必須經由績效面及重要度兩層面來評估，而Arthur Andersen認為構成知識管理有五大要素：分別為領

導（leadership）、企業文化（culture）、資訊科技（technolo-gy）、衡量指標（measurement）與知識管理流程（knowledge management process）（陳依蘋，1999）。組織架構的內容中，必須發展出一個共通的文字、樣板文件等，且需要有人的支援，並適合企業本身知識庫的知識管理工具，而非完美的知識庫。

領導者主導整個知識管理運行的策略擬訂，而知識策略是影響目標成功與否的重要關鍵；領導者必須要有遠見、重視知識管理所帶來的價值，本身亦深諳知識管理的哲學與施行，要明確掌握知識管理的目的與目標。綜整上述知識管理議題的討論，本章節擬提出一個整合資訊系統面與文化生態面的知識管理概念性架構，如本書第八章之（圖8-3）所示。

由圖中可知，知識管理並不僅僅是做到管理知識，而是將知識透過資訊化及價值化兩層面來推行。知識資訊化是使用知識平台作為工具，用以獲取、儲存、擴散、分享知識，使組織能夠透過資訊系統的運用，得到最完善知識。知識價值化則是將員工的個人知識，透過不斷的萃取轉化為組織的共同知識。知識管理應該是兩者相互結合、相輔相成，才可以讓知識管理績效達到最大的效益（楊政學，2004a）。同時知識管理要真正融合組織文化價值，結合資訊科技系統的使用，進而開發出知識創新的成效，再經由經營管理策略的擬訂，成為公司真正的無形資產，且得以活絡組織文化。

❖ 實務性架構

面對知識經濟時代的來臨，企業界無不希望藉由知識管理的力量來迎頭趕上，知識管理的實施，因各產業的特性相異也有所不同。知識管理系統的應用，亦不再侷限高科技產業，而有更多的服務業投入實施知識管理的行列。知識管理除了有系統的管理組織內外有形及無形的資產外，更強調管理後的運

用,使需要知識的人能便利取得與採取行動。透過使用率的頻
繁,使知識管理的價值更高,而企業也能直接獲利。建構完善
的知識管理系統,在短期內可能沒有明確的成果,且花費的成
本也較高,所以企業在導入知識管理初期,除了由企業角度出
發,確認企業的優勢智慧資產外,更需要考慮到如何配合現有
資源、人力與技術,來達成知識管理的目標,才能使知識管理
發揮預期的效益。

　　企業內部的人員在執行工作時所遭遇的困難,其應變的方
法都變成該人員的經驗,更成為一項知識資產,當人員透過正
式或非正式的管道將該經驗流傳後,後續人員若遭遇相同問題
時,便節省了摸索的時間,而能更快速的達成目標。企業員工
所擁有的知識是否能得到重視與運用,而員工是否能不藏私的
將知識奉獻,是企業在進行知識管理的一項重大挑戰。本章節
延伸知識管理概念性架構,而擬提出實務運作架構的步驟流
程,如(圖13-1)所示,其可轉換為:企業目標、認知共識、
擬訂策略、資訊系統、運作執行、創新策略、績效評估等七個
階段,以為後續的操作化分析。

　　(圖13-1)說明企業如何根據原有的企業文化,依企業之願
景,訂定企業目標與核心能力的發展步驟,透過認知共識的凝
聚,以及競爭力分析與策略之擬訂,經組織移轉知識後,如何
進行知識的傳承內化與分享。再者,探討的是企業如何透過系
統的設計規劃,將外部取有得的知識有效地移轉到組織內部,
並經由組織的學習機制(學習型組織),在吸收、內化及整合
後,將內隱與外顯知識進行有效的流通,經由模擬測試到運作
執行,將之系統性的管理與績效評估。最後,則是對於企業如
何使有用的知識,在組織系統內產生累積與擴散,並且在更
新、連結後,協助組織成員以創新策略方式,來創造新知識及
提升工作績效。

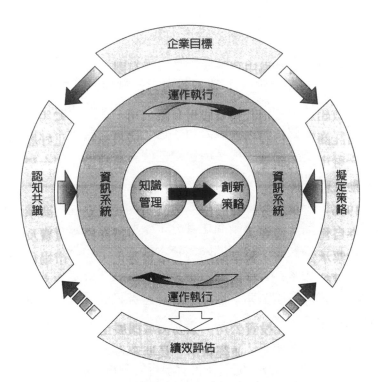

圖13-1 金融業知識管理的實務性架構
資料來源：楊政學、林政賢（2004）。

13.3 研究個案編輯

在研究個案編輯上，分別探討中國信託商業銀行、玉山商業銀行，以及新竹國際商業銀行等三家公司，其發展沿革、經營現況與組織架構的探討。

❖中國信託商業銀行簡介

關於中國信託商業銀行的介紹，擬由發展沿革、經營概況與組織架構等層面，來呈現個案公司的概括性發展。

✦ 發展沿革

　　中國信託前身爲中華證券投資股份有限公司，成立於1966年，至今已有37年歷史。其發展過程曾歷經兩次變革：先於1971年改組爲中國信託投資股份有限公司，又於1992年改制爲中國信託商業銀行股份有限公司。這一成長軌跡，正好歷經了台灣金融市場的萌芽、成長與蛻變三個重要時期，與台灣的經濟脈動息息相關。

　　1966年中華證券投資股份有限公司正式成立，主要業務係以證券自營商及證券承銷商之身分，參與證券投資買賣及上市公司股票承銷業務，對早期國內資本證券化、證券市場化之推動，貢獻頗大。1971年爲配合國家經濟發展、促進資本形成，政府開放信託投資公司之設立，中華證券投資公司就在此時增資改組爲中國信託投資公司，業務領域擴展至收受各種信託資金、授信、投資業務，並經營中、長期資金之吸收、管理與運用，充分發揮了信託、開發及投資銀行的多重功能。

　　爲積極推動我國金融業邁向自由化與國際化，政府於1990年開放新商銀之申設，1991年又訂頒信託公司改制商銀辦法。1992年中國信託在符合改制的條件下正式改制爲商業銀行，創下了國內信託投資公司改制爲商業銀行的先例。2002年爲因應台灣加入WTO後國際化、多角化金融體系的趨勢，以及爲提供客戶享受更完整的金融服務，中國信託金融控股股份有限公司於同年5月17日正式成立，初期並以中信銀爲主體，之後則陸續納入中信保險經紀人股份有限公司，以及中信銀綜合證券股份有限公司等金融專業機構，預計五年內成爲全球100大金融控股集團。

✦ 經營概況

　　三十多年來，中信商銀始終秉持著積極創新的精神，致力

研發各項新商品,並創下許多領先同業的輝煌紀錄。例如,於1966年開辦證券承銷業務,1972年首創國內股務代理與租賃融資業務、領先開辦職工退休金信託及精算業務,1974年在國內推出第一張信用卡,開啟塑膠貨幣的先河,之後再陸續發行各種新款認同卡,推出多項優惠折扣,大幅提高了信用卡的附加價值,不僅受到市場的熱烈迴響,也使其一直高居於全國最大發卡銀行的領導地位。

為順應現代工商社會日益繁忙的情勢,中信商銀於1994年成立國內第一家自動化銀行,提供客戶全年無休、金融不打烊的貼心服務。1999年更率先延長營業時間至晚上七點,2000年設立簡易型分行,2001年開辦假日營業,2002年推出30分鐘快速貸款機、萬股通等。每一項新業務的推出,都代表中信商銀的用心經營,致力為客戶提供更好的服務。

根據2001年出版的*The Banker*雜誌(9月號)報導,中國信託商業銀行在年全球經濟環境不佳的陰霾籠罩下,**整體資產仍舊成長逾13%**;該行並於2002年初,完成了全行新電腦系統的建制,使其在業績表現上,**繼續維持業界領導地位**,獲該刊評選為2002年台灣區最佳銀行。中信商銀去年保險佣金收入即達1億3千7百萬元,而應收帳款業務營業額達760億元,市占率為31%,居業界之首。

✚ 組織架構

茲將中國信託商業銀行,其組織中各相關部門,圖示如(圖13-2)所示。

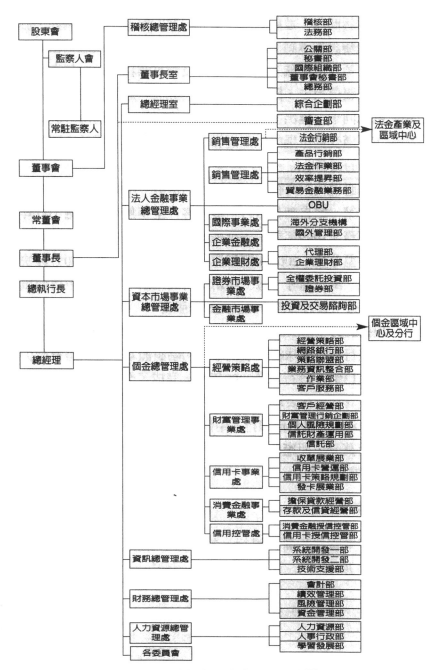

圖13-2　中國信託商業銀行組織圖

資料來源：中國信託商業銀行網站（2003）。

玉山商業銀行簡介

　　針對玉山商業銀行的介紹，擬由發展沿革、經營概況與組織架構等層面，來呈現個案公司的概括性發展。

發展沿革

　　1992年2月21日開幕營業，至今已有11個年頭了，以清新專業的形象，以及銀行業首屈一指的服務品質，贏得各界好評。玉山沒有財團背景，堅持一貫的企業文化，在上下一致努力下，如此已成為著名銀行業模範生，玉山商銀之所以用台灣最高的山——「玉山」命名，乃立志成為台灣最Top的銀行。

　　玉山商銀曾在商業週刊1999年的銀行服務品質調查中，榮獲本國銀行第一名。玉山商銀「專業、服務、責任」的經營理念塑造出獨特的企業文化，不僅對內重視員工，關懷部屬，並且對外參與社會回饋與公益活動，善盡企業公民的責任。由經營理念發展出明確的經營方針：「發展品牌價值，開創經營優勢」、「發展卓越的經營能力，提高經營績效」、「發展金融事業群，建構全方位銀行的優勢」。玉山商銀除了重視對外顧客的服務外，更致力於內部顧客（員工）的滿足，建立良好、快樂的工作環境，且尊重員工、重視員工、玉山商銀認為：「員工滿意是顧客滿意的基礎。」，也就是現在所提倡的內部行銷。

　　玉山商銀融合了日式的管理重點，建立自己的人性化管理風格。在金融服務的過程中，絕不容許絲毫的差錯，對於員工，玉山採用「鐵的紀律、愛的教育」，在工作崗位上，每位玉山人都兢兢業業，不敢有絲毫的懈怠，但在私底下，主管與部屬之間的交流卻是相當熱絡的。主管尊重部屬，不吝嗇與部屬溝通，交換知識。每位新進員工在進行職前訓練時，公司不僅針對技能加以訓練，對於員工的操守更要求絕對的完美，要員工將品格視為第一生命。

　　一般企業主都會將「人是企業內最重要的資產」掛在嘴邊，但卻極少有企業主將員工看的比錢重要，對此，玉山的總經理黃永仁認為：「經營人才比投資理財更重要，優秀的人才，不只是銀行也是社會的資產，把人才當財富管理，創造的價值是無限的。」因此，玉山商銀相當重視銀行人力資源的整體運作，加強員工的工作訓練，「因其所長、就其所用，讓學有專才的人，適才適用」。玉山商銀相當重視企業文化的形成，人才可以招攬，制度可以模仿，產品可以跟進，技術可以開發，但是企業文化卻必須上下一條心，用心經營，用時間塑造。

　　在新銀行風起雲湧的時代，玉山商銀快速竄起及知名度快速增加的主要原因，即在於高品質的服務。總經理黃永仁先生早在創立之初，便體認到玉山商銀要在眾多同質性的同業中脫穎而出，唯有致力建立優良的客戶服務，展開以服務創造金融商品價值的經營策略。玉山商銀秉持滿足顧客需求的，將服務發揮的淋漓盡致。玉山強調他們不僅是以客為尊，甚至是「以客為親」。

　　玉山商銀是國內第一個設立「顧客服務部」的銀行，專人處理顧客的意見，重視顧客的程度由此可見。1999年玉山從所有金融事業群各單位中遴選適當人選，擔任「顧客服務師」，散播服務理念的種子，在各單位內負起以身作則、新人教育訓練、創新顧客服務、提升全行服務觀念等任務。玉山商銀的服務品質可以說是銀行業，甚至是服務業的翹楚，自開幕至今數年來，已獲得無數次的品質肯定，無論在學術界亦或實務界都得到驗證。

　　經營過程透明化，並不隱藏自己的成果，甚至詳細的年度報表及其他相關資訊全數公開於網際網路上，1996年2月架設網路銀行，為顧客提供更多元化的金融服務；不論玉山商銀在同業中績效如何，皆抱著不斷超越自我的精神前進。

　　玉山商銀經營之初的第四年，即1996年，在業績上即展現出「存款第一」、「放款第一」、「外匯第一」等亮麗業績。在1999年，天下主辦的「標竿企業聲望」調查中，受評指標中包含「財務能力」、「營運績效」、「國際營運」、「長期投資價值」等指標項目，在該評比中，玉山獲得本國商業銀行第一名，由此可見，玉山商銀實施企業文化與財務性績效，彼此產生某種程度的效益。

✚ 經營概況

　　玉山商銀體認到充滿挑戰的二十一世紀，若仍沿用舊有的服務方法與模式，將無法滿足顧客多元化的需求；必須積極瞭解未來的服務發展新趨勢，創新服務，以精進玉山的服務文化，並建立求新求變的顧客服務觀，以滿足未來顧客所需。

　　儘管玉山商銀在國內已經闖出一片天，但規模不大的玉山商銀，在金融市場國際化、自由化下，面對未來市場激烈的競爭，仍面臨許多的挑戰與阻礙。現今台灣加入世界貿易組織（WTO），國內的金融市場門戶大開，許多有實力的外商銀行紛紛進駐台灣，國內的金融業面臨了前所未有的競爭，玉山商銀除了在香港與菲律賓二國設立代表人辦事處之外，亦於2000年1月獲得美國核准成立洛杉磯分行的執照，但相較於其他銀行，玉山商銀國際化的腳步略嫌緩慢，國際營運能力較同業弱。因此，未來應加速國際分支的設立，爭取在國際金融舞台演出的機會，向國際性一流銀行的目標積極前進。

✚ 組織架構

　　茲將玉山商業銀行組織中各相關部門，圖示如（圖13-3）所示。

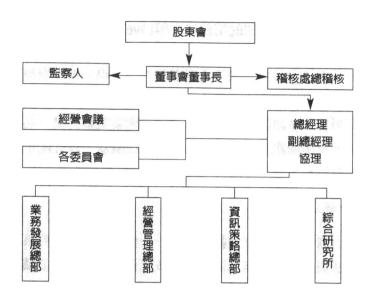

圖13-3　玉山商業銀組織圖
資料來源：玉山商業銀行網站（2003）。

❖新竹國際商業銀行簡介

關於新竹國際商業銀行的介紹，亦是由發展沿革、經營概況與組織架構等層面，來呈現個案公司的概括性發展。

❖ 發展沿革

新竹國際商業銀行於1948年，由桃竹苗地方仕紳共同發起成立，原名為「新竹區合會儲蓄股份有限公司」，專門辦理合會業務，營業區域遍布於桃園縣、新竹縣與苗栗縣。創業之初，資本額為舊台幣二千萬元，折算新台幣僅為五百元，員工只有三十八人，經營環境及本身條件皆不理想。創業初期，由於台灣工商蕭條，通貨膨脹嚴重，業務推展極為艱辛，可說篳路藍縷。其後，由於全體同仁全力以赴，業績逐漸成長，尤其1954年以後，業績大幅擴張，分支機構陸續增設，同時陸續購入自

有辦公廳舍，奠定了日後蓬勃發展的堅實基礎。

1965年初，詹總經理紹華先生（現任名譽董事長），提出了一項本行經營及發展的重要理念：「竹企一家，共同利益，共同享受」，在此號召下，公司上下團結一致，員工士氣高昂，使得此後的業績不論經營環境如何變遷，皆是有進無退，保持穩健之成長。

自1970年起，業績突飛猛進，以利益一項而言，1969年利益約新台幣六百萬元，至1977年已高達九千六百萬元，八年之間成長達十六倍，這都是全體同仁努力的成果。1975年，新銀行法頒布實施，規定合會公司納入銀行體系，並須改制為「中小企業銀行」，為配合法令及業務急速發展之需要，經過了三年的努力，於1978年正式改制為「新竹區中小企業銀行」。

由於新竹國際商銀為一區域性銀行，因此特別重視個別客戶之不同需求，期望能與地區密切結合。為此特於1980年引進分區拓展制度，由行員自行分配責任區域，對所有客戶進行一戶一戶的拜訪，建立與客戶之信賴合作關係，由於此一獨特之市場策略，使得新竹國際商銀在景氣低迷及銀行間競爭激烈的今日，仍能持續茁壯。為了擴大經營規模，並使資本大眾化，新竹國際商銀之股票於1983年，以每股35.3元公開上市，成為台灣第一家股票公開上市之民營銀行。

另一方面，因鑑於業務量日漸增加，於1978年起即著手籌劃業務之電腦化，並於1984年一月起正式實施電腦化作業，至1989年初完成全行連線，同時陸續開發各項軟體系統，目前業務已完全電腦化。再者，由於人員擴編，原總行辦公廳舍不敷使用，乃投入鉅資，耗時三年在新竹市中正路與中央路之交叉口興建「新竹企銀大樓」做為總行新辦公大樓，並於1987年落成啟用。除總行自用部分樓層外，並租予遠東百貨及中信大飯店做為營業場所，帶動新竹地區經濟繁榮。

✚ 經營概況

　　為充分培育高品質的人力資源，新竹國際商銀特別著重員工訓練，期使每位行員在入行短期內皆能熟悉各項業務，足以擔當幹部重任。由於辦理員工訓練成效卓著，因而榮獲1991年度全國商總頒發之企業訓練績優單位「金商獎」，顯示其著重員工訓練的努力，已獲得社會的肯定。為因應金融市場開放後的激烈競爭，於1993年元月初正式發表企業識別系統（CIS），並參加經濟部主辦之1995年第一屆優良商標設計選拔獲銀牌獎，大大提升了企業的形象。配合1999年改制商銀，新竹商銀CIS亦重新設計，將原本標誌傾斜80度的「竹」字，修正為90度向上的「竹」字，給人簡潔、結實、典雅的視覺感受，以凝聚全行員工之向心力，並加強客戶之認同感。

　　目前新竹國際商銀主要營業項目有存款、放款、代收、匯兌、信託、信用卡、外匯、證券等。此外，新竹國際商銀國外部於1993年8月16日正式成立，從此外匯業務得以完全自主運作；財務部則於1996年11月成立，使資金調撥及營運管理效率獲得提升；營業據點方面，除在桃、竹、苗地區外，財政部於1994年8月19日宣布放寬各地區中小企業銀行業務區範圍之限制，為跨區經營邁出一大步。此外，又於1999年4月20日正式改制為「新竹國際商業銀行」，擺脫客戶層與區域性的限制，繼續為大眾提供完善的金融服務。為深耕台中、台南地區，2001年相繼在台中及台南地區成立了五家簡易分行，目前共有八十個營業據點。

✚ 組織架構

　　茲將新竹國際商業銀行組織中各相關部門，圖示如（圖13-4）所示。

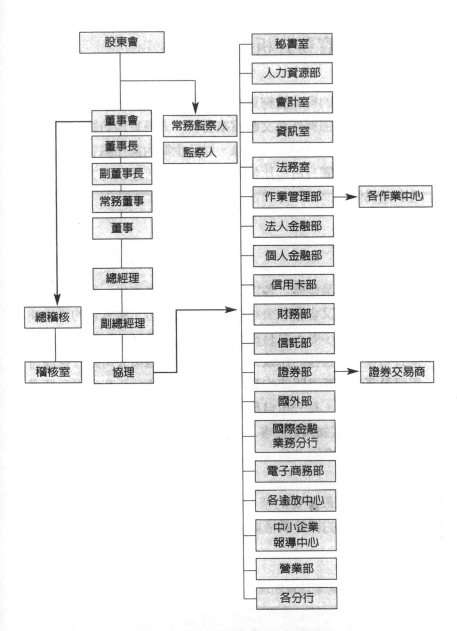

圖13-4　新竹國際商業銀行組織圖

資料來源：新竹國際商業銀行網站（2003）。

13.4 個案實務分析

　　為使建構的模型能夠更加有價值與可操作，本章節利用所蒐集之企業內部與外部文獻檔案資料、人員實地訪談（對象為各分行經理人員或課長）記錄，以及企業內部知識管理作業平台系統等，試圖分析與比較不同個案知識管理執行方式的共通性與差異性。

❖ 企業目標

　　不同的企業型態，各自具備不同的企業文化，而企業內部的文化色彩，又會隨著公司成立時間的長短、領導者的風格與組織規模的大小等，而有迥然的不同。（**表13-1**）說明不同個案公司在企業目標的比較分析結果，三家個案公司對於營運目標與營運方針都有明確的政策。此外，中國信託商業銀行領導人辜濂松先生，有一句自我與員工勉勵話，就是「謙通致和，開誠立信」，其強調對於客戶誠信的重要，以及完整的服務，在廣告中也經常提到 "We are family"，表示相當重視與客戶關係的互動。

　　玉山銀行最重要的核心價值，是樹立清新專業的企業形象、穩健正派的經營風格與口碑載道的服務品質。新竹商銀則

表13-1　知識管理實務運作之個案比較分析（1）：企業目標

特點 建構要素	共通性	中國信託	作法差異 玉山銀行	新竹商銀
企業目標	對於營運目標與營運方針都有明確的政策	相當重視與客戶關係的互動	樹立清新專業的企業形象	本著經營理念保持穩健成長

資料來源：楊政學、林政賢（2004）。

是本著「竹企一家，共同利益，共同享受」之經營理念，公司
上下同仁齊心共同努力，使其保持穩健的成長，期能達成國際
性、綜合性銀行的企業目標。

✦ 認知共識

　　實施知識管理的初步，便是要能凝聚企業員工的共識，讓
員工對知識管理有更深的瞭解。（**表13-2**）說明不同個案公司
在認知共識的比較分析結果，三家個案公司主要是藉由會議的
方式來凝聚共識。其中，中國信託對於員工的訓練相當重視，
主管與行員會不定時、不定期舉辦訓練營、座談會、研討會
等，連續長時間的訓練，例如為期十天的受訓期間，其白天訓
練課程內容，包含金融機構、研訓中心、金融業的知識與實
務；晚上則安排有關人際關係的課程，以及自我成長的課程
等，內容呈現多元化的課程設計。

　　基本上受訓成果重視的是自我的成長，只要是中國信託的
行員一定要去受訓，因為受訓可以統一管理，並加深員工學習
成長曲線，不僅是專業知識，也並重員工的自我成長。當部門
員工有新的知識或是參加研討會時，會利用早會或是其他時
間，針對相關部門作分享的動作，因為中國信託的組織龐大，
部門甚多，所以分享的動作會針對相關部門來進行。

　　玉山主要是透過企業文化來凝聚員工之認知共識，目標朝

表13-2　知識管理實務運作之個案比較分析（2）：認知共識

特點 建構要素	共通性	作法差異		
		中國信託	玉山銀行	新竹商銀
認知共識	主要是藉由會議的方式凝聚員工的共識	每星期會有早會，但不會書面紀錄。	每星期會有固定早會，且會有書面資料。	每個月會有開會，會做紀錄。

資料來源：楊政學、林政賢（2004）。

向成為金融業的模範生，服務業的標竿，成為世界一等公民，希望成為台灣的玉山，世界的玉山。企業員工所擁有的知識都要能被充分運用與重視，是玉山執行知識管理時所要求的，公司透過本身架設的企業**內部網路**（intranet），使得玉山銀行所有人員能在沒有時間與空間之限制下，更快速、更方便的執行業務工作及分享心得。

新竹企銀已有三十多年歷史，對於新的科技方式與思維，在傳統上來說是不太可行的，因此藉由SMART計畫、企業內知識管理，針對各部門的業務進行整合，讓員工打破舊有的思維模式，並且在開會時讓各部門去討論此經驗，去分享心得，對於企業在管理與執行業務上，會更流暢去進行組織運作。整合後的知識管理系統，將會有意見交流部分，而業務部門、高層的人員，可以針對彼此對於活動上、業務上有任何的困擾，做最適當的整合資訊並有效的去管理。

ᐧᑊᐧ擬訂策略

要實施知識管理則要能與營運目標做配合，針對企業內的高價值性知識，加以儲存、複製並跨部門分享。此外，如何降低員工的離職率與流動率，使專業資源能保存在企業內，也是很重要的。（**表13-3**）說明不同個案公司在擬訂策略的比較分析結果，整體而言大抵由高層決定策略的主體。在作法的差異

表13-3　知識管理實務運作之個案比較分析（3）：擬訂策略

特點 建構要素	共通性	作法差異		
		中國信託	玉山銀行	新竹商銀
擬訂策略	由高層決定策略的主體	基層員工可藉書面簽呈或網路提供建議	部門與分行會有個別策略	總行主導分行策略

資料來源：楊政學、林政賢（2004）。

上，中國信託之擬訂策略來源，除了企業內的一些規劃部門，蒐集企業內的意見與建議，以及評估整個金融環境外，亦對公司競爭力較低的或是企業內需要加強的地方，進行一些資料、知識的蒐集。

另外，公司內部尚有一個方案，就是任何行員都可以寫簽呈，抑或每個人認為將有助於作業流程，或是好的服務，以書面方式或是網路提供建議給主管，由主管審核過後，若不錯的知識或方案被錄用，則會變成「作業通告」給全省分行閱讀與使用，其擬訂過程都必須不斷被評估、修正與調整。

玉山銀行在發展組織與管理機能之際，引進創新的契機，運用原有資訊科技的優勢，全面加速電子商務的服務，e-collection服務系統是一個很好的開始，有備制人，無備則受制於人，只有智慧、創新加上專業，才能面對未來新的競爭環境，必須把全副的注意力放在這上面，適應這新的競爭遊戲規則並取得優勢。在新竹商銀方面，其非常重視員工持續的發展與學習，配合每位員工績效目標與職能上的展現，以及職涯發展的需要，提供嶄新的思維與具體的金融學習解決方案，該公司期能在強調創新、效率與快速變化的工作環境中，不斷地提升自我的競爭力。

✛ 資訊系統

知識管理規劃與設計的重點，在於企業如何利用資訊科技（如知識管理平台）將其知識作轉化與管理。知識管理系統可以集中管理企業的核心知識，並且確保這些資產的緊密傳遞，以及使其後續追蹤可順暢進行。（**表13-4**）說明不同個案公司在資訊系統的比較分析結果，其中，中國信託除資訊平台的設計外，尚有行內網路可供行員們交流業務心得、意見與建議，會將問題與經驗作整理。行員們目前有工作手冊的電子檔，以及

表13-4　知識管理實務運作之個案比較分析（4）：資訊系統

特點 建構要素	共通性	作法差異		
		中國信託	玉山銀行	新竹商銀
資訊系統	知識管理 資訊系統維持	資訊平台加上 企業內部網路	硬體建置加上 成員心態調整	企業內網路加 上輔導員制度

資料來源：楊政學、林政賢（2004）。

上、中、下三本厚厚書面的手冊；而且電子檔會隨著公文不斷更新條款與規定，非常人性化，且大家都可以隨時查閱。這也表示行員們必須時時上網，以瞭解新資訊的發布，新條款（策略）的公布，以及一些更新的檔案。

　　玉山銀行利用累積經驗達到知識的聚集，首先必須進行知識管理，透過硬體的建置，利用資料庫的建檔、儲存，留住許多經驗，將成功經驗複製作成教戰手冊，當累積的經驗再次移轉、運用的同時，過去無法傳遞的學習經驗、內隱的知識，都已經透過知識管理的進行，被挖掘與蓄積起來。除組織的制度與系統之外，組織成員的心態也是很重要的一環。每個成員要有"share to gain"的態度，要分享才能學得更多。因為當儲存知識的環境建置完成後，想要內容豐富化，就要仰賴人的分享，將分享的態度變成習慣後，再串連成知識社群或虛擬團隊，並從參與討論中分享，透過經驗的交換，一起解決問題。

　　新竹商銀目前正整合部門內企業網路，透過新式管理工具及新的思維模式，將打破總行與分行以往TOP-DOWN的關係，並且有輔導員制度，對於分行之間的管理工具會有彈性的調整。每週的會議中每個部門經理會提出一個企劃案，並且各部門會不斷針對企劃案提出問題，經由討論之間對於新產品的開發行銷是有幫助的。原有的資訊管理系統在各部門下都有各自建構一架，之後會整合一套新的資訊管理系統，可對企業在知識管理與發展上，進一步與核心能力做結合，而同時會有手冊、資訊系統上的分享與交流。

❖績效評估

　　知識管理要提供具體的方法，以落實組織的學習，並給予員工一個自由開放的知識交流空間與溝通管道。不同的企業會有不同的績效評估方法，其績效評估的目的無非是為了提升企業內部員工的素質與企業競爭力，其評估的項目也依企業而有所不同。

　　（**表13-5**）說明不同個案公司在績效評估的比較分析結果，其中，中國信託的績效評比，可以分為A、B、C、D、E五種不同的等級，一般來說大約80%的人都落在C級上，而A級與B級比率大都較低，其評比會因不同單位而有所不同；D級與E級的落在績效較低的行員身上，而D級員工可能在一年內無法升遷，至於E級的行員最差的情況，則可能會有被資遣的危險。另外，績效評估又可分為銷售部門及作業部門，銷售人員是以銷售業績來打考績及獎金，而作業部門則是以服務績效及主管訂的各項考核來評估，至於考績則是一年打一次，在年底前打考績。

表13-5　知識管理實務運作之個案比較分析（5）：績效評估

特點 建構要素	共通性	作法差異		
		中國信託	玉山銀行	新竹商銀
績效評估	評估績效都有一個準則	不同部門、不同主管而有差異	無形：獎項；有形：財務報表	目標管理且有績效管理制度

資料來源：楊政學、林政賢（2004）。

　　由於中國信託在產品開發、業務績效、獲利能力等方面表現優異，使得外界對於中國信託的評價頗高，其曾在商業周刊1998年度銀行服務品質調查中榮膺第一名，自1999年起每年均獲得《全球金融雜誌》（*Global Finance*）評選為台灣地區最佳銀行，2000年更獲得該雜誌評選為「亞太地區最佳企業網路銀行」

及台灣地區「年度最佳銀行」（Best Bank Awards 2000），2001年則榮獲*The Banker*雜誌9月號評選為「台灣年度最佳銀行」（Bank of the Year for Taiwan）等殊榮。

另外，2002年四月榮獲 *Finance Asia* 雜誌評選為2002年亞洲十大國家頂尖企業之一，而中國信託是國內唯一獲此殊榮之金融機構；五月榮獲 *Global Finance* 雜誌評選為「亞洲新興市場台灣區最佳銀行」（Best Emerging Market Bank in Taiwan）；七月則榮獲*Finance Asia*雜誌評選為「台灣地區最佳本國銀行」（Best Local Bank）；九月榮獲 *The Banker* 雜誌評選為「2002年台灣區最佳銀行」（Best Bank in Taiwan 2002）；十月其個人化網路銀行榮獲經濟部商業司主辦第二屆「e-21金網獎」銀質獎；十一月榮獲台灣金融研訓院主辦「第一屆台灣傑出金融業務菁業獎」之「最佳人才培訓獎」及「最佳電子金融獎」，是參賽者中最大的贏家。這些好成績，再次證明中國信託經營之用心。

績效之評估分為無形及有形，無形指的是非財務方面，玉山所獲得的獎項足以證明，服務品質、人力資源及資訊科技榮獲52家銀行服務品質第一名。有形指的是財務方面，例如EPS是16家新銀行第一名。全體玉山人的努力，玉山金融事業群已樹立了清新、專業的企業形象與社會所肯定的服務品質，並將之昇華為與社會共享的責任，此乃玉山人服務之初衷，亦是加強競爭優勢的原動力，秉持發自內心的熱忱所激發的服務品質，加強與顧客做良性的互動，以充分掌握市場變化與顧客需求，創新產品、創新服務，用不一樣的方法，來達成最佳的效果。

新竹企銀有實施一套的績效管理制度，對於員工方面，是很有激勵的效果。新竹企銀因為有三十多年的歷史，其有傳統上的包袱。在近二、三年間，新竹企銀不斷的改造，目前導入許多新式的管理工具，對於提升業務上實質的效率是有幫助性的。新竹商銀是以目標管理為導向，同仁依成長與學習經驗，設定個人的工作目標，透過與主管的溝通與輔導，協助主管與

408

同仁熟悉本身的工作職責,讓公司給予必要的訓練、發展與培育,亦讓同仁在學習發展的過程中,得到公司最大的協助與支持。

✤創新策略

員工訓練在個案中發現為創新策略上的重要指標,而在金融服務上,良好的服務可為公司形象、產量銷售量帶來正面的影響。成功的創新是建立於累積有效產品與製程的改變,或是以創造性的能力將現有的技術、意念與方法結合,創新也並非一蹴可及的,一項創新會導致另一項創新,並帶來持續的改善與升級。

(表13-6)說明不同個案公司在創新策略的比較分析結果,其中,中國信託鑒於科技電訊及網際網路之日益發達,陸續推出電話銀行、行動銀行,以及網路銀行服務,同時透過策略聯盟方式,積極介入電子**商務**(e-commerce)新通路,提供企業間(B2B)應付應收帳款管理,以及e-pay、e-lending、e-collecting線上付款等金流方面的服務,協助企業進行高效率的資金運用與管理。

表13-6 知識管理實務運作之個案比較分析(6):創新策略

特點 建構要素	共通性	作法差異		
		中國信託	玉山銀行	新竹商銀
創新策略	金融產品與金融服務的創新都是種習慣。作業系統選擇高效率、省時的系統方法。執行精密的員工訓練計畫。	併購些小型企業與成立金融控股公司。採用電子商務線上作業系統。	根據顧客的需求做金融產品與金融服務上的創新。培育財務工程人才。	採用SMART作業系統。依員訓計畫採輔導員制度。

資料來源:楊政學、林政賢(2004)。

　　玉山銀行認為人才永遠是金融創新的核心動力來源，金融創新最重要的前提應是法律的鬆綁，而促進財務工程的發展，則是金融風險管理的第一步。在現代知識管理潮流下，金融創新具有極重要地位，目前國內金融服務業在創新上著墨最少，或與國際金融的接軌上也最容易被忽略的一部分，在全球化的趨勢下，金融創新會是一個重要趨勢，在人口高齡化與財富累積增加的社會型態下，未來外匯與創新產品也將帶來很多機會，從市場需求面來看，金融創新應運而生且將掌握未來。

　　玉山銀行認為金融創新不僅是金融商品的創新，金融服務的創新也具有其重要性，但金融服務的創新，不僅是成立24小時無人銀行、網路銀行等，各家金融機構跟進容易，產生進入障礙低的問題。如果金融機構過於偏重金融服務的創新，並不易建立本身特色與價值。因此，金融機構當前最重要的是培育財務工程人才，在金融工程發展情勢下，金融高科技必然不易被忽略。

　　新竹企銀有一套員訓計畫，一個新進員工除了有直屬主管與單位主管外，還有一套的輔導員制度，將對新進員工在管理、專業上，做最符合員工需求的生涯計畫。將來在SMART專案中也是強調員工的訓練，深信好的服務可為公司形象與銷售量上帶來加分。在與亞洲最大的購物中心——風城聯合發行了風城聯名卡，就是希望能夠擺脫一般人對於新竹企銀定位於地區性的銀行，提高對新竹企銀的形象。在金融業對於產品的改良是經常性的作業，希望能給消費者好的形象是必要的。每週的會議中每個部門經理會提出一個企劃案，並且各部門會不斷針對企劃案提出問題，而此討論對新產品的開發行銷是有幫助的。

13.5 結論與建議

綜整本章節對個案公司的實證分析，可進而歸結得出研究結論與研究建議，以供相關業者推動知識管理與創新策略的參考（楊政學、林政賢，2004）。

❖ 研究結論

歸結本章節對研究個案知識管理與創新策略的實務運作，可得出如下幾點研究心得：

* 明確的企業文化與營運目標，確實可與知識管理相輔相成。
* 公平合理的績效管理制度，可促使有效知識管理的推行。
* 在產品與服務創新的策略上，應將金融產品與金融服務的創新視為常態。
* 在技術創新的策略上，作業系統宜配合科技化，增進高效率與高效能的作業流程。
* 在教育訓練創新的策略，優良的員訓計畫實為企業獲取競爭優勢的條件之一。

❖ 研究建議

延伸個案分析的結果，擬綜合提出以下幾點建議，以供三家個案公司參考：

* 在中國信託商業銀行方面，本章節建議應實施完整的教育訓練，如此新人可藉此瞭解到公司的營運狀況、公司

制度、公司目標、公司環境及公司文化，亦可藉此凝聚
員工的向心力。

- 在玉山商業銀行方面，本章節建議應加快處理作業系統
的整合，加速知識管理活動之流暢。並且建構一個有效
的知識管理活動，讓組織的知識能夠有效地創造、流通
與加值，進而不斷地產生創新性產品與服務。

- 在新竹國際商業銀行方面，本章節建議其企業文化應明
確具體，以利凝聚員工的共識，加速知識管理活動之流
暢。同時，應改善現有作業系統，給予員工一個自由開
放的知識交流空間及溝通管道，以便激勵員工產生更多
創新的泉源。

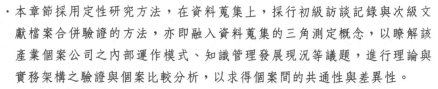

重點摘錄

- 本章節採用定性研究方法，在資料蒐集上，採行初級訪談記錄與次級文獻檔案合併驗證的方法，亦即融入資料蒐集的三角測定概念，以瞭解該產業個案公司之內部運作模式、知識管理發展現況等議題，進行理論與實務架構之驗證與個案比較分析，以求得個案間的共通性與差異性。

- 研究發現：明確的企業文化與營運目標，確實可與知識管理相輔相成；公平合理的績效管理制度，可促使有效知識管理的推行。

- 在產品與服務創新的策略上，應將金融產品與金融服務的創新視為常態。

- 在技術創新的策略上，作業系統宜配合科技化，增進高效率與高效能的作業流程。

- 在教育訓練創新的策略，優良的員訓計畫實為企業獲取競爭優勢的條件之一。

- 在中國信託商業銀行方面，研究建議應實施完整的教育訓練，如此新人可藉此瞭解到公司的營運狀況、公司制度、公司目標、公司環境及公司文化，亦可藉此凝聚員工的向心力。

- 在玉山商業銀行方面，研究建議應加快處理作業系統的整合，加速知識管理活動之流暢。並且建構一個有效的知識管理活動，讓組織的知識能夠有效地創造、流通與加值，進而不斷地產生創新性產品與服務。

- 在新竹國際商業銀行方面，研究建議其企業文化應明確具體，以利凝聚員工的共識，加速知識管理活動之流暢。同時，應改善現有作業系統，給予員工一個自由開放的知識交流空間及溝通管道，以便激勵員工產生更多創新的泉源。

重要名詞

三角測定（triangulation）

文獻分析法（analyzing documentary
realities）

深度訪談法（in-depth interview）

衡量指標（measurement）

知識管理流程（knowledge manage-
ment process）

內部網路（intranet）

電子商務（e-commerce）

問題與討論

1.本章節所提金融業知識管理的實務模式，在研究方法與資料蒐集上有何特性？試研析之。

2.國內金融業知識管理個案推行上，有何研究結論？試研析之。

3.國內金融業在創新策略上，有何具體的作法？試研析之。

4.在中國信託商業銀行方面，有何研究建議？試研析之。

5.在玉山商業銀行方面，有何研究建議？試研析之。

6.在新竹國際商業銀行方面，有何研究建議？試研析之。

7.本章節三家個案公司在知識管理與創新策略上，有何作法上的差異性？請談談你個人的看法為何？

Chapter 14

壽險業知識學習（Ⅰ）

本章節探討壽險業知識學習的個案研究，討論的議題有：個案研究設計、創新教育訓練意涵、創新教育訓練實務架構、創新教育訓練實務分析，以及結論與建議。

14.1 個案研究設計

本章節進行個案研究設計架構之說明，包括：研究背景與動機、研究目的，以及研究方法與流程等議題的討論。

❖ 研究背景與動機

台灣產業結構由農業、工業，轉型為以服務導向的三級產業，壽險業乃具綜合性、多角化經營的企業體，其所供應的商品或服務，無法預先大量生產與儲存，且涉及人類廣泛生活層面。壽險業為因應2001年通過的金融六法之規範，金控公司（Financial Holding Company, 簡稱FHC）的相斷成立，以及台灣加入WTO後，國內壽險市場日趨競爭，壽險衍生性金融商品（derivative）的多樣化需求，均使得壽險從業人員不得不由傳統的業務人員（agents），轉型為財務顧問（advisers）的角色（Steven，2001；曾恩明，2002），意謂壽險從業人員本身提供的服務，亦將成為一項商品（Steven，2001），而其本身的專業知能能否勝任，亦將是從業人員需要去面對與克服的挑戰。

壽險從業人員服務品質的好壞，直接影響企業體展現在外的形象，意謂「人本」的因素主導著壽險業的成敗。在新經濟時代下，由於資訊科技的快速成長，加速了市場與競爭的全球化，企業的競爭優勢，在於價值、創新與速度，即企業需要更「迅速」地以「創新」的技術與觀點，來為顧客創造更高的「價值」。唯在追求資訊科技的同時，不可缺少人文素養的薰陶，而

教育訓練則扮演重要銜接與整合的角色。壽險業為積極拓展國際市場，以擴大業務發展空間，提升本身壽險產業競爭力，思索應如何加強員工向心力與素質，儼然成為壽險業刻不容緩的重要課題。對企業主本身而言，如何培養優秀的人才，一直是最重要亦是最難解決的問題。

研究目的

企業基於永續經營的理念，有必要融入企業文化價值，再透過資訊科技的運用，來建構適合企業本身的教育訓練系統，發展出創新的教育訓練策略。如何將教育訓練以更為創新的策略來落實，是企業能否持續保有競爭優勢，以及永續經營發展的關鍵要素。人本的因素在壽險業益形重要，企業體本身藉由創新教育訓練的施行，可將企業文化、知識管理與知識創新，作進一步的整合與連結，使組織成員的素質得以確切轉化與提升。教育訓練的規劃為企業經營活動的一環，因為企業的經營與發展，實有賴於具專業知識、技術與能力的人才，而優秀人才的養成，則有賴規劃完善的教育訓練。

壽險從業人員素質的改善，可藉由教育訓練的施行，有意識地提升其專業知能，但同時更要能融入潛意識的服務熱忱。因此，透過教育訓練除可增加壽險從業人員對壽險金融商品的瞭解與操作外，教育訓練負責部門亦應思考如何將企業文化價值，內化成為從業人員的認知共識。因此，國內較具代表性壽險個案公司，其對教育訓練的創新思維與作法，便成為本章節想深入瞭解與探討的議題。

茲將本章節較為具體之研究目的，歸納如下幾項：

．探討創新教育訓練的真正內涵。
．建構整合資訊面與文化面的創新教育訓練架構。

‧探討壽險業不同類型個案間，在創新教育訓練作法上的異同點。
‧歸結提出本章節研究結論與建議。

研究方法與流程

本章節採用定性研究方法，在資料蒐集上，採行初級訪談記錄與次級文獻檔案（網站資料、期刊論文、壽險個案公司出版品）合併驗證的方法，亦即融入資料蒐集的三角測定（triangulation）概念（楊政學，2002b），來針對所建構之概念架構予以相互驗證，以深入瞭解壽險業創新教育訓練之實務運作情形。

在研究流程上，首先，確立研究問題、目標與範圍後，即利用文獻分析法（analyzing documentary realities）進行相關文獻蒐集與整理，以瞭解創新教育訓練的真正內涵與發展，並萃取出建構創新教育訓練實務模式的重要因素。再者，在研究個案方面，由於多重個案設計可用作個案比較分析，以衍生或延伸理論，因此針對本研究所探討的四家壽險個案公司，在確認深度訪談對象後，擬訂個案訪談大綱，採用人員深度訪談法（in-depth interview），以實地瞭解其對創新教育訓練實際運作上的意見，作為研究個案的訪談紀錄與整理。最後，依據個案訪談、文獻檔案及相關次級資料等，進行整理、分析與比較，而後結合本章節所建構之創新教育訓練的模式架構，期能真正瞭解壽險業創新教育訓練的實際運作與內涵，進而提出本章節研究結論與建議。

14.2 創新教育訓練意涵

針對創新教育訓練意涵的討論，分別由創新意涵、教育訓練意涵與目標，以及壽險業教育訓練目標等層面來探討。

❖ 創新意涵

「創新」的觀念最早是由奧地利經濟學者熊彼得（J. A. Schumpeter）於1932年提出，他認為創新是企業利用資源，以新的生產方式來滿足市場的需要，而且是經濟成長的原動力。另外，熊彼得亦指出創新是廠商採取一種足以改變其生產可能性的新生產程序或方法。他特別強調「創新」與「發明」兩者是不同的；發明為科學性的活動，而創新則是注重在商業利益的經濟活動。就科技的角度而言，一般廠商所採取的新生產程序或生產方法可能早已存在，因此創新不見得為科學上的發明，相同的，發明亦未必會伴隨著創新活動。

Freeman認為創新是指引進新的技術，推廣新的與改良的產品或程序，而技術創新是指那些以先進知識為基礎的創新。但是，面對複雜變動的經營環境，企業唯有保持不斷地創新活動方能因應與克服。管理大師Peter Drucker以完整與系統化的方式討論創新，並反對所謂創新是「靈機一動」的想法，他認為創新是可以訓練、可以學習的。Drucker認為創新是一個經濟性或社會性用語，而非科技性用語，創新乃指「改變資源的產出」，並可將其界定為「改變資源給予消費者的價值與滿足」。

企業在各方面的持續改善，是在當前紊亂環境中面對挑戰所必須的活動，而透過創新企業可以使投資的資產再創其價值，亦可使企業新經濟下，可以永保趨勢領導的競爭力。創新是指將知識轉換為實用商品之「過程」，所強調的是在該過程

中，不同相關部門的互動與資訊之回饋，且創新是創造知識及
科技知識擴散之最主要來源。

　　本章節對於「創新」比較折衷的定義是「新的概念、製
程、產品或勞務之創造、接受與執行」，此一定義特別強調創新
執行面，亦即說明創新乃是人類為創造附加的經濟價值或社會
價值，而實際去發明與運用的概念。此外，從創新的主體來
看，一個具創新能力的組織，通常在整體的組織行為上有其一
定的特徵，因為創新除了是創造力的發揮外，新概念的接受與
運用行為，亦是創新能否成功的重要因素。

✛教育訓練意涵與目標

　　教育訓練係由「教育」與「訓練」組成，其中，教育意謂
透過引導的方式以協助學習者之身心發展（黃麗安，1990）；
而訓練則是一種學習經驗，此種經驗在力求個人能力相當持久
的改變，以增進工作效率（Robbins，1982）。在實務上，一般
企業對於教育與訓練，並無明確劃分，而統稱為「教育訓練」
（謝耀龍、楊凌玉、陳怡賓，2001）。再者，「訓練」是以目前
工作為著眼，多能應用所學於工作上，較容易評量其對組織的
效益；「教育」是以將來工作為著眼，僅能應用部分所學於工
作上，較難評估其對組織的效益；「發展」是以個人或組織成
長為著眼，工作上可能完全應用不到，對組織的效益也較難評
估（Nadler，1970）。

　　Huat與Torrington認為訓練是增進人員知識與技能的一種過
程，其可能包括改變人們的態度，以致於更有效率的完成他們
的工作。訓練是為了改善員工目前的工作表現，或增進即將從
事工作的能力，以適應新的產品、工作程序、政策與標準等，
以提高工作績效（廖述嘉、王精文，2003）。教育是培養員工在
某一特定方向提升目前工作的能力，以期配合未來工作能力的

規劃，或擔任新工作、新職務時，對組織能有較多的貢獻（張火燦，1998）。教育訓練意涵約可界定為：依企業經營理念與目標，且透過瞭解與分析員工在工作上的所需與不足處，所制訂並執行的一套有效的學習計畫。

　　教育訓練的目標，可劃分為兩方面來討論：首先就個人而言，教育訓練對個人的目的，主要是提升個人的能力、態度與自信等；而個人的能力、態度一旦提升後，不僅在績效、薪資將隨之提高，日後在其他職務選擇上，亦能有較足夠的籌碼。其次就組織而言，教育訓練對組織的目標，包括提升員工的素質、增加獲利率、提升組織凝聚力、組織中人際關係改善，以及增加員工的適應力與專業知識等（Swanson，1987）。

　　有效的教育訓練可以增加生產效率，若再配合其他人力資源措施，可以增加員工之安全感、減少組織之流動率；然若組織的教育訓練未能配合個人興趣與工作內容時，則可能發生資源的利用未能達成有效使用的成效。

　　教育訓練包括範圍相當廣，而一個完整的教育訓練制度，至少應包含教育訓練需求評估、教育訓練之規劃、教育訓練之執行與教育訓練成效評估等（Schuler，1981）。教育訓練的主要目的在於：建立員工正確的工作心態，增進其工作知識與技能，培養其解決問題的能力，進而引導其自我學習及對工作與公司產生歸屬感（謝耀龍、楊凌玉、陳怡賓，2001）。

　　教育訓練可分為九個步驟：確立訓練需求、工作分配、確認受訓者的個人需求、確立訓練目標、訓練內容的設計、訓練的策略、訓練資源的準備、訓練的實施及評估與回饋（Nadler，1982）。或謂教育訓練應包括四個階段：訓練的需求分析、擬定訓練計畫、訓練實施與評估結果（Singer，1990）。另外，教育訓練的模式應包括：必要性分析、訓練計畫、訓練實施與訓練評估（黃英忠，1997）。整體而言，教育訓練之需求確立、規劃、實施與評估，實為探討教育訓練不可忽略的主要步驟。

❖壽險業教育訓練目標

壽險業教育訓練的目標，大抵可依下列幾項來說明：其
一、訓練是指使一個人正確、有效、盡責的從事其工作；其
二、訓練是指使一個人工作品質獲得持續的改善；其三、訓練
是指使業務人員成為成功有能力的專業壽險行銷人員過程中所
用的一切方法。為提升壽險行銷人員的績效，教育訓練必須針
對業務人員的績效能力**KASH**，意即**知識**（knowledge）、**態度**
（attitude）、**技巧**（skill）與**習慣**（habit）四要素著手（廖述嘉、
王精文，2003）。總之，除業務員的個人特質外，知識、能力、
工作態度、工作技巧與習慣，亦是影響業務人員績效的重要因
素，而教育訓練可以使個人在知識、態度與技巧等績效能力
上，獲得持續性的改變，進而提升其績效。

目前台灣壽險業實施的業務員教育訓練，可分為三個階
段：職前教育、銜接教育與在職教育。職前教育包括：新進員
工心理建設、人壽保險基本知識、銷售技巧、保險產品及作業
流程。銜接教育涵蓋：角色扮演、陪同指導。在職訓練則包
含：管理階層訓練、資深業務員訓練、日常教育（曾眞眞、陳
聰賢，1999）。

壽險業教育訓練的目標，除培育業務人員專業知能外，更
扮演整合公司銷售文化，以及融合不同文化差異的作用。前者
在專業知能培育上，包括正確壽險觀念的灌輸與建立、新型衍
生性壽險商品的認識與操作，以及其行銷技巧的提升；而後者
導因於企業文化的形塑，以及壽險從業人員流動時，公司在吸
納其他公司轉入人員時，所必須面對文化差異的問題。因此，
壽險業教育訓練的工作非常重要，尤其是現今處在金融市場的
日趨開放多元、金控法規的新規範，以及2005年中國大陸保險
市場的全面開放，均衝擊著台灣壽險公司的未來，相對亦使得教
育訓練的工作刻不容緩，同時亦扮演有減緩衝擊程度的功能。

14.3 創新教育訓練實務架構

壽險業創新教育訓練實務架構的探討，係以人文面的思維、系統面的思維，以及創新教育訓練的建構來討論。

✥人文面的思維

教育訓練的推動建立於企業組織文化下，經由專業領導團隊的帶領，唯有發展學習型組織型態的同時，建立競爭優勢的組織，方能為企業開創出新局勢的契機。教育訓練可謂企業價值創造的基礎，而其推動除可仰賴一套可行又有效的教育訓練工具外，人員的因素與競爭力分析，對教育訓練的推行具舉足輕重的影響。Greengard（1998）認為人力運用於知識策略上最少應有三個重點：高階管理者的支持、培養包括技術性與非技術性員工的交叉功能團隊，以及建立起資訊蒐集與散布的系統（劉京偉譯，2000）。

企業組織的競爭優勢在於創新、速度與價值的變革，為了確保教育訓練是否成功、能否遂行，端視於領導者有無堅強的意志，以及制定策略時是否有通盤的考量。領導者可謂是組織的靈魂人物，因為他們必須具備從不同的情境中，依不同的組織文化調整獨特的領導風格，以將領導的特質充分發揮，使組織更具競爭力。因此，企業文化、領導角色與競爭能力三構面，即為教育訓練的文化面的探討。

企業文化為非正式的模式，並非能夠一蹴可及的改變，它會跟隨企業的發展而不斷地延續。這種模式有助於組織成員，在企業無形的文化與價值觀中，自發性地從事知識創造、學習、擴散等工作。在領導角色上，**領導**（leadership）是指影響人們願意去追隨他的領導，或服從他的決策之能力，能獲得追

隨者，並影響他們，去建立及達成目標的人，就是**領導者**（leader）。

領導者能運用權力，去影響群體行為，而有效的領導在組織中，定能順利地推動企業活動的運行，並考慮到組織內各方面長遠的利益，發展具有遠景的策略，達成企業目標。當外來知識無法或無力取得，出現即使有知識亦難以因應現有環境需求時，組織中領導者必須設法克服既有知識之格局與困境，而自力創造新的知識。

Nonaka與Takeuchi（1995）主張組織知識創造之工作，應由領導者來帶頭，再將創造出來的知識擴散至個人、全組織、甚至跨組織，而組織應建立一個有利於知識創造的情境。領導者除了策動企業文化的推行，也必須鞭策整體企業目標的達成。因此，領導者的核心價值，成了舉足輕重的關鍵因素。

在競爭能力上，企業應如何在眾多的競爭對手下獲得最大的贏家，其成功的關鍵因素在於是否建立一套競爭優勢的組織機制。為創造與競爭對手的差異性，身為靈魂人物的領導者，該如何帶領組織建立以下的企業文化，才能達到創造競爭優勢的價值，可從建立共同願景的價值觀、建立開放的企業文化、建立學習分享的企業環境，以及建立勇於創新變革的文化上著手。建立學習分享的企業環境，乃是建構分享的有效機制，讓知識得以交流分享，促使讓員工具備快速學習的能力，養成學習的習慣，將學習快速轉換為行動的能力。

領導者可鼓勵跨越組織的學習，進行學習分享成果與產生新的創意。建立勇於創新變革的文化，主要強調的是創新常產生於不同的想法、觀念、方式及判斷的衝突當中，領導人應適時鼓勵或激發，並讓員工彼此尊重對方的想法，將不同想法的激盪朝向良性的變革方向。教育訓練需求的確立，亦需要由業務人員本身自行提出，或由教育訓練部門來作決定，以提升業務員的競爭能力。知識競爭優勢的發揮，必須在組織內具有吸

收、創造、累積、分享等機制，才能達成，知識絕不是大量指派員工到外面受訓就能提升，必須掌握外在與內在環境的因素，並有效地內化到各部組織，爲企業創造更大的價值。

✥ 系統面的思維

由於壽險業教育訓練已成爲目前經營管理主流，而教育訓練本身是無形的產物，但可經由人加以轉化、儲存及累積在知識工作者、產品或應用系統、文件資料裡。因此，如何有效運用資訊系統，規劃出一套教育訓練流程是必要的。教育訓練是一種過程，目的是將資訊系統與內隱知識進行結合、轉化，以達到知識創造、擴散、蓄積與分享之功能。針對資訊面的觀點來探討教育訓練的功能，不能僅限於將知識在企業內部做純粹的分享與擴散，最終的目的是在建構以思考的速度來經營企業的系統及機制，也就是**靈敏的**（agility）**數位神經系統**（Digital Nervous System，簡稱DNS）（馬曉雲，2001）。

在知識創新上，教育訓練除運用對知識的獲取、蓄積、擴散的程序，所產生的知識力量來擴大其競爭優勢外。充分運用與知識來源相互的知識激盪，所產生的創新知識，才是壽險業永續生存的不二法門。當既有知識已難以因應現有環境之需求時，且組織在無法或無力取得外來知識，知識創新即是最好的解決之道。因此，知識創新即是促使組織超越既有知識，創造新的知識。

爲使組織知織創新有效率或有效能地進行，組織成員應具備整合各方知識來源的能力。組織成員結合組織資源，以團隊的方式來進行創新，使社會知→外部知→結合知→內部知之程序能透過不斷的循環與運用（Nonaka & Takeuchi，1995），建立一套具有反應迅速的創新制度；讓組織成員在自發意圖下，爲組織注入源源不絕的知識性資源。

利用資訊科技工具來建立一個E化的教育訓練學習環境，是目前壽險公司極力想去克服與突破的議題，其中含括有較資深人員心態的調整、E化工具的再訓練，以及教育訓練部門訓練方式的調整、所衍生的相關配套設計等。因此，如何建置一個高度E化的教育訓練平台，會是壽險公司持續努力的目標，未來更朝向E化學習（e-learning）環境的營造。

e-learning環境的到來，將大幅度改變壽險業教育訓練於業務與行政系統的訓練方式，甚至是觀念的導引與習慣的調整。教育訓練系統面的思維，大致上以建構教育訓練E化學習環境為目標，而知識平台、訓練規劃、課程實施與創新策略，甚至是績效評估，均可透過教育訓練的E化學習來進行整合，打破傳統空間與時間的侷限，又可讓訊息得以公開透明化。

❖ 創新教育訓練的建構

面對知識快速變遷的現代，壽險業所擁有的主要資產是以無形的智慧資本形式存在，其主要的價值不在於土地、建築物或其他有形的資產，而是在於公司內部成員的經驗、才智、開發能力、創造能力及商標。面對眾多的競爭對手，如何普及運用智慧資本，以及如何強化內部的核心能力，便成為創造競爭優勢的關鍵來源；而企業文化價值、知識管理系統與知識創新策略的整合，可作為企業提升自我競爭力的利器。教育訓練的深度與廣度，勢必直接影響到壽險業能否成功凝聚共識與順利轉型的重要因素。

要發展出一個由專家所構成的共通內涵架構，在其組織架構內容中，必須發展出一個共通的文字、樣板文件等，並且需要有人的支援。它的工作平台是富有高度彈性的，且掌握外在環境脈動的演變，因此應建立一套有用且適合組織成員需求的知識庫，而非完美的知識庫。最後，領導者在整個教育訓練的

運作上，占有極具重要的地位。領導者主導整個教育訓練運行
的策略擬訂，而知識策略是影響目標成功與否的重要關鍵。領
導者必須要有遠見、重視教育訓練所帶來的價值，本身亦深諳
教育訓練的哲學與施行，要明確掌握教育訓練的目的與目標。

　　綜整上述的討論，本章節擬提出一個整合系統面與文化面
的教育訓練實務架構，如（圖14-1）所示。其中，在教育訓練
模式架構中，文化面的三項構成要素，企業文化、領導角色與
競爭能力，基於實務分析的可行性，而轉化為企業目標、領導
風格與需求確立。至於，教育訓練系統面的組構，則是以創造E
化學習（e-learning）環境為主要目標，整合教育訓練的知識平
台、訓練規劃、課程實施與創新策略，以及教育訓練的績效評

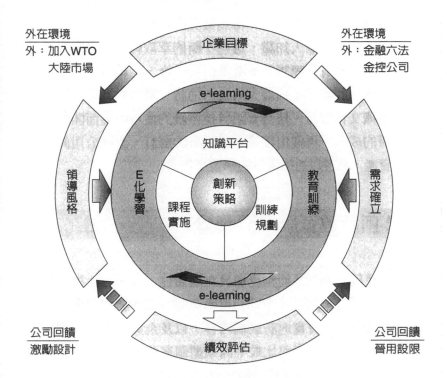

圖14-1 創新教育訓練的實務架構
資料來源：楊政學（2003b）。

估，同時亦探討影響壽險業教育訓練的外在環境，以及壽險公司對教育訓練成效的回饋。

由（圖14-1）可知，在外在環境的影響因子中，在國外部分：有加入WTO、大陸保險市場2005年的全面開放等；而在國內部分：有金融六法的法規規範、金控公司的相繼成立等。在公司回饋的影響因子中，大抵有激勵策略的設計，以及人員升遷晉用的條件設限，以期能提升教育訓練的績效評估。創新教育訓練並不僅僅是做到專業知識的分享、傳遞與管理，而是將專業知能透過知識「資訊化」及知識「價值化」兩層面來推行（楊政學，2003b）。

知識資訊化是使用教育訓練知識平台作為工具，建構e-learning環境，用以獲取、儲存、擴散、分享知識，使組織成員能夠透過資訊系統的運用，得到最完善的教育訓練；知識價值化則是將員工的個人知識，透過不斷的萃取轉化為組織的共同知識。創新教育訓練應該是兩者相互結合、相輔相成，才可以讓教育訓練的績效達到最大效益。同時，創新教育訓練要真正融合組織文化價值，結合資訊科技系統的使用，進而開發出知識創新的成效，再經由經營管理策略的擬訂，成為公司真正的無形資產，且得以活絡組織的學習文化。

14.4 創新教育訓練實務分析

為使建構的模式能夠更加具有價值性，以便於往後實務研究之命題建立，因此本章節利用所蒐集到之企業內部與外部文獻檔案資料、人員實地訪談稿內容，以及企業內部教育訓練平台系統等，試圖分析與比較不同類型個案間，創新教育訓練流程上，不同階段實務運作的解決與處理方式。

✤ 企業目標

（**表14-1**）說明國壽、安壽、南壽與中壽四個案公司教育訓練實務運作上，在企業目標階段比較分析之結果。企業目標在於深入瞭解企業對教育訓練施行時的願景與目標，並且以企業本體的立場，來探討執行教育訓練時，必須對經濟體系的變化、策略性的建構、明確的經營方針以及組織作業的特性，作全面通盤的考量。

在個案公司中，國泰人壽的展業人員藉由溫和親切的在地形象，加上厚實的人脈網絡，已為公司創造出不少的業績。展業人員制度也使保戶續繳保金意願增強，提高保戶的定著力，因此在企業目標設定上，較著重在鞏固現有長期性與創造性的保戶數目。唯在知識經濟時代下，國泰人壽亦著重於推動企業「全面e化」的策略，利用網路的便利性與科技的創造性，提供最快速的業務支援，藉此提升業務人員的工作效率。

安泰人壽目前已經整合了內部各項流程，提出 "e-serv-ice"、"e-commerce"、"e-process"、"e-learning" 四大架構，希望從全方位的角度，提升業務人員專業與行銷服務上的能力；要求零距離的服務，且作業流程透明化揭露。南山人壽為使客戶之保單能夠儘速送達客戶手中，提供保單影像系統，統一處理保單核保動作，使保戶儘快得到更好的服務，達成快速

表14-1　個案公司教育訓練中（企業目標）之比較

特點 建構要素	共通性	作法差異			
		國泰人壽	安泰人壽	南山人壽	中國人壽
企業目標	改造內部機制 網路科技化 業務資訊化 客戶銷售導向 全面性經營	長期穩定保戶 業務全面e化	零距離的服務 作業流程透明	壓低作業成本 快速保單核保	保戶分享利益 標準作業模式

資料來源：楊政學（2003b）。

核保目標，因應保戶的需求。同時以低成本、快速度的目標，持續開發同業意想不到的新產品。

中國人壽在業務作業系統的M化導入上，不僅已利用PDA作為業務員銷售時的工具，更將企業後端資訊系統一併同時M化，以即時提供客戶資料，提升業務員銷售能力，而目前更進而將商品售後服務，亦予以M化。中國人壽本身亦首家取得「通訊處業務經營」認證，未來更將產品、服務及投資收益作為經營重心，真正與保戶分享利益，做到最好的保險公司（we are the best）之企業目標。

四家個案公司都極力改造內部機制，以網路科技來因應未來，且以客戶需求為銷售導向，研訂促使資訊流通更快速、更具競爭的經營策略，朝全面e化與M化的目標不斷努力。因而企業對業務人員的教育訓練上，企業目標均鎖定在使業務人員，有能力可以利用最新的資訊科技為工具，來作最快捷且滿足客戶需求的服務品質。

✛ 領導風格

（表14-2）說明國壽、安壽、南壽與中壽四個案公司教育訓練實務運作上，在領導風格比較分析之結果。四家個案公司凝聚人員使命性與認知性的方式與管道都相差不多，最終還是希

表14-2　個案公司教育訓練中（領導風格）之比較

特點 建構要素	共通性	作法差異			
		國泰人壽	安泰人壽	南山人壽	中國人壽
領導風格	書刊、DM 重視學習、使命性與認知性	穩定中求發展 擺脫老化印象 較具集權性	不斷創造話題 吸引目光焦點 較具創新性	由保守轉積進 企業標語明確 較彈性分權	保戶分享利益 標準作業模式

資料來源：楊政學（2003b）。

望能夠全面性的落實到各個階層，以學習新知為目的，且將領導者的認知價值，很精準地傳達給業務員瞭解，以凝聚共識創造出更大的業務、組織與經營績效。

在四家個案公司領導風格作法差異上，國泰人壽在穩定中力求發展，積極想擺脫外界對國壽人員老化的刻板印象，極力形塑一股具年輕活力的企業形象，強調壽險商品售後服務的品質保證。領導階層採較集權式的領導風格，在教育訓練過程中，總公司的教育訓練中心有獨大的主導力量。唯近年來因總公司可以下放的福利漸減，而使其集權力量亦日益漸減，相對使得各區部、通訊處與分公司的自主性漸強。

安泰人壽領導者則是很能不斷地創造話題，來吸引社會大眾與媒體的目光，形塑成一股深具活力與創意的清新形象。領導者的處事風格，較具引發創意與創新的作法，很能契合時代脈動，但似乎在核心商品概念上，相對給人較為薄弱與模糊的印象。

南山人壽期許在穩定中發展，但力求突破現況而有所作為，想形塑一個溫暖平和的企業形象；領導風格因長期受公司文化的影響，而採溫和平穩的成長模式，在壽險商品標的物的搭配選擇上，較具多元化與競爭性。中國人壽領導風格，由早期傳統保守的性格，近年轉而積極行銷且主動出擊。在核心商品「真正分紅保單」、「投資型商品」的行銷主軸，以及「讓保險跟得上時代」的企業標語清楚明確，想營造一股朝陽旭升的組織氣候。領導方式採彈性分權的風格，各通訊處、分公司得有獨自或聯合辦理與規劃，不同教育訓練實施方式與內容的自主權。

✛需求確立

（表14-3）說明國壽、安壽、南壽與中壽四個案公司教育訓

表14-3　個案公司教育訓練中（需求確立）之比較

特點 建構要素	共通性	作法差異			
		國泰人壽	安泰人壽	南山人壽	中國人壽
需求確立	業務員自身提出需求 教育訓練部門導引需求 由問卷結果、公會考內容設計	總公司辦理或補助區部辦理 通訊處、分公司不辦理訓練 業務員不習慣自費上課	總公司辦理或補助辦理 通訊處、分公司獨自辦理 業務員利用學習光碟自學	總公司不辦理 補助非常有限 通訊處、分公司獨自辦理 業務員自費設計課程	總公司辦理或補助辦理 通訊處、分公司獨自或聯合辦理 業務員利用學習光碟自學

資料來源：楊政學（2003b）。

練實務運作上，在需求確立比較分析之結果。四個案公司在教育訓練需求確立上，大抵由業務員自身提出需求，或由教育訓練部門來導引需求，約可概分爲共通性需求，尤其是針對投資型商品特性的介紹與相關操作認知，以及相關認證的輔導與要求。再者是公司領導階層的領導性需求，以期提升人員在配合公司整體策略發展時的需要。至於需求確立的方法，則大抵以問卷調查結果，或由公會考試內容，來綜整與設計教育訓練的內容。

　　壽險個案公司在教育訓練需求確立後，在策略作法的差異上，國泰人壽較爲一條鞭式，由總公司教育訓練中心統整辦理，或有時補助區部中心來辦理教育訓練。基本上，各通訊處與分公司是不負責教育訓練工作，業務員本身亦習慣公司長期提供的免費教育訓練課程，不習慣自費來上課學習。安泰人壽教育訓練在總公司部分，有套完整的系統教材與流程，亦鼓勵各通訊處、分公司依自身需要辦理教育訓練，經費由總公司予以補助；總公司亦製作實用的個人學習光碟，提供業務員自學時使用，公司「投資於人」的教育訓練目標，很明確亦很積極與重視。

　　中國人壽教育訓練在總公司部分，規劃有「中壽財富管理

大學」的系統教材，亦鼓勵與補助各通訊處依自身需要辦理教育訓練，惟各通訊處、分公司會以聯合辦理的方式，來分享學習經驗與減輕經費負擔。總公司亦製作實用的個人學習光碟，提供業務員自學使用，或遴選具潛力業務員送至總公司作深化的教育訓練。

南山人壽在教育訓練的作法上，異於先前討論的個案公司，總公司基本上不辦理教育訓練，而由各通訊處、分公司來辦理，且總公司提供的資源與經費非常有限。各通訊處獨立自主性強，而業務員亦習慣自掏腰包，設計所需的教育訓練課程。基本上，南山人壽是以「辦訓練養訓練」的方式來進行，業務員自付高學費，要求高品質的訓練課程，此對總公司而言，是最為划算的教育訓練方式，但此現象需要長期企業文化的形塑，始有能力形成組織學習的氣候。

❖知識平台

（**表14-4**）說明國壽、安壽、南壽與中壽四個案公司教育訓練實務運作上，在知識平台階段比較分析之結果。四家公司的業務人員，蒐集知識的管道大多來自總公司。由於彼此都有建置屬於自己的資訊電子儲存系統，所以業務人員都能夠自行使用系統，搜尋想要的相關資訊。透過進階的課程訓練及輔助教材，提升人員在業務執行時的效率。國泰人壽也透過內部的衛星新聞，每天播放最新的訊息讓人員吸收，使其不至於因重視業務的工作，而忽略隨時吸收新知的重要性。不過知識的蒐集還是需要人員的主動與積極，畢竟只有自己才知道自己需要哪些知識。

四家公司都非常重視資料的回饋性，因此對於內部網路平台系統的運作與維護，都希望能夠持續的正常執行，提高人員使用系統的意願，間接的將資料儲存在企業內部。但由於每個

表14-4　個案公司教育訓練中（知識平台）之比較

建構要素	特點	共通性	作法差異			
			國泰人壽	安泰人壽	南山人壽	中國人壽
知識平台	蒐集	教育訓練教材 具廣泛即時性 具主動積極性	國泰衛星新聞 保戶即時服務 系統	電子化資料庫	電子化設備	M化資訊系統
	儲存	業務報告 錄影帶、光碟 錄音帶 具雙向回饋性	客戶家庭卡 資料倉儲系統	e-agent的平 台	網路資料庫	後端資料庫
	系統化	專屬網路平台 具虛擬性 無紙化境界	CSN視訊系統 網路大學 國泰人園地 服務訊息傳遞 資料倉儲系統 業務系統化	安泰增援行銷 資料庫 行政部門支援 保單整合資訊 安泰人月刊 業務資訊化 減少人工作業	LECM系統 南山人園地 南山保戶園地 南山商品服務 資訊 網站分眾化 高效e化環境	保單現金系統 保險需求分析 系統 M化客戶資料庫 M化商品售後 服務 整合性M化環境
	學習	職前訓練 在職訓練 mentor制 廣泛學習 有彈性	超級學習網 策略性聯盟 學術交流 偏集體化學習	安泰金融大學 偏個人化學習 較自由	結合總裁學苑 網站 員工自行設計 自發性學習	中壽財富管理 大學 兼採集體化與 個人化學習
	分析	業務日誌 維持客戶良好 關係與互動性	計畫書 分析表	保單設計	保單規劃書	保單規劃書
	共享	mentor制度 存在深長情誼 公開的討論 信任度	邀請績優的人 員來分享經驗 降低人員離職 率 分享失敗經驗 互動式增員光碟 希望自我主觀 價值受到認同	業務門診 列入考核 增員選才 業務競賽 人員特質相似 無須花太多時 間 沒有冗長座談	組訓制度 專業化團隊 專業外勤業務 經過溝通分享 瞭解個人特性 以業務競賽與 晉升制度激勵 員工	通訊處業務經營 精英專案專招 專業與系統課程 激勵因子設計 生命的無數分享 員工性格融入 企業文化

資料來源：楊政學（2003b）。

人的習慣與作業特性不一樣，有些人員還是會以硬體的媒介，來將資料作成紀錄與保留下來，像是業務報告、紀錄卡、錄音帶、錄影帶等，搭配網路系統的虛擬媒介，使得儲存的工作更加完備。

核心知識的整合，都透過公司建構的網路平台呈現，讓人員知道重要與所需的知識在何處，並且可以蒐集、使用。透過資料的系統化、分類、編碼與建檔，使得業務人員減少紙張的浪費，達到作業無紙化的境界。國泰人壽也以業務人員的業務特性與商品特質，來設計各種能夠輔助業務人員的支援軟體，提供免費下載的服務。安泰人壽則著重於作業流程的簡單化，強調「能設計給機器做的事，就不需讓人來執行」，讓人員能處理更有附加價值的事。

南山人壽亦以強大的網路資料庫，提供業務員資訊查詢及行銷工具下載，客戶保險相關資料查詢；資深業務人員，亦樂意將經驗傳承新進人員，言論採集結成書或錄影儲存。中國人壽不斷深化作業與服務的M化，將業務員銷售工具、後端客戶資料庫與商品售後服務整合M化，同時亦完成通訊處業務經營的標準認證。業務人員的教育訓練，除總公司規劃之專業化與系統化課程外，各通訊處與業務員本身，亦樂於分享彼此的經驗。

以學習方式來看，國泰人壽傾向於集體化、固定時間的學習，每天會有固定的時間安排要收看的電視節目，經由衛星遠距教學之「國泰人壽超級學習網（CSN）」系統的搭配，使人員與企業的互動性更高，不受任何時空的限制而可隨時選課。國泰人壽另有組訓制度，由陪同新進人員拜訪保戶的方式，除學習資深人員經驗外，亦可拓展人脈網絡與訓練膽量。安泰人壽則是較為自由，每天的業務門診由各業務單位自理，業務員應上的課程則自行調配時間前往上課。

南山人壽員工訓練少由公司主導安排，反而是員工自掏腰

包、自行設計教材，南山人壽並沒有一套適用各分公司的訓練系統。目前公司業與「總裁學苑」合作，提供員工網路學習，採實際訓練與虛擬課程相互運用的方式，且透過完整的進階式教育訓練，邀請績優業務員經驗分享。中國人壽兼採集體化與個人化學習方式，在「中壽財富管理大學」方面，共設有五個學院，分別涵蓋壽險教育、業務行銷、經營管理、財務規劃與優質發展等領域，期以專業化、系統化學習模式，提升全體從業人員的素質。四家個案公司都相當重視職前與在職人員的教育訓練，透過**輔導員**（mentor）的帶領，讓人員在學習的過程更加有彈性，且學習領域更為廣泛。

客戶的紀錄卡、計畫書以及相關的分析表單，都是業務人員最重要的資源，並且也是業務績效的依據來源。持續與客戶維持良好關係及介紹新型商品，進而為客戶規劃與設計新的理財表與保單，不但能夠有效落實公司的經營策略，而且能夠為自己的績效成績奠定良好的基礎。對此，四家壽險個案公司的業務人員，都有著相同的想法與共識。

國內壽險公司業務員的流動率其實頗高，安泰人壽所淘汰而留下來的人，大都能適應安泰的企業文化，大家都共同擁有某些相同的特質，因此無須花費太多的時間，便能凝聚出員工共識，沒有經過冗長的座談會、研討會等過程；國泰人壽的新進人員裡，有些是新世代的年輕人，由於擁有強烈的自尊心，以及希望自我主觀的價值能夠受到主管的認同，所以當累積的挫折與失敗的經驗過多時，就會出現人員離職的情況。但相對的，透過國泰嚴格的篩選、專業的訓練與精心的培育，使得能夠留在國泰的人員，都有著一定程度的知識與能力，且對國泰的企業文化與目標，也能夠秉持認知的信念與執行感。

南山人壽則是設立專業化團隊，除吸收高素質人力外，更可藉由經驗的傳承來維持人員高品質的服務。業務人員採自學的方式，自掏腰包到外面進修，或自行設計學習教材，形塑自

發性學習的組織氣氛；同時經過溝通分享去瞭解個別人員的特性，以公司業務競賽與晉升制度激勵員工。

　　中國人壽重視標準化「通訊處業務經營」的建立，透過大專生「菁英專案」招收生力軍，中國人壽總公司專業化與系統化訓練課程的提供，加上各通訊處自行辦理的訓練課程，相互形成組織的學習文化。過程中更設計有激勵因子，讓員工性格、服務品質、保戶利益與企業整體緊密結合，將員工性格融入企業文化中，體現生命中的**無數分享**（life is sharing）。

　　四家個案公司無論在新人對mentor、對主管甚至是團隊之間，都有相當深的情誼存在，所以對任何的訊息、話題都能公開的討論。平時也藉由專題研討、座談會的時間，邀請績優的業務人員或是專業人士，一同分享彼此的經驗與知識。

❖訓練規劃

　　（**表14-5**）說明國壽、安壽、南壽與中壽四個案公司教育訓練實務運作上，在訓練規劃階段比較分析之結果。四家公司在教育訓練規劃上，具體目標的設立均以業務員專業知能培育為主軸，加以整合公司內部銷售文化的一致性，以及融合新人或其他公司轉進人員的文化差異性。

表14-5　個案公司教育訓練中（訓練規劃）之比較

特點 建構要素	共通性	作法差異			
		國泰人壽	安泰人壽	南山人壽	中國人壽
訓練規劃	培育專業知能 整合銷售文化 融合文化差異 職務教育 職能教育 吸納新人專案	吸納新人調節 舊人 新人薪給穩定 收展系統萎縮 職團不由新人 接手	公司內部文化 整合 新人發底薪 收展系統成長 職團不由新人 接手	魅力領導文化 傳承 新人發底薪 無收展系統 個人展業職團 協助	吸納新人擴大 規模 新人發底薪 無收展系統 職團開拓交新 人接手

資料來源：楊政學（2003b）。

另外，在訓練內容上，劃分有職務教育與職能教育兩大系統，職務教育包含有職前教育與銜接教育，而銜接教育含括有養成教育與在職教育。職能教育則是專案式教育，包括有認證輔導、國外保險新知引介；而新型「投資型商品」的特性瞭解與法規規範，以及人員晉用的相關認證要求等，均是教育訓練內容的規劃。整體訓練規劃上，以如何吸納優秀新人，並在教育訓練上能完整且快速養成其工作所需職能為考量，企求新人在組織內部的成長性與穩定性。

在教育訓練規劃的具體目標上，國泰人壽主要焦點在吸納新人與調節舊人；安泰人壽面臨的是公司內部與ING集團合併後文化整合的問題；南山人壽面對的則是魅力型領導者引退後文化價值的傳承與新創；而中國人壽目標則是如何大量吸納所需的新進人員，以擴大公司整體經營規模，俾利公司業務範圍的拓展。

在教育訓練規劃的訓練內容上，國泰人壽在新人的薪給上最為穩定，前三個月均有底薪支給；安泰人壽、南山人壽與中國人壽對新人的薪給，原先均不支薪給，目前則改固定底薪，以期能安定新人的工作心情；但上述三家個案公司亦各有不同的措施，來減緩新人在新進階段的工作壓力。例如：安泰人壽藉由收展系統的由零到成長，來讓新人承接部分舊保戶的業務；南山人壽則由職團部門來協助業務員的個人展業，避免單打獨鬥的困境；中國人壽則改由職團部門來開拓保戶，再交由新人來後續承接，以減輕新人初期展業時的壓力。此外，國泰人壽對職團部分的展業，則全權委由職團部負責，不交由新人來作承接。

❖課程實施

（表14-6）說明國壽、安壽、南壽與中壽四個案公司教育訓

表14-6　個案公司教育訓練中（課程實施）之比較

特點 建構要素	共通性	作法差異			
		國泰人壽	安泰人壽	南山人壽	中國人壽
課程實施	兼採自我學習 與研習會實施 兼採外聘與內 訓講師授課	內部衛星新聞 早會文化 年齡上的學習 差異 內訓行政系統 講師較多、輔 導專員較少	網站 座談會 習慣上的調整 共享 具完整內訓講 師培訓計畫	電子郵件 手機簡訊 心態上的經驗 傳承 以外聘講師為 主、無輔導專 員編制	網站平台 資訊科技應用 規模上的人員 專招 採內部培訓、 輔以其他協力 公司專員協助

資料來源：楊政學（2003b）。

練實務運作上，在課程實施階段比較分析之結果。國泰人壽利用內部衛星新聞、書刊及DM，不斷的在電視上與期刊上，傳達公司積極推動「全面e化」的目標，將壽險服務資訊化，兩者的結合不但增長了業務人員的專業及執行能力，並且能夠快速且有效地為客戶服務，再經由各單位主管的宣達，以建立人員對公司執行的策略能有所共識與認知，進而促進業績的提升。

　　此外，國泰人壽更有項徹底施行的「早會」文化，業已形成國壽人員彼此砥礪反省、情感交流的場所，企業在推行教育訓練的認知共識上，更可藉此早會活動來加以凝聚。安泰人壽也不斷的透過內部刊物，以及對外的宣傳品、網站、座談會等，鼓勵人員自動自發的學習，並輔以各項獎勵活動、措施，增加員工的學習意願。

　　南山人壽對於公司內部資訊的傳遞，採取以電子郵件或手機簡訊的方式，將照會保單、理賠狀況及保單核發，或公司內部活動及教育訓練資訊，即時傳送到業務員手中，使業務員能在最短時間內回應客戶的需求，以做出最佳的服務。中國人壽在教育訓練課程實施上，要求業務人員上網擷取與下載所需教材與講義，朝無紙化方向努力；平日的會議亦要求業務員充分使用資訊科技工具作簡報，甚或以全程英文簡報的方式進行，

提升業務員語文表達與國際競爭能力。

在執行教育訓練過程中，國泰人壽以年輕的新進人員學習較佳，資深人員則必須較長的時間適應，存有年齡上學習的差異。安泰人壽也是因為使用習慣還未調整，所以正半強制的要求業務人員開始利用網路來學習與共享知識，存有學習習慣上的調整。

南山人壽採取以電子郵件或手機簡訊的方式，將公司內部資訊即時傳送或分享到業務員手中，以求企業內部知識充分運用分享，同時在心態上強化業務員的經驗傳承，以維繫高品質的服務；但業務員本身操作PDA的技能必須要再教育，以俾利業務服務M化的推動。中國人壽則因目前經營規模受限，需要吸納優秀新進人員，且儘速完成所需職務與職能的教育訓練，以俾公司經營規模與業務範圍的擴展。

在課程實施的講師來源上，國泰人壽內部行政系統的講師較多，而輔導專員較少；安泰人壽則有較完整的內部講師培訓機制；南山人壽則無輔導專員的編制，而是以外聘講師授課為主，但亦會在內部以「明星型」績優業務員個人經驗分享的方式來進行。基本上，各通訊處、分公司的自主性很強，總公司不負責教育訓練的課程實施。中國人壽則是以內訓講師為主力，再搭配不同合作的協力廠商之專業人員，採協同訓練的方式，來解決內部講師來源不足的問題。

❖創新策略

（**表14-7**）說明國壽、安壽、南壽與中壽四個案公司教育訓練實務運作上，在創新策略階段比較分析之結果。國泰人壽為國內最早成立教育訓練中心的壽險公司；2000年1月淡水教育中心新教學大樓啟用；3月擴編教育訓練部，增設台北、新竹、台中、台南、高雄等五個訓練處；8月導入衛星遠距網路教學習系

表14-7 個案公司教育訓練中（創新策略）之比較

特點 建構要素	共通性	作法差異			
		國泰人壽	安泰人壽	南山人壽	中國人壽
創新策略	e-learning環境 投資型保單 多元銷售通路 協力廠商專業 人力支援訓練 以中生代業務 員為培訓對象	最早成立教育 訓練中心 首創CSN三度 學習環境	首創業務品質 俱樂部，成立 品質學院 領先設置安泰 教育及展示館	首推第一套業 務員考試制度 （LOMA） 結合「總裁學 苑」網站	首家獲通訊處 業務經營認證 首推職域開拓 協助個人展業

資料來源：楊政學（2003b）。

統，結合教室（C）衛星（S）與網路（N）三大教育中心，來建構「國泰人壽超級學習網（CSN）」，提供同仁更便利的學習管道，並落實終身學習的理念。2001年2月台北「教育展示館」落成，用以珍藏國泰人的學習記憶。

安泰人壽為迎接強調客戶導向與服務品質的時代，於1999年12月成立台灣壽險業界第一個「業務品質俱樂部」（Aetna Quality Club），宣示給予保戶最佳的服務熱忱、品質與效率，以確切落實真誠的保險服務。同年4月再成立「品質學院」，使安泰金融大學的訓練體系更形完整，期能強化業務員的專業素養與真誠態度，使每位保戶享有最完善的保險服務。「投資於人」向來是安泰所堅持的經營理念，更堅信「人」是安泰最大、最重要的資產。

進入網際網路的時代，一位優秀的壽險顧問要靠多元知識的累積，惟有終身學習的教育訓練，才能持續保有提升客戶服務的實力。「安泰教育及展示館」的規劃、落成，承載著安泰對保險及社區教育的熱愛和願景，除了持續培育新時代的人才外，在這裡也將展開企業與產官學界的交流。「1999安泰壽險大會」上，多位國內外知名人士分享其成功經驗，以實務的經驗交流與傳承為橫軸，以關懷社會的責任與信念為縱軸，將研討會主題分為「激勵」、「組織發展」、「經營管理」、「行

銷」、「培育訓練」，以及「生命的愛與關懷」等六大類。

南山人壽除了率先建立台灣第一套業務員考試制度外，並積極建構完整的教育訓練體系；引入先進的保險知識與服務理念，配合各種獎勵與升遷制度，啟發同仁自主性學習精神與動力，培育高素質的服務團隊。同時，亦首先引進LOMA資格測驗，鼓勵業務員專業進修。南山人壽在e化的政策下，將商品課程、主要基本課程、基本行銷工具等公司內部共享資源，以製成光碟片的形式，讓員工能不限時空學習及使用。2002年10月亦與「總裁學苑」網站合作，南山員工可免費閱讀，查詢該網站內的三千多篇文章。

中國人壽則是首家取得「通訊處業務經營」的認證，將其作業模式標準化，亦使新進人員對一系列的教育訓練課程，更能懂得自我學習與提升。總公司本身規劃有「中壽財富管理大學」，共分壽險教育、業務行銷、經營管理、財務規劃與優質發展等五大學院；提出「讓保險跟得上時代」的企業標語，加深公司形象的轉變。同時在銀行通路、經紀人業務，持續加以拓展與深耕，亦以「真正分紅保單」與「投資型商品」為核心商品。此外，中壽重視職域開拓技巧，且用以協助並減輕新進業務員的個人展業壓力。

整體而言，四家個案公司在創新策略作法上，大抵有以下幾項共通點：首先，建構e-learning環境是刻不容緩的任務，此因素將正面衝擊傳統教育訓練施行的方式，以及業務員面臨學習心態的自我調整。其次，處在微利時代下投資型保單的需求，勢必日益增加及多元化，此亦加速業務員本身角色的轉型，而教育訓練更是不可或缺的必要課程。再者，隨著台灣加入WTO後，以及甫通過金融六法的規範，加以金控公司的相繼成立，均使得壽險本身與衍生性金融商品有更緊密的異業結合，亦使得壽險商品銷售通路日益增加與多元化。

壽險業教育訓練內部講師來源的問題，除持續在公司內訓

體制內培育外，透過合作協力廠商的專業人力支援，亦是不錯的創新教育訓練作法。針對2005年中國大陸保險市場的全面開放，勢必對台灣壽險公司的資深業務員，產生磁吸作用，屆時台灣壽險公司將出現中階業務與管理人才斷層的衛接問題。因此，在業務與管理人才培育上，應特別以中生代業務員為訓練實施的主要對象，以便提早因應未來大陸市場開放後的變化與壓力。

績效評估

（表14-8）說明國壽、安壽、南壽與中壽四個案公司教育訓練實務運作上，在績效評估階段比較分析之結果。績效評估是公司利用平時的上台簡報、檢討會，以及業務活動中，針對業務人員的訓練績效與業務績效，進行相同的評估。訓練績效必須經過循序漸次的學習完相關的課程，才能進一步的獲得晉升。相對的業務績效則必須建立在以「客戶為中心」的績效評估，因為績效的來源是客戶。

在教育訓練的績效評估上，常出現不易量化評估的現象；

表14-8　個案公司教育訓練中（績效評估）之比較

特點 建構要素	共通性	作法差異			
		國泰人壽	安泰人壽	南山人壽	中國人壽
績效評估	問卷方式評估 不同訓練班採不同方法 認證通過人數 單位增員人數 作業減少時間 面談減少次數 契約品質提升 職務升遷時程	業績導向但輔以通過認證要求 評估過程較欠公開透明 彈性小	業績導向但輔以納入升遷考核 評估過程公開透明 彈性大	業績導向但輔以學習護照登錄 評估過程公開透明 彈性大	業績導向但輔以激勵制度鼓勵 評估過程公開透明 彈性大

資料來源：楊政學（2003b）。

　　績效評估測定的方式，大抵採問卷的形式進行評估，唯在不同
性質的教育訓練班別中，宜採不同的評估方法與指標來衡量，
此點是個案公司彼此間形成的共識。在評估對象上，大抵以上
課學員為主體，較少針對負責教育訓練的人員作評估。評估內
容，針對業務人員的績效能力，評估其知識、態度、技巧與習
慣四要素，以及反應、學習、行為與結果等四構面的訓練學習
成效。

　　執行教育訓練後的績效，有其實質的正面效果，也會給予回
饋式的獎勵，如公布業務員考評成績、業務員考績加分、直屬主
管加分或提供結業或研習證書等。在績效評估上，由於壽險業仍
為營利機構，故大抵以業績導向來評估策略執行之成功與否，如
認證通過人數、單位增員人數、縮減的作業時間成本、減少的面
談次數、契約品質提升程度、不同職務升遷時程等。

　　唯在訓練績效評估作法上稍有差異，如國泰人壽輔以通過
認證的要求，安泰人壽輔以納入升遷的考核，南山人壽則輔以
學習護照的登錄，中國人壽則輔以激勵制度的鼓勵。評估過程
大抵採公開透明化的方式，使人員的升遷與晉用標準得以明
確，同時亦相對有較大的職涯規劃與成長的彈性。國泰人壽因
長期文化的影響，本身文化較傾向於一條鞭的集權式領導，唯
目前有漸往民主式發展的趨勢，故在績效評估上，相對其他個
案公司是彈性較小，較欠缺公開透明化。

14.5 結論與建議

　　歸結本章節對研究個案教育訓練創新作法的瞭解，可具體
列示如下幾點研究結論與建議（楊政學，2003b）：

　　·國內壽險業在e-learning環境的建構上，均投入不少的經

費與人力；唯出現業務員本身素質及心態，尚未能同步成長與調整的瓶頸。

· 處在微利時代下，保戶對投資型保單的需求增加，而衍生性壽險商品的多元化研發，更加速業務員本身多知識的吸收與角色的轉型，而教育訓練課程的協助更是不可或缺。

· 隨著台灣加入WTO後，以及金控法規規範的影響，使得壽險本身與金融商品形成緊密的異業結合，亦使得商品銷售通路增加與多元。

· 壽險業課程實施的內部講師來源的問題，除持續公司內訓機制培育外，透過協力廠商專業人力的支援，亦是不錯的創新教育訓練作法。

· 針對2005年中國大陸保險市場的全面開放，勢必對台灣壽險公司的資深業務員，產生磁吸作用，屆時台灣壽險公司將出現中生代人才斷層的銜接問題。

· 在業務與管理人才培育上，宜以中生代業務員為教育訓練實施的主要對象，俾利及早因應未來環境的衝擊與變化。

· 國內壽險業目前尚未建立一套完整合理的績效評估制度，宜採量化指標與質化考評的雙重認定。

· 隨著網際網路的成熟，教育訓練可結合實體與虛擬的模式來設計課程，以突破時間與空間的限制，營造出更具彈性化的學習環境。

重點摘錄

- 本章節採用定性研究方法，在資料蒐集上，採行初級訪談記錄與次級文獻檔案，合併驗證的三角測定概念，來針對所建構壽險業創新教育訓練之實務架構予以相互驗證。

- 創新教育訓練有必要建構e-learning環境，唯業務員本身素質與心態，亦需要加緊同步成長與調整。

- 隨著台灣加入WTO後，以及金控法規規範的影響，使得壽險本身與金融商品形成緊密的異業結合，亦增加商品銷售通路的多元性。

- 壽險業課程實施之內部講師來源的問題，除持續公司內訓機制培育外，亦可透過協力廠商專業人力的支援。

- 國內壽險業目前尚未建立一套完整合理的績效評估制度，宜採量化指標與質化考評的雙重認定。

- 隨著網際網路的成熟，創新教育訓練可結合實體與虛擬的模式來設計課程，以突破時間與空間的限制，營造出更具彈性化的學習環境。

重要名詞

業務人員（agents）

顧問（advisers）

三角測定（triangulation）

文獻分析法（analyzing documentary realities）

深度訪談法（in-depth interview）

知識（knowledge）

態度（attitude）

技巧（skill）

習慣（habit）

領導（leadership）

領導者（leader）

靈敏的（agility）

數位神經系統（Digital Nervous System，DNS）

E化學習（e-learning）

輔導員（mentor）

生命中的無數分享（life is sharing）

1. 本章節所提壽險業知識學習的實務模式，在資料蒐集上有何特性？試研析之。

2. 本章節國內壽險業知識學習的個案推行上，有何研究結論？試研析之。

3. 本章節國內壽險業在知識學習的應用上，有何研究建議與作法？試研析之。

4. 本章節四家個案公司在知識學習上，有何作法上的差異性存在？請談談你個人的看法為何？

浮塵短句：你愈重視愈珍貴的東西，就是現在還得不到的東西。

Chapter 15

壽險業知識學習（II）

本章節探討壽險業知識學習的實務研究，討論的議題有：個案研究設計、個案概況分析、實務模型建構、個案實證分析，以及結論與建議。

15.1 個案研究設計

針對個案研究設計架構之說明，包括：研究背景與動機、研究目的、研究方法、研究步驟，以及研究範圍與對象等議題的討論。

✥ 研究背景與動機

台灣自2002年加入WTO後，壽險公司立即面臨激烈的競爭市場及前所未有的挑戰，為求生存與增加競爭優勢，「創新」也變成教育訓練中必要的流程，企業必須發展出比過去更有效率的教育訓練方式，才能在知識經濟時代，保有企業的競爭優勢。當企業具備創新的文化，也象徵對手無法抄襲的競爭優勢；唯有重視員工的學習、教育訓練，才是提升企業競爭力的最佳策略，因為知識員工具備有很強的創新能力，能幫助企業在競爭市場中取得優勢。然而現在的壽險業市場中，主要銷售管道還是來自於業務人員，所以「人」是直接影響壽險業成敗的重要關鍵，不管組織的核心能力有多強，當員工向心力低落時，企業就會出現經營危機。

壽險業業務人員的素質、服務品質，會直接影響到顧客滿意度及企業形象、聲譽，所以公司更應該要重視員工教育訓練，因為加強業務人員的教育訓練，可提升壽險公司之銷售績效及加強保戶忠誠度。總而言之，有效的教育訓練是要隨著時代的變遷而不斷作調整，才能讓壽險公司在這激烈的環境中保有競爭優勢。

創新不只是創造新的知識，也要協助更新及傳播知識，以創新的管理為顧客創造出更高的價值。因為我國加入WTO、金控法規的成立及大陸壽險市場的開放，這些因素都會嚴重的衝擊到國內壽險市場的人才需求（楊政學，2003b）。因此，該如何把資深的人員留下來，如何開發壽險業務人員的潛能與創造力，並培養新、中生代業務人員都是刻不容緩的。

研究目的

在二十一世紀的壽險業市場裡，充滿著各種問題，也無時無刻充滿著挑戰，但是，處處也存在著一展鴻圖的機會。本研究主要是希望透過教育訓練的實證研究，呈現出壽險公司相關單位，以及壽險業務人員教育訓練之情況，以探討有關員工教育訓練之關鍵要素。因此，本研究的主要目的如下：

- ·瞭解壽險業目前教育訓練的現況。
- ·提出教育訓練之實務模式架構。
- ·瞭解壽險業務員對教育訓練的看法。

研究方法

本研究嘗試提出壽險業教育訓練的實務模式，同時整合研究方法與資料蒐集的三角測定（triangulation）程序（Cavana, Delahaye & Sekaran，2001；楊政學，2005），來探討研究個案教育訓練之實務運作流程，分析比較個案間的相同性與差異性。本研究所用的研究方法，係為文獻分析法（analyzing documen-tary realities）、深度訪談法（in-depth interview），以及問卷調查法（questionnaire survey）等方式蒐集所需的資料。

❖研究步驟

首先，確立研究問題，此部分包括：問題的發現、研究動機的產生、研究目的的建立、確定研究對象與方法。繼之是進行壽險業教育訓練之相關文獻的蒐集及實證研究探討，以尋找相關的理論支持，瞭解教育訓練的真正內涵與發展。由研究觀念來建立研究架構，並確立研究假設及研究分析所需工具。接著就可以進行問卷之規劃與設計，決定抽樣方法與發放問卷，然後將個案訪談、文獻分析、相關次級資料內容，進行統整並歸納與分析蒐集的資料，最後根據壽險業教育訓練的實際運作與內涵，進而提出本章節之研究結論，並給予適當的建議。

❖研究範圍與對象

本章節研究之研究對象為新光人壽與英國保誠人壽，之所以會選定這兩家壽險公司（一家本土壽險公司及一家外商壽險公司）來做研究探討，是根據現代保險期刊，在2004年1月份所發表的「壽險公司形象調查報告」中，新光人壽與英國保誠人壽皆在「2004最佳壽險業務員」及「2004最值得推薦壽險公司」的調查報告中排名前五大（現代保險，2004a），而選定這兩家個案研究公司，針對其現行教育訓練之實務模型來做分析比較，以提出管理上的建議。同時透過壽險業之實務資料驗證，亦能有助於建構較完整的教育訓練理論架構。

15.2 個案概況分析

針對個案概況分析的部分，討論有壽險業的發展、個案公司的發展歷程，以及個案公司SWOT分析等議題，以便讀者能

有概括性認知。

✥壽險業的發展

1805年，保險制度隨各國通商傳入我國，當時保險業務均由外商公司所把持。保險公司在我國創立最早者為在1835年成立的英商友寧保險公司，以及1936年成立的廣東保險公司（陳雲中，1997）。我國保險業的發展大致分為四個階段：第一階段即1945年台灣光復後至1962年開放民間申請設立保險公司為止；第二階段為1987年開放美商公司來台設立壽險分公司後才改變。

第三階段為1987年至1993年開放本國新設壽險公司成立之前，在這個階段，基本上保險市場仍由本國舊公司主宰，外商保險公司的市場占有率仍很小，這種情形一直持續到1993年開放國人新設保險公司及次年將保險市場開放予各國保險業均得來台設立分支機構之後，才正式開啟了保險業的戰國時代，而這也是我國保險業的第四階段（財團法人保險事業發展中心，2004）。

目前國內保險市場仍然經營之保險公司為21家，面對著2005年壽險大陸市場的開放，近年來國內金融環境快速變遷，除了加入WTO為金融業帶來更強烈的競爭壓力；金融業跨業經營與大型集團化似乎已成不可抵抗的潮流，不論哪一類金融機構，為求生存，都必須重新思考未來發展方向與策略。隨著廿一世紀保險、銀行、證券三合一整合發展的世界趨勢，投資型保險商品的應運而生，不僅代表我國專業金融時代的來臨，同時對目前正處於過去四十幾年來未見挑戰中的壽險業而言，更是由傳統的保障及儲蓄機構轉化為全方位理財及國際化投資組織的絕佳契機。

❖ 個案公司的發展歷程

針對本章節分別討論新光人壽、英國保誠人壽等兩個案公司，並依公司概況、組織架構、經營理念，以及未來願景爲說明主軸。

✚ 新光人壽

▶▶ 公司概況

新光人壽創辦人吳火獅先生於1963年7月30日創立「新光人壽保險股份有限公司」，是當時八家民營壽險公司中最晚成立的一家，但是經過近四十年來的穩健經營，因應社會環境變遷，不間斷地革新與成長，並於1993年12月1日正式掛牌上市。新光人壽從早期的開拓鄉村據點的策略，再進一步轉向都市據點發展，創新行銷組織，以適應國家經濟起飛後的社會型態。隨著時代的演進及社會大眾的需要，新光人壽也不斷設計多樣化的商品，深受客戶肯定。新光人壽目前的總資產爲7,695億元（2004年6月），保戶件數已突破六百一五萬件；2003年度總保費收入2,104億元，2003年底市占率爲11.7%（新光人壽網站，2004）。

由於經營環境一再改變，保險市場逐步開放，在面對國內外保險公司的競爭壓力下，除了迎新挑戰，特別訂定「全面布點計畫」，希望做到「每一鄉鎮至少有一個通訊處，每一村里至少有一組」的目標。使新光人壽的服務網更密集，也堅定保戶對公司的信心。

全省17個服務中心及310據點，提供保戶收費、貸款、滿期、理賠等服務，並以電腦連線建立精確迅速的服務網，提供客戶最完善周到的服務。總公司則成立保戶服務部，專責保戶權益開發、申訴案件處理及服務項目的管理等，並且引進CTI（Computer Telephony Integration）電腦電話整合系統，以人性

化、高效率且全年無休的客服中心，提升優質服務。

　　隨著保險市場的發展，新光人壽已在中國大陸北京、香港設立代表處，並計畫陸續在上海、廈門、廣州三個城市設立代表處，且已獲准在大陸成立保險子公司之申請，目前正積極蒐集相關資訊，以進一步拓展大陸保險市場。

▶▶組織結構

　　茲將新光人壽的組織架構，圖示如（**圖15-1**）所示，以供讀者參考之。

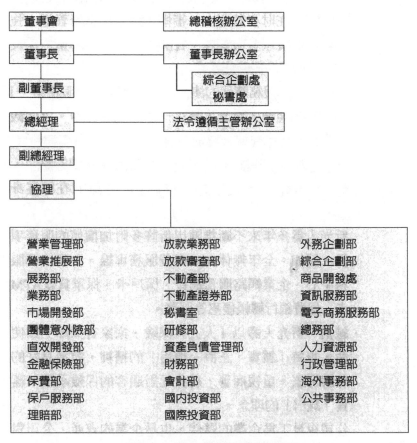

圖15-1 新光人壽組織架構圖

資料來源：新光人壽網站（2004）。

▶▶ 經營理念

- 創新：經營成功在於掌握變化，適時因應，以取得先
  機，先馳得點。新光人壽創新研究的具體展現訂定許
  多員工進修辦法，獎勵同仁更上層樓，汲取專業知識
  與技能，並有海外受訓，與國外保險公司交流，朝國
  際化經營邁進。

  在研修制度上引進LIMRA國際行銷課程，有系統制度
  的教育訓練員工；在商品上，領先業界首創長期看護
  及防癌終身等壽險，並不斷推陳出新各項附加及組合
  契約等；在財務營運上，審慎規劃各項投資管道，強
  化風險及資產負債管理；在契約品質上，著重核保及
  理賠，並提升保費繼續率。

- 服務：隨著服務時代的演進，「顧客至上、服務第一」
  的觀念已經深入新光人壽每一位員工的心中。這個觀
  念意味著公司管理者要放下身段，內勤人員要摒除官
  僚，先做好「服務員工」，達到公司內外資源的整合，
  進一步做好「服務顧客」，將整合的資源用在顧客身
  上。

  新光人壽多年來不斷推陳出新許多附加價值的服務項
  目，諸如：全年無休0800免費服務專線、全省17個服
  務中心、企業網路服務網頁、保戶卡、保單貸款ATM
  卡、保費銀行轉帳優惠等服務。

- 誠信：新光人壽以「人人有保險、家家有保障」爲使
  命，秉持「誠實、正直、信用」的精神，塑造良好的
  品牌形象，重視商譽，肩負起對顧客的保險承諾，落
  實「誠信」的理念。

  公司視員工爲企業的夥伴，也是企業的資產，公司對
  員工以及員工彼此之間，均以「誠信」爲理念。企業
  提供優質的經營環境，遵照公司的制度，支給妥善的

薪資及福利，促進勞資關係的和諧。員工彼此之間則
以誠信作為共事的基礎，不推諉過錯，不因循苟且，
具備道德勇氣來檢討缺失，改進經營。

· 回饋：新光人壽秉承創辦人「取之社會、用之社會」的
經營理念，1974年成立吳氏基金會，1983年成立新光人
壽慈善基金會，濟貧救困；又設立新光人壽獎助學金基
金會，獎掖莘莘學子奮勉向學。如獎助文化、學術、藝
術，急難救助、照顧員警遺眷生活，捐款警政、治安、
消防等基金，贊助醫療研究經費，舉辦新知講座及摩天
大樓登高比賽等各項公益事業，不勝枚舉。

▶▶ 未來願景

企業經營邁向全球化，利用網際網路將是最快速的通路。
目前正在積極進行e化，並與國際知名公司策略聯盟，進行技術
合作。加速進軍高科技事業領域有很大的幫助，可以帶來龐大
的商機。

未來，將會繼續以六星級的服務——細心、用心、真心、全
心、愛心、恒心，隨時給客戶體貼入微的呵護；同時用「家」
（FAMILY）為標竿，讓客戶永遠安心信賴，塑造「維持現狀即是
落伍，服務品質第一、重視人情義理、共創美麗人生」的企業文
化，成為「最佳全方位金融理財服務」的國際化保險公司。

✚ 英國保誠人壽

▶▶ 公司概況

1948年成立於英國倫敦，擁有155年豐富的壽險及資產管理
的經驗。自英國保誠集團成功收購台灣慶豐人壽後，隨即在台灣
成立分公司，並予1999年11月正式成立。以保險業起家的英國保
誠集團在保險業務上除了持續利用資訊化的管理，以開發新的產
品及服務項目外，在新市場的開發上亦朝全球化努力，也就是追
求產品及市場的全方位涵蓋。英國保誠人壽於1999年進入台灣後

年正式在台成立保誠人壽（保誠人壽網站，2004）。經過四年的努力，大幅提高消費者之印象；2003年依據現代保險雜誌最新調查顯示：除各項指標皆名列前矛，在短短四年內，保誠人壽是業界成長最快的壽險公司（現代保險，2004b）。

在英國的零售保險業務上市場目前由「英國保誠零售金融服務」，「英國保成年金」及「零售獨立財務顧問」等三大業務為發展主軸，提供優質的財務諮詢、人壽保險及退休金和儲蓄計畫；為了配合零售保險業務發展的需要，集團收購了M&G Group P.L.C後，成功將其與英國保誠資產管理有限公司合併，使英國保誠在零售基金管理市場的地位更為穩固，而M&G的業績亦突飛猛進，銷售額較去年期成長逾20%。

英國保誠集團在亞洲區發展十分積極，業務已遍及亞洲11個國家（地區），共雇用超過2萬名員工。2004年在亞洲的保險和投資產品的銷售額高達14.1億美元，明顯大幅成長。英國保誠集團同時也成為亞洲區最大的英商壽險機構。英國保誠人壽於1999年進入台灣後年正式在台成立保誠人壽。經過四年的努力，大幅提高消費者之印象；2003年依據現代保險雜誌最新調查顯示：除各項指標皆名列前矛，在短短四年內，保誠人壽是業界成長最快的壽險公司（進入前五大的寶座），英國保誠集團在亞洲業務含蓋壽險與基金管理。

▶▶組織結構

茲將英國保誠人壽的組織架構，圖示如（圖15-2）所示，以供讀者參考之。

▶▶經營理念

英國保誠人壽擁有集團強大的資源作後盾，憑著一百五十多年來的歷史與傳統和誠信、穩健的企業經營原則，建立了卓越的信譽和地位，保誠人壽不斷提升實力，持續研發優質的產品及提供完善的服務品質，以實踐對社會大眾的承諾。秉持著保誠一貫「誠心誠意，從聽做起」的企業理念，保誠人壽堅

圖15-2　英國保誠人壽組織架構圖

資料來源：楊政學、許素穎（2005a）。

信，「傾聽」是一切的根本，唯有傾聽，才能瞭解客戶眞正的
需求。

　　當有些公司現在還在努力強調「誠信」與「穩健」的時
候，保誠人壽早已將此理念默默奉行了150年，一路走來、始終
如一，這也是促使保誠能順利成長的原因之一。在保險理財的
專業領域中，英國保誠人壽深信擁有豐富的經驗及誠心的服
務，才是客戶最安心的理財夥伴！

　　英國保誠人壽在1985年啓用全新的保誠企業識別，保留了
優良傳統及創新、具競爭力的前瞻性。保誠女神左手握著代表
自我瞭解的明鏡，右手拿著象徵聰明智慧的靈蛇及代表自信決
斷的羽箭，她代表著英國保誠人壽嚴謹而堅定的服務承諾。

　　全體保誠人壽的員工，都將秉持著150年來的理念及原則，繼續以「用心聆聽」的精神，將保誠人壽細心呵護、無微不至的服務散布到台灣地區的每個角落，與台灣地區的朋友們共同邁向二十一世紀。

　　所有保誠人壽的同仁都要遵行保誠人的行為準則RESPECT；R意即RESPECT：要尊重差異；E意即ENCOUR-AGE：鼓勵開放，坦誠的工作環境；S意即SUPPORT：盡全力支援公司、同事、客戶的需求；P意即PRACTICE：以身作則並積極參與公司活動決策；E意即ENJOY：樂在工作、學習成長、愉快的工作環境、朋友關係；C意即COMMITTED LISTENING：誠心誠意、從聽做起；T意即TRUST：信任與授權。

　　▶▶ 未來願景

　　在人才選用方面，英國保誠人壽認為「心有多大，格局就有多大；想法有多廣，路就有多寬」，人的平凡，往往只是因為他甘於平凡；相反的，眼界放寬，成就自然無限。正如站在高處看風景，層次提升自然眼界開闊，在壽險這一片天空下，保誠人壽謹以最真誠熱切的心，誠摯地邀請「有夢最美、目標一致」的夥伴們一起加入保誠人壽的大家庭，共同以「用心聆聽」的精神，開創台灣保險的新紀元。

　　在教育訓練方面，將充分結合「訓練課程之研發」、「精美教材之編印」及「有聲圖書之呈現」配合未來電腦科技之開發，如光碟之製作、網路教學系統之開辦及行銷廣告的推展，幫助同仁創業成功、邁向巔峰。

　　今後，保誠人壽將繼續秉持著「誠信經營、穩健前行」的原則，不斷地擴張我們的事業版圖，希望能讓更多的朋友因保險而受惠，更多的業界菁英因保誠的事業發展而邁向巔峰。

❖個案公司SWOT分析

本研究將以二家個案公司的SWOT為觀點，找出優勢、劣勢、機會與競爭。

✚ 新光人壽

如（**表15-1**）所示，可發現新光人壽的優勢，是以全面布點計畫、完善的教育訓練員工，以提供給顧客更好的服務及成立保戶服務部門。

▶▶優勢

・榮獲2004年第十五屆國家品質獎。

・實施「全面布點計畫」，全省各縣市鄉鎮設有據點，不但使新光人壽的服務網更密集，也堅定保戶對公司的信心。

・研修制度有完善且有系統的教育訓練計畫，引進LIMAR國際行銷課程教材及教學方法，全省設有四個

表15-1 新光人壽SWOT分析表

優勢（STRENGTH）	弱勢（WEAKNESS）
1.榮獲「國家品質獎」	1.E化尚未很普及
2.實施「全面布點計畫」	2.員工需要加強知識與技術
3.有完善且有系統的教育訓練計畫	
4.全省視訊會議系統	
5.建立領導風格	
6.成立保戶服務部	
機會（OPPORTUNITY）	威脅（THREAT）
1.社會公益、活動	1.現在競爭者多
2.大陸市場開放	2.銀行保險
3.與學校建教合作	3.電視購物頻道進軍人壽保險市場
4.建立異業結盟	4.國內利率持續走低
5.週休二日	
6.創意電視廣告	

資料來源：楊政學、許素穎（2005b）。

修研處並興建教育會館，以提供員工最好的訓練環境。

- 架設全省視訊會議系統，實設地點涵蓋全國北中南12個服務處中心與分公司，以及50個單點視訊單位。

- 建立領導風格，以「家」為經營理念，公司對顧客：用心的聽、細心的想、真心的改、全心的做、愛的關懷、恆心對待；公司對員工：選才磨用、借才重用、適才適用；員工對公司：具備忠誠、企圖心、愉悅、創意、關愛、年輕活力；公司對社會：立足台灣、進軍亞洲、放眼大陸。

- 成立保戶服務部，專責保戶權益開發、申訴案件處理及服務項目的管理等，並且引進CTI（Computer Telephony Integration）電腦電話整合系統，以人性化、高效率且全年無休的客服中心（Call Center），提升優質服務。

▶▶弱勢

- E化尚未很普及，現階段在建構E化的環境，只在限於大的地點，應該要普及到每個據點。

- 員工必需要加強知識與技術，才能跟得E化的環境，同時也提升公司競爭力。

▶▶機會

- 成立數個基金會、獎助金基金會，濟貧救困、獎勵莘莘學子及協助保戶遺族子女完成學業，及參與全省CPR教學、站前大數登高比賽等一連串公益活動，不勝枚舉，樹立良好的企業形象。

- 針對大陸市場在2005年開放，新光人壽擁有語言上的優勢，一切都已做好準備，目前在北京、香港皆設有辦事處。

- 與學校建教合作，目前已和德明技術學院、眞理大學、輔仁大學、吳鳳技術學院等，提供學生實習機會，協助培養理論與實務兼具的專業人才。
- 建立異業結盟，與台新銀行、萬泰銀行、華南銀行等共28家銀行，給予特約銀行不同的優惠及保單。
- 因應週休二日，國人旅遊次數也增加，爲了要出去玩能更安心，在網路上即可投保「旅遊平安險」省時又方便。
- 創意的電視廣告「天上掉下來的往往不會是禮物」。

▶▶威脅
- 現在競爭者多，壽險市場中目前有29家人壽保險公司，包括：國內21家、國外8家。
- 目前有很多人壽保險公司與銀行合作，推行銀行保險，因爲銀行據點多、豐富的客戶資源，有無限的潛在客戶，所以成爲現在很重要的銷售通路。
- 電視購物頻道進軍人壽保險市場，東森購物聯合國內10大保險公司推出國內第一個電視虛擬保險交易平台，顛覆傳統保險行銷市場，透過打電話就可以投保，核保後立即生效，各家保險公司銷售的保單都不同，以區隔市場，打著全國保障最高、保費最低廉。
- 國內利率持續走低，國內壽險界面臨前所未有的衝擊，新光等大型壽險公司已先停賣高預定利率的保單，預估未來的新保單保費會漲價。

✚ 英國保誠人壽

　　如（**表15-2**）所示，可發現英國保誠人壽在壽險業界中，擁有155年豐富的壽險及資產管理的經驗，在投資型保單的設計上也領先同業。

表15-2　英國保誠人壽SWOT分析表

優勢（STRENGTH）	弱勢（WEAKNESS）
1.亞洲最大的英國壽險公司 2.領先同業推出投資連結型保險 3.亞洲擁有最多國家在銷售投資連結 　型保險商品的保險集團 4.多元服務平台 5.第一家提供保險金信託服務 6.榮獲標準普爾（S&P）AAA最高財 　務評等 7.提供員工完善的教育訓練課程	1.E化尚未很普及 2.尚須強化團體業務輔導員素質 3.銷售模式仍有改進空間
機會（OPPORTUNITY）	威脅（THREAT）
1.擁有150多年豐富的經驗 2.商品創新 3.創意性的電視廣告 4.大陸市場開放 5.社會公益 6.發展多元化通路	1.同業競爭者的威脅 2.市場改變，金控公司及銀行業皆跨 　足保險業 3.無實體的通路跨足保險業 4.國內利率持續走低

資料來源：楊政學、許素穎（2005b）。

▶▶優勢

・亞洲最大的英國壽險公司。

・2001年更領先同業推出台灣壽險業界第一張投資連結型保險。

・是亞洲擁有最多國家在銷售投資連結型保險商品的保險集團，共計有6個國家，分別是台灣、香港、新加坡、馬來西亞、中國大陸（廣州）、印尼。

・多元服務平台：（1）多元保費繳納管道：在2002年與全台二千多家超商合作，擁有代收保費服務之全台便利商店數最多的壽險公司；（2）在全民e化的時代保誠提供便捷的「保戶e點通系統」加強保戶查詢服務；（3）0800電話服務中心；（4）網路服務／2004年第二季第二代啓用；（5）提供保單資料的查詢、表單下載、保單貸款，以及部分保單內容變更。

- 第一家提供保險金信託服務的保險公司，爲保險受益人提供專業資產管理。
- 核心壽險營運的財務實力，皆榮獲標準普爾（S&P）的AAA最高財務評等。
- 具備七大學院及五大研究所，提供員工完善的教育訓練課程。

▶▶ 弱勢

- 線上學習平台尚未完善且廣泛的實施。
- 尚須強化團體業務輔導員素質：未來除設立專職人員加強團體業務輔導員之法令專業知識及業務行銷技巧，亦同時要求其必須配合保誠大學課程接受教育訓練。
- 銷售模式仍有改進空間：在業界業務員活動率約只有50%；銀行銷售壽險只有2年的經驗。

▶▶ 機會

- 擁有150多年豐富的壽險及資產管理經驗。
- 商品創新：在台灣、菲律賓、中國大陸、新加坡、馬來西亞、皆已成功成爲投資型商品的領導先驅。2004年1月在日本推出新的萬能保險。
- 創意性的電視廣告，「你怎麼有利就怎麼保！」之廣告用語引起注意（例如：結婚、跆拳國手、計程車司機）。
- 大陸市場開放，2000年保誠集團與中國中信集團合資，在中國廣州正式開始營運。
- 自1999年來台發展的第二年起，積極投入兒童與教育有關之公益行列，幫助台灣兒童快速成長。
- 發展多元化通路：投注心力於銀行通路之教育訓練，擁有112,000名高素質業務人員，服務500萬個客戶在

11個國家中與29家之銀行合作開發銀行通路，與業務
人員相輔相成。

▶▶威脅

· 同業競爭者的威脅。

· 市場改變，金控公司及銀行業皆跨足保險業。

· 無實體的通路（例如東森購物）也跨足保險業。

· 國內利率持續走低，壽險業面臨前所未有的衝擊，預
估未來的新保單保費會漲價，傳統保單吸引力驟降：
（1）終身還本型商品最受衝擊；（2）短年期商品較受
歡迎；（3）爲投資型與分紅保單帶來空間。

15.3 實務模型建構

關於壽險業知識學習實務模型之建構，大抵由實務模式建
構、實務命題推演，以及問卷調查內容設計等議題來討論。

✦✦實務模式建構

本章節研究實務模式的建構是整合了壽險產業的各種次級
資料，與業者實際的教育訓練模式所產生的實務架構，以兩家
壽險公司爲例，結合理論與實務，根據其產業現況，來進行深
入的研究和探討。

教育訓練實務模式之建構，首先針對壽險業企業目標來著
手探討，教育訓練的推動建立在企業組織文化下，其推動除了
可依靠一套可行又有效的教育訓練工具外，人員的因素與競爭
力分析，對教育訓練的推行具有很大的影響，而企業文化亦會
跟隨企業的發展而不斷的延續。這種模式有助於組織成員在企
業無形的文化與價值觀中，自發性的從事知識創造、學習、擴

散等工作，進而達到企業目標，爲企業創造更大的價值。

接著從領導風格跟個案公司來建構，領導者可謂是組織的靈魂人物，因爲他們必須具備從不同的情境中，依不同的組織文化調整獨特的領導風格，以將領導的特質充分發揮，使組織更具競爭力。利用資訊科技工具來建立一個E化的教育訓練學習環境，是目前壽險公司想去克服與突破的議題。

如何建置一個高度E化的教育訓練平台，會是壽險公司持續努力的目標，未來更朝向E化學習（E-learning）環境的營造，而E-learning環境的到來，將大幅度改變壽險業教育於業務與行政系統的訓練方式，甚至是觀念的導引與習慣的調整。可使得知識平台、訓練規劃、課程實施與創新策略，甚至是績效評估，均可透過教育訓練的E化學習來進行整合，打破傳統空間與時間的侷限，又可讓訊息得以公開透明化。

最後以個案公司實際的教育訓練提出來進行分析驗證，將驗證的結果做有效的績效評估，如果評估的結果有利於個案公司，表示該教育訓練方式對個案公司具可行方案，即可提高實務績效。相同的，評估的績效可行的話，個案公司便會進一步加強訓練內容及品質並回饋於公司。

在外在環境的影響因子中，在國外部分：有加入WTO、大陸保險市場2005年的全面開放等；在國內部分：金控公司的相繼成立、金融六法的法規規範等。在公司回饋的影響因子中，大抵有激勵策略的設計，以及人員升遷晉用的條件設限，以期望能提升教育訓練的績效評估（楊政學，2003b）。茲將本章節研究所提出之教育訓練實務性架構，圖示如（**圖**15-3）。

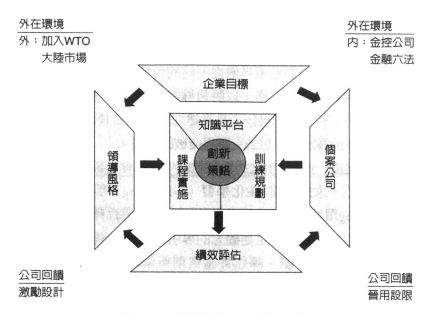

外在環境
外：加入WTO
　　大陸市場

外在環境
內：金控公司
　　金融六法

企業目標

知識平台

領導風格

課程實施

創新策略

訓練規劃

個案公司

績效評估

公司回饋
激勵設計

公司回饋
晉用設限

圖15-3　教育訓練實務模式架構
資料來源：修改自楊政學（2003b）。

✛ 實務命題推演

　　根據文獻及企業內外資料進行命題推演，依其大綱可分為三大主題：教育訓練課程、課程內容，以及受訓後成果。

✛ 教育訓練課程

　　線上學習可以在多種時段和地點，把教學提供擴大到課堂外，提供學習給遠端需要業務人員，並能提供管道涵蓋多種的主題（法商佳迪福保險網站，2004）；角色扮演是創造一個假想的現實環境，讓受訓者依現實情境扮演假想人員，而依假想人員的角色個性來表現其行為（羅啓峰，1995）；團體探索體驗式教學，可以讓團隊中的每一位夥伴學習如何相互協助、彼此信任，挑戰自我能力的極限、發揮潛能，達到一起成長的目

的（保誠世界，2004a；2004b）；心靈成長課程是以啓發（安眠）的方式，讓員工抒解壓力、冷靜思考，負責輔導員工的態度及壓力上的調適（保誠人壽訪談）。

本研究想要去瞭解教育訓練課程中，是否對於業務員其學習程度、銷售工作、團隊合作精神、抒發壓力是否有所提升與幫助，因而推演出如下命題：

- ·線上學習的方式比課堂教學有幫助。
- ·角色扮演教學對銷售工作有幫助。
- ·團體探索體驗式教學，可增加團隊合作精神。
- ·心靈成長課程，可以抒發壓力。

✚ 課程內容

壽險業務人員教育訓練最主要工作是透過KASH課程訓練強化業務人員從業態度；加強其銷售專業知識；改善其銷售技巧並養成良好工作習慣等，來達成公司的業績目標，所以教育訓練的績效衡量可以透過業務人員在教育訓練實施前及教育訓練實施後KASH的變化情形來說明（張艷玲，1995），本研究想要去瞭解教育訓練中的KASH課程是否對業務員銷售工作有幫助，因而推演出如下命題：

- ·教育訓練課程中有關「行銷所具備的專業知識」課程對銷售工作有幫助。
- ·教育訓練課程中有關「建立正確工作態度」課程對銷售工作有幫助。
- ·教育訓練課程中有關「行銷技巧」課程對銷售工作有幫助。
- ·教育訓練課程中有關「養成良好工作習慣」課程對銷售工作有幫助。

✛ 受訓後成果

壽險業務人員接受教育訓練後,在行為與技能產生永久性的變化,進而使良好的效果能繼續保持,讓公司更容易達成訂定目標;也能提升保戶對我們服務品質感到滿意;業務員運用受訓所學知識與技能解決工作上的難題,相對的在工作上獲得滿足感,更能以正面態度去面對工作挑戰,而在工作上的報酬可以增加對業務員的鼓勵,並持續運用所學,進而產生訓練移轉效果(鍾恆玉,2000)。

本研究想要去瞭解業務員在接受教育訓練後,對於是否能更快速完成工作任務、提升服務品質、面對工作挑戰是否有信心、是否認同公司教育訓練制度化的安排,因而推演出如下命題:

- 業務員在接受公司教育訓練後,業務員比以前更能快速完成工作任務。
- 業務員在接受公司教育訓練後,可以提升業務員的服務品質。
- 業務員在接受公司教育訓練後,可以使業務員在面對工作挑戰時更有信心。
- 同意公司教育訓練制度化(學員護照、考核、升遷)安排。

✦ 問卷調查內容設計

本章節研究採用問卷設計來作隨機抽樣調查,係參考相關文獻、訪談紀錄來設計相關的問項,先後經過30份的問卷試發後,再修訂完成。發放對象為新光人壽及英國保誠人壽的業務人員,本問卷的設計共分成六大部分、25小題,茲將本研究問卷設計之內容結構,列表說明如(表15-3)所示。

表15-3　問卷設計之內容架構

類別	衡量變數	題項與題數	衡量尺度
第一部分	個人因素方面（受訓前）	題項一內含5小題	區間尺度
第二部分	教育訓練課程的滿意度	題項二內含4小題	區間尺度
第三部分	訓練課程內容的滿意度	題項三內含4小題	區間尺度
第四部分	訓練方法的喜好程度	題項四內含3小題	類別尺度
第五部分	個人受訓後的滿意度	題項五內含5小題	區間尺度
第六部分	個人基本資料	題項六內含4小題	類別尺度

資料來源：楊政學、許素穎（2005a）。

15.4 個案實證分析

　　針對個案實證分析的探討，擬以實務分析、命題驗證，以及問卷分析等構面來進行。

實務分析

　　本章節研究利用所蒐集到之企業內部與外部文獻檔案資料、人員實地訪談內容，以及企業內部教育訓練平台系統等，試圖分析與比較不同類型個案間，在教育訓練流程上，不同階段實務運作的解決與處理方式。

企業文化

　　二家個案公司企業文化不同之處，新光人壽重視維持現狀即是落伍的觀念，與顧客共創美麗人生、人情義理為目標；保誠人壽為誠心誠意，從聽做起，用心去傾聽客戶的真正需求，為客戶找到最適合他自己的保險商品，如（**表15-4**）所示。此外，二家個案公司都以重視服務品質為中心。

表15-4 個案公司教育訓練中企業文化之比較

特性 建構要素	共同點	差異點	
		新光人壽	保誠人壽
企業文化	服務品質	維持現狀即是落伍 共創美麗人生 人情義理	誠心誠意、用心傾聽

資料來源：楊政學、許素綾（2005a）。

✚ 領導風格

二家個案公司領導風格不同之處，新光人壽是以「家」為經營理念，公司對員工：選才磨用、借才重用、適才適用；對社會：立足台灣、進軍亞洲、放眼大陸；員工對公司：具備忠誠、企圖心、愉悅、創意、關愛、年輕活力；保誠人壽是以給予員工正面思考的力量，告訴員工該如何積極創造自己的保險事業，讓員工充滿強烈的使命感，在自己的工作崗位上認真、積極、快樂的發展，如（**表15-5**）所示。此外，二家個案公司則一致認同用心去聽、關懷，去瞭解顧客真正的需求是什麼，才是最重要的。

表15-5 個案公司教育訓練中領導風格之比較

特性 建構要素	共同點	差異點	
		新光人壽	保誠人壽
領導風格	用心去聽、關懷真正瞭解顧客的需求	以「家」為經營理念	正面思考 使命感

資料來源：楊政學、許素綾（2005a）。

✚ 知識平台

二家個案公司在知識平台建構上不同之處，新光人壽以架設全省視訊會議系統、興建教育會館，配備有T1專線網路及播放型系統電腦教室，訓練員工迎接電子商務時代的來臨；保誠人壽推行「專業行動網」內容分為六大部分：保誠新聞台、發

燒活動、成就無線、線上刊物、保誠便利屋、電子工具下載
等，方便員工使用，如（**表15-6**）所示。此外，二家個案公司
皆認同結合各項自動化系統的電腦作業平台、辦公室自動化、
公文電子化、保單檢視系統等知識平台的設置，能有效擴充服
務的領域。

表15-6 個案公司教育訓練中知識平台之比較

特性 建構要素	共同點	差異點	
		新光人壽	保誠人壽
知識平台	自動化系統	架設全省視訊會議系統 興建教育會館	專業行動網

資料來源：楊政學、許素穎（2005a）。

✚ 訓練規劃

　　二家個案公司在訓練規劃上不同之處，新光人壽與國際壽
險管理研究協會（LIMRA）合作引進國外教學方法，並建構完
整的e化設備為基礎，培養專業化服務的行銷團隊；保誠人壽建
立「保誠組織管理系統」依據美國教育資源集團（ERG）和
GAMA所研發而成的一套經營管理課程，提供培訓主管向全世
界最頂尖的壽險業務主管，學習營業單位管理的機會，如（**表
15-7**）所示。此外，二家個案公司皆認同公司必須要有完整的
教育訓練制度化。

表15-7 個案公司教育訓練中訓練規劃之比較

特性 建構要素	共同點	差異點	
		新光人壽	保誠人壽
訓練規劃	完整的教育訓練制度化	與國際壽險管理研究協會（LIMRA）合作 建構完整的E化設備為基礎	與美國教育資源集團（ERG）和GAMA研發一套經營管理課程

資料來源：楊政學、許素穎（2005a）。

✛ 課程實施

　　二家個案公司在課程實施上不同之處，新光人壽引進國內外教材及教學方法、全面推動互動式教學，並研發文字教材及製作VCR、TAPE、CD-ROM等視聽教材，以結合動畫、影像、音效、文字，呈現給學員們活潑的教學方式；保誠人壽有共好課程、衝突管理課程、識人突破課程，以及PAM（保誠組織管理系統）與PCM（保誠組織開發系統）課程，如（**表15-8**）所示。此外，二家個案公司基本訓練方法都大致相同，包含：講師授課、線上學習、角色扮演、銜接訓練、團體探索式教學等。

表15-8　個案公司教育訓練中課程實施之比較

特性　　　　　　　　 建構要素	共同點	差異點	
		新光人壽	保誠人壽
課程實施	講師授課、線上學習、角色扮演、銜接訓練、團體探索式教學	引進國內外教材、教學方法 全面推動互動式教並研發教材	共好課程 衝突管理課程 識人突破課程PAM &PCM課程

資料來源：楊政學、許素穎（2005a）。

✛ 創新策略

　　二家個案公司在創新策略上不同之處，新光人壽首創保單借款ATM金融卡「一卡在手、全球提領」的服務，是國內保險業界最早推出的保單借款金融卡；保誠人壽首創先例-U-Link投資連結型商品、附約型的「長期看護險」LTC、符合台灣需求的不分紅終身還本型商品、婦嬰險特定四項保險金給付，如（**表15-9**）所示。此外，二家個案公司在創新策略上都有建立多元化銷售通路、e-learning環境。

表15-9　個案公司教育訓練中創新策略之比較

特性 建構要素	共同點	差異點	
		新光人壽	保誠人壽
創新策略	多化化銷售通路 建立e-learning環境	首創ATM金融卡保 單借款服務	首創-U-Link投資連結 型商品

資料來源：楊政學、許素穎（2005a）。

✚ 績效評估

　　二家個案公司在績效評估上不同之處，新光人壽結合業務主
管評估業務員受訓後成果，列入升遷、考核的範圍，並建立外勤
人員考訓合一制度；保誠人壽以課堂滿意度評估、學習評估，以
及績效評估三個層面來評估業務員績效，如（**表15-10**）所示。
此外，二家個案公司在績效評估上皆建立學員護照爲主，爲業務
員安排一系列之教育訓練課程，以提升業務員之能力。

表15-10　個案公司教育訓練中績效評估之比較

特性 建構要素	共同點	差異點	
		新光人壽	保誠人壽
績效評估	建立學員護照	結合業務主管評估 建立外勤人員考合 一制度	課堂滿意度評估 學習評估 績效評估

資料來源：楊政學、許素穎（2005a）。

❖ 命題驗證

　　在命題驗證部分的討論，係以個案訪談、深度訪談之命題
驗證等兩部分來進行。

✚ 個案訪談

　　本章節研究在2004年7月底到10月底，分別前往新光人壽及
英國保誠人壽進行深度訪談與問卷調查的部分。

▶▶ 新光人壽

對於壽險業最重要的資產是「人」，有人才會有業務，而經營是永續的，所以新光金控投資在教育訓練超過一億，也是給予顧客長期的承諾。如果公司減少教育訓練的費用，表示這家公司沒有未來，因為沒有辦法提升員工專業知識、技能，不能提供顧客最好的服務。所以教育訓練的發展是很重要的。

▶▶ 英國保誠人壽

將60%的業務員強化其行銷與管理能力，往頂端20%邁進。加強行銷與管理能力，未來我們會推出PCM課程，由客戶的需求為導向，蒐集客戶的資料後，再針對他們的需求來規劃保單。在教育訓練上，要加強需求導向行銷與金融理財方面的訓練。

✤ 深度訪談之命題驗證

根據實務命題的推演，本章節研究針對深度訪談與問卷調查內容作為命題驗證，此部分針對研究發現及訪談內容撰寫，並以問卷分析結果予以佐證，以強化命題成立與否的客觀性，如（**表15-11**）所示，是對研究個案命題之驗證結果。

✛ 問卷分析

✤ 基本資料分析

利用次數分配表，將回收問卷之基本資料部分做整理。整體而言，在業務員性別方面，新光人壽與保誠人壽都是以女性居多，約占70%～80%之間。在年齡方面，新光人壽大多是介於41～50歲之間；而保誠人壽業務員大多是介於21～30歲之間。

在教育程度方面，新光人壽是以高中職畢業居多；保誠人壽是以專科畢業居多。在學期間是否修讀過與保險相關之課程方面，新光人壽修讀過與沒有修讀過保險相關課程比例相同各

表15-11　新光人壽及保誠人壽之命題驗證

命題	新光人壽		保誠人壽	
	訪談	問卷	訪談	問卷
【P1】線上學習的方式比課堂教學有幫助	X	○	X	X
【P2】角色扮演教學對銷售工作有幫助	○	○	○	○
【P3】團體探索體驗式教學，可增加團隊合作精神	○	○	○	○
【P4】心靈成長課程，可以抒發壓力	○	○	○	○
【P5】教育訓練課程中有關「行銷所具備的專業知識」課程對業務員銷售工作有幫助	○	○	○	○
【P6】教育訓練課程中有關「建立正確工作態度」課程對業務員銷售工作有幫助	○	○	○	○
【P7】教育訓練課程中有關「行銷技巧」課程對業務員銷售工作有幫助	○	○	○	○
【P8】教育訓練課程中有關「養成良好工作習慣」課程對業務員銷售工作有幫助	○	○	○	○
【P9】業務員在接受公司教育訓練後，業務員比以前更能快速完成工作任務	○	○	○	○
【P10】業務員在接受公司教育訓練後，可以提升業務員的服務品質	○	○	○	○
【P11】業務員在接受公司教育訓練後，可以使業務員在面對工作挑戰時更有信心	○	○	○	○
【P12】同意公司教育訓練制度化	○	○	○	○

註：○表示成立；X表示現有資料不足以支持其成立。
資料來源：楊政學、許素穎（2005a）。

約50%；保誠人壽則以沒有修讀過保險相關課程占80%以上。

✚ 個人因素分析

　　利用次數分配表，將回收問卷之基本資料部分做整理，結果發現在「個人喜歡學習新知識、增廣見聞並擴展自己專業知識」及「接受公司教育訓練，對自己工作能力有實質提升」問題中，新光人壽及保誠人壽皆是選擇「非常同意」最多；在「接受公司教育訓練，對自己升遷有實質幫助」問題中，新光人壽是以選擇者「同意」居多，保誠人壽是以選擇「非常同意」者居多；在「接受公司教育訓練，可以面對未來工作挑戰」問

題中,新光人壽及保誠人壽皆是選擇「同意」居多;而在「接受公司教育訓練,對自己未來工作更有保障」問題中,新光人壽及保誠人壽皆平均的選擇「非常同意」及「同意」。

✦ 訓練方法分析

利用次數分配表,將所回收問卷之訓練方法做整理並加以分析,針對七項訓練方法,每人選取前三名合計排名,可得知新光人壽在訓練方法排名第一名為「個案研討、問與答(Q&A)」約占30%,第二為「課堂學習」約占20%,其次為「視聽媒體教學」也大約占20%左右;保誠人壽訓練方法排名第一為「個案研討、問與答(Q&A)」約占30%,第二為「通訊處安排課程上課(銜接訓練)」約占20%,其次為「角色扮演」也大約占20%左右。

進一步透過年齡進行交叉分析,發現新光人壽在21~30歲以課堂教學的訓練方法為最滿意,其31~40、41~50歲皆為個案研討、問與答(Q&A),51歲以上為角色扮演、視聽媒體;保誠人壽在21~30、31~40歲皆以個案研討、問與答(Q&A)的訓練方法為最滿意,41~50歲為通訊處安排上課,51歲以上為課堂教學、角色扮演、個案研討、問與答(Q&A)。

✦ 教育訓練分析

本章節研究將回收問卷之滿意度部分,利用李克特五點量表加以評分,評分為1~5分,非常不同意為1分,不同意為2分,沒意見為3分,同意為4分,非常同意為5分,評分之後加以累計計算平均數,以得知業務員對公司現行教育訓練的滿意度排名,茲分述如下:

‧教育訓練課程滿意度之排名:本研究針對4項教育訓練課程加以排名,經業務員評比之結果,如(**表15-12**)所示。

表15-12　新光人壽及英國保誠人壽教育訓練課程之滿意度統計表

題目	新光人壽			英國保誠人壽		
	總計	平均	排名	總計	平均	排名
線上學習比課堂教學有幫助	212	3.72	4	195	3.25	4
角色扮演對銷售工作有幫助	220	3.86	2	249	4.15	1
團體探索式可增加團隊合作精神	218	3.82	3	243	4.05	3
心靈成長課程可抒發壓力	232	4.07	1	244	4.07	2

資料來源：楊政學、許素媖（2005a）。

‧教育訓練課程內容滿意度之排名：本研究針對4項訓練課程內容加以排名，經業務員評比之結果，如（**表15-13**）所示。

表15-13　新光人壽及英國保誠人壽教育訓練課程內容之滿意度統計表

題目	新光人壽			英國保誠人壽		
	總計	平均	排名	總計	平均	排名
專業知識	244	4.28	1	261	4.35	3
工作態度	234	4.11	4	262	4.37	2
行銷技巧	242	4.25	2	261	4.35	3
工作習慣	240	4.21	3	264	4.41	1

資料來源：楊政學、許素媖（2005a）。

‧個人受訓後成果滿意度之排名：本研究針對5項個人受訓後成果加以排名，經業務員評比之結果，如（**表15-14**）所示。

表15-14　新光人壽及英國保誠人壽個人受訓後成果之滿意度統計表

題目	新光人壽			英國保誠人壽		
	總計	平均	排名	總計	平均	排名
能更快速完成工作任務	227	3.98	4	242	4.03	4
服務品質提升	228	4	3	249	4.15	1
面對工作挑戰更有信心	235	4.12	1	246	4.1	3
教育訓練時段之安排	219	3.84	5	239	3.98	5
教育訓練制度化	229	4.02	2	249	4.15	1

資料來源：楊政學、許素媖（2005a）。

✥ 基本資料與教育訓練分析

　　本章節研究利用變異數分析、獨立樣本T檢定，將所有回收之基本資料與個人因素、教育訓練課程、課程內容、受訓後成果分為五部分，利用變異數分析作為資料分析的方法。本章節研究之資料分析顯著性水準有2個，分別為：*表示P<0.1，**表示P<0.05。若是變異數分析拒絕虛無假設時，則進一步透過獨立樣本T檢定，來檢驗是否也是拒絕虛無假設，藉以增加可信性，並經由差數差來檢驗變異來源。茲將72組分析統計檢定結果，彙整其中具有顯著關聯性質的統計值，如（**表15-15**）所示。基本資料與教育訓練彼此間互動關聯的情形，則討論說明如下：

　　由（**表15-15**）中得知，假設H1，新光與保誠皆有顯著影響，且男性認知程度較高。假設H2，新光人壽有顯著影響，且男性認知程度較高；保誠則無顯著影響。假設H2，新光人壽有顯著影響，且男性認知程度較高；保誠則無顯著影響。假設H4，保誠有顯著影響，且21～40歲認知程度較高；新光則無顯著影響。假設H5，保誠有顯著影響，且21～40歲認知程度較高；新光則無顯著影響。假設H6，保誠有顯著影響，且21～40歲認知程度較高；新光則無顯著影響。

　　假設H7，保誠有顯著影響，且專科、大學研究所認知程度較高；新光則無顯著影響。假設H8，新光人壽有顯著影響，且專科、大學研究所認知程度較高；保誠則無顯著影響。假設H9，新光人壽有顯著影響，且專科、大學研究所認知程度較高；保誠則無顯著影響。假設H10，新光人壽有顯著影響，且專科、大學研究所認知程度較高；保誠則無顯著影響。假設H11，新光人壽有顯著影響，且專科、大學研究所認知程度較高；保誠則無顯著影響。假設H12，新光人壽有顯著影響，且在學期間「有」修讀過與保險相關之課程認知程度較高；保誠則無顯著影響。

表15-15　單因子變異數與獨立樣本T檢定整理表

		新光人壽	保誠人壽
H1：	假設性別對角色扮演教學對銷售工作有幫助沒有顯著影響	（0.011）** 【0.011】**	（0.057）* 【0.057】*
H2：	假設性別對心靈成長課程可以抒發壓力沒有顯著影響	（0.075）* 【0.075】*	（0.431） 【0.431】
H3：	假設性別對專業知識課程對銷售工作有幫助沒有顯著影響	（0.080）* 【0.080】*	（0.484） 【0.484】
H4：	假設年齡對自己工作能力有實質提升沒有顯著影響	（0.183） 【0.163】	（0.071）* 【0.071】*
H5：	假設年齡對行銷技巧對銷售工作有幫助沒有顯著影響	（0.552） 【0.521】	（0.1）* 【0.1】*
H6：	假設年齡對教育訓練制度化可幫助自我要求沒有顯著影響	（0.230） 【0.171】	（0.067）* 【0.067】*
H7：	假設教育程度對角色扮演教學對銷售工作有幫助沒有顯著影響	（0.178） 【0.178】	（0.096）* 【0.096】*
H8：	假設教育程度對心靈成長課程可以抒發壓力沒有顯著影響	（0.017）** 【0.017】**	（0.843） 【0.528】
H9：	假設教育程度對專業知識課程對銷售工作有幫助沒有顯著影響	（0.035）** 【0.035】**	（0.505） 【0.319】
H10：	假設教育程度對受訓後更能快速完成工作任務沒有顯著影響	（0.050）** 【0.050】**	（0.696） 【0.343】
H11：	假設教育程度對教育訓練制度化可幫助自我要求沒有顯著影響	（0.032）** 【0.028】**	（0.613） 【0.324】
H12：	假設在學期間是否修讀過與保險相關之課程對接受教育訓練可面對未來工作挑戰沒有顯著影響	（0.097）* 【0.097】*	（0.899） 【0.899】

註：1.小括號內數值為單因子變異數分析之P值。
　　2.中括號內數值為獨立樣本T檢定之P值。
　　3.*為P<0.1，**為P<0.05。
資料來源：楊政學、許素穎（2005a）。

15.5 結論與建議

綜整本章節個案研究之實證分析,可歸納得出研究結論及研究建議,以供其他相關業者進行知識學習(教育訓練)的參考(楊政學、許素穎,2005a)。

研究結論

綜合以上歸結之研究結果,本章節研究可發現如下幾點結論:

- 在命題驗證上,兩家個案公司除命題一:「線上學習的方式比課堂教學有幫助」不成立之外,其餘命題均成立。
- 兩個案公司人員皆認同「個人喜歡學習新知識、增廣見聞並擴展自己專業知識」,以及「接受公司教育訓練,對自己工作能力有實質提升」。
- 兩個案公司人員皆認同在接受創新教育訓練之後,最滿意「心靈成長課程可抒發壓力」,以及「角色扮演對銷售工作有幫助」此兩項訓練方式。
- 新光人壽業務人員多認為訓練課程內容中「行銷所具備的專業知識」以及「行銷技巧」的課程對其銷售工作有很大的幫助。保誠人壽業務人員多認為訓練課程內容中「建立正確工作態度」,以及「養成良好工作習慣」的課程,對其銷售工作有很大的幫助。
- 新光人壽業務人員最認同的教育訓練方法是「個案研討、問與答(Q&A)」,以及「課堂教學」。保誠人壽業務人員最認同的教育訓練方法是「個案研討、問與答(Q&A)」以及「通訊處安排課程上課(銜接訓練)」。
- 新光人壽業務人員最認同受訓後,自己在「面對工作挑

戰更有信心」以及對「公司教育訓練制度化，可幫助自我要求」。保誠人壽業務人員最認同受訓後，自己「在服務品質上提升許多」，以及對「公司教育訓練制度化，可幫助自我要求」。

· 新光人壽不同性別的業務人員，對角色扮演可對銷售工作有幫助、心靈成長課程可抒發壓力、專業知識課程對銷售工作有幫助的看法會有不同的表現。其中，「男生」的認知程度較高。

· 新光人壽不同教育程度的業務人員，對心靈成長課程可抒發壓力、專業知識課程對銷售工作有幫助、受訓後更能快速完成工作任務，以及教育訓練制度化可幫助自我要求的看法會有不同。其中，發現「專科、大學、研究所」的認知程度較高。

· 新光人壽在學期間有或沒有修讀過保險相關課程的業務人員，對接受教育訓練可面對未來工作挑戰的看法會有不同。其中，發現「有」修讀過相關課程者，其認知程度較高。

· 保誠人壽不同性別的業務人員，對角色扮演對銷售工作有幫助的看法會有不同的表現。其中，「男生」的認知程度較高。

· 保誠人壽不同教育程度的業務人員，對角色扮演對銷售工作有幫助的看法會有不同的表現。其中，發現「專科、大學、研究所」的認知程度較高。

· 保誠人壽不同年齡的業務人員，對接受公司教育訓練，對自己工作能力有實質提升、行銷技巧課程對銷售工作有幫助以及教育訓練制度化，可幫助自我要求的看法會有不同的表現。其中，發現「21～40歲」的認知程度較高。

✦ 研究建議

　　本章節研究依照各種分析得到的結果，而提出如下幾項建議，以供國內壽險業規劃教育訓練課程的參考。茲將建議內容分述如下：

- ·教育訓練課程朝提高銷售技巧與實質績效作安排：經過本研究發現業務人員最喜歡的訓練課程為個案研討、問與答及課堂教學和銜接訓練，且員工較能接受的創新教育訓練方式為心靈課程及角色扮演；較不能接受線上學習的訓練方式，這些方式較接近實務上操作，對銷售能力的增強有幫助。因此，建議壽險公司訓練中心與通訊處能重視這幾項，使業務人員提高銷售技巧並增進業務人員實質績效。

- ·在職訓練可透過制度面來落實：許多通訊處雖有好的訓練課程，卻無法維持訓練的成果。原因在於業務人員對於通訊處所辦理的在職訓練並非主動去學習，因此建議壽險公司及通訊處除了學習護照制度外，對其他在職訓練也應列入強制學習。將教育訓練所學之專業知識、行銷技巧應用在壽險事業上，並培養正確的心態、養成良好的工作習慣，才不致於浪費公司資源。

- ·業務人員應主動自我學習以提升競爭力：資訊科技時代的來臨，許多電腦的使用與操作愈來愈頻繁，故業務人員應多方面的學習電腦軟體的應用，才能提高服務品質與效率。建議業務人員能針對自己不足或有興趣的部分加以自我學習進修。對於壽險公司或通訊處安排的課程，應採取主動學習的態度，除了公司及通訊處的安排之外，若發現適合的訓練課程，也建議業務人員能主動向直屬主管或通訊處主管討論，以便提升自我的競爭力，對客戶的服務品質也能提升。

重點摘錄

- 本章節以新光人壽與英國保誠人壽為研究對象，嘗試提出壽險業教育訓練的實務模式，同時整合研究方法與資料蒐集的三角測定程序，來探討研究個案教育訓練之實務運作流程，分析比較個案間的相同性與差異性。
- 建立良好的服務品質，可提升組織經營績效；組織領導風格的差異，會影響到員工的向心力。
- 知識平台的e化，會加快知識或訊息流通的速度；隨著外在環境的演變，教育訓練的規劃要不斷地創新。
- 針對不同類型的業務員，進行個別的教育訓練安排；多方面教育訓練的績效評估，可落實教育訓練的實質成果。

重要名詞

三角測定（triangulation）

文獻分析法（analyzing documentary realities）

深度訪談法（in-depth interview）

問卷調查法（questionnaire survey）

客服中心（Call Center）

E化學習（E-learning）

1.本章節所提壽險業知識學習的實務模式，在研究方法與資料蒐集上有何特性？試研析之。

2.本章節提及國內壽險業知識學習的個案推行上，有何研究結論？試研析之。

3.本章節針對國內壽險業在知識學習的應用上，有何研究建議與作法？試研析之。

4.試比較分析本章節二家個案公司，在其知識學習作法上的差異性？請談談你的看法為何？

參考書目

一、中文部分

王如哲（2000）。《知識管理的理論與應用》。台北：五南圖書公司。

王景翰、李美玲（2001）。〈e時代的網路化知識管理〉。《管理雜誌》，第324期，頁
　　98～102。

行政院經濟建設委員會（2000）。知識經濟發展方案。台北：行政院。

余佑蘭譯（2002）。Pentti Sydanmaanlakka原著。《建構智慧型組織》。台北：中國生
　　產力中心。

吳行健（2000）。〈知識管理創造企業新價值〉。《管理雜誌》，第316期，2000年10
　　月號。

吳承芬譯（2000）。高梨智弘原著。《知識管理的基礎與實例》。台北：小知堂文化
　　公司。

吳思華（1998）。〈知識流通對產業創新的影響〉。《產業科技研討會論文集》，頁2
　　～42。台北：國立政治大學。

李宗澤（2001）。知識環境、知識策略對知識管理事務及知識管理績效之影響——以
　　一般製造業、科技製造和服務業之研究。碩士論文，義守大學企業管理研究
　　所。

李昆林（2001）。《關鍵與整合之知識管理》。台北：中衛發展中心。

李明譯（2000）。Dee Hock原著。《亂序》。台北：大塊文化出版公司。

李金梅譯（2002）。Amrit Tiwana原著。《以客為尊成功法則》。台北：培生集團。

李振昌譯（1999）。Jeff Papows原著。《16定位》。台北：大塊文化出版公司。

李驊芳、呂玉娟（2004）。《管理雜誌》。

周漢章（2001）。知識管理案例——台灣應用材料公司。知識經濟發展種子人員培訓
　　計畫講義。行政院經濟建設委員會。

孟慶國等譯（2000）。David A. Klein原著。《智力資本的策略管理》。台北：知書房
　　出版社。

保誠世界（2004a）。第17期，保誠人壽行銷支援部。

保誠世界（2004b）。第18期，保誠人壽行銷支援部。

南山人壽保險股份有限公司（2000）。南山人壽彩色推銷圖片光碟。台北：南山人壽
　　出版。

封面故事知識創新與管理（2000）。《能力雜誌》，11月號，頁30～57。

封面故事知識管理創造企業新價值（2000）。《管理雜誌》，9月號，頁94～110。

柯全恆（2001）。人員促動／變革管理。知識經濟發展種子人員培訓計畫講義。行政院經濟建設委員會。

洪志昇（2001）。知識管理個案分析模式探索及個案庫與網站分享系統雛型之建置。碩士論文，東吳大學企業管理研究所。

洪明洲譯（2000）。James Brain Quinn等原著。《知識管理與創新》。台北：商周出版。

施振榮（2000）。知識經濟在台灣。《公務人員月刊》，第54期，頁26～29。

財團法人保險事業發展中心（2004）。《投資型保險商品》。台北：財團法人保險事業發展中心出版。

馬曉雲（2000a）。〈推動知識管理五大步驟——一〉。《會計研究月刊》，第186期，頁21～23。

馬曉雲（2000b）。〈推動知識管理五大步驟——四〉。《會計研究月刊》，第189期，頁20～21。

馬曉雲（2001）。《新經濟的運籌管理——知識管理》。台北：中國生產力中心。

張火燦（1998）。《策略性人力資源管理》。台北：揚智文化事業股份有限公司。

張吉成（2001）。科技產業知識創新模式建構之研究。國立台灣師範大學工業教育研究所博士論文。

張吉成（2002）。〈知識管理導入教師應用與教學設計〉。《南港高工學報》。第20期。

張吉成、周談輝編著（2004）。《知識管理與創新》。台北：全華科技公司。

張志明、劉淑娟（2000）。〈知識管理在學校營繕工程之運用：以花蓮縣國民中小學為例〉。《花蓮師院學報》，第11期，頁55～82。

張忠謀（2001）。〈知識經濟的八大迷思〉。發表於2001年2月12日國父紀念月會，轉載於《經濟日報》，第3版，2001年2月13日。

張紹勳（2002）。《知識管理》。台中：滄海書局。

張豔玲（1995）。壽險業務人員教育訓練及其績效相關性之研究。國立政治大學保險研究所碩士論文。

戚正平（2001）。〈以啟動知識鏈的重整，來參與價值鏈的重整〉。《電子化企業：經理人報告》，第24期，頁78～82。

眾信企業管理顧問公司（2000）。《知識管理實務應用》，馬曉雲編著。台北：華彩軟體出版。

現代保險（2004a）。第181期。台北：現代保險雜誌。

現代保險（2004b）。第182期。台北：現代保險雜誌。

郭昭琪、李喬光（2001）。〈掀開安泰M化的神秘面紗〉。《商業現代化》，第49期，頁26～35。

陳永隆（2001）。知識管理系列。資策會教育訓練處數位教材。

陳永隆（2002）。《全球音樂價值系統——知識管理規劃白皮書》。台北：威霆競爭策略研究中心。

陳永隆、林再興（2002）。「知識經濟下的優勢轉型與知識價值鏈」。知識經濟與科技創造力培育國際研討會。台北：台灣師範大學、中華創意發展協會。

陳永隆、莊宜昌（2005）。《知識價值鏈》。台北：中國生產力公司。

陳依蘋（1999）。〈知識管理的建立與挑戰〉。《會計研究月刊》，第169期，頁14～19。

陳星偉譯（1999）。澤井實原著。《創新才會贏》。台北：遠流出版公司。

陳雲中（1997）。《保險學》。台北：五南圖書出版。

陳儀澤（2001）。知識管理架構之建立與個案研究。碩士論文，國立台北大學企業管理研究所。

傅清富（2001）。知識管理能力對新產品開發績效之影響。碩士論文，國立中山大學企業理系。

曾恩明（2002）。〈由Agent到Advisers〉。《Advisers財務顧問》，第155期，頁16。

曾眞眞、陳聰賢（1999）。〈論壽險業勤教育訓練制度〉。《壽險季刊》，第113期，頁69～82。

黃廷合、吳思達編著（2004）。《知識管理理論與實務》。台北：全華科技公司。

黃英忠（1997）。《人力資源管理》。初版。台北：華泰書局。

黃啓倫（2001）。高科技產業知識管理人員能力內涵與培訓策略之研究。碩士論文，國立彰化師範大學工業教育學系。

黃麗安（1990）。壽險業展業人員教育訓練之研究。逢甲大學保險研究所碩士論文。

新竹國賓2001年度年報（2002）。新竹國賓大飯店。

楊子江、王美音譯（1997）。I. Nonaka & H. Takeuchi原著。《創新求勝——智價企業論》。台北：遠流出版公司。

楊政學（2002a）。〈知識經濟下壽險業知識管理實務模式研究：以國泰與安泰.喬治亞人壽為例〉。《第十七屆全國技術及職業教育研討論文集（商業類）》，頁273～282。屏東：國立屏東科技大學。

楊政學（2002b）。〈管理教育中定性與定量研究方法之整合應用〉。《2002創意教學與研究研討會論文全文集》，頁2-173～2-177。苗栗：國立聯合技術學院。

楊政學（2002c）。〈知識經濟下企業知識管理實務運作〉。《網路與知識經濟學術研討會論文集》。台北：世新大學。

楊政學（2003a）。〈農企業研究方法整合應用之探討：由指導服務行銷型農企業實務題製作談起〉。《農業經濟論叢》，第9卷，第1期，頁63～96。

楊政學（2003b）。〈壽險業創新教育訓練之研究〉。《人文、科技、e世代人力資源發展學術研討會論文集》，頁190～202。高雄：國立高雄應用科技大學。

楊政學（2003c）。〈台灣壽險業知識管理與創新之個案研究〉。《2003年海峽兩岸科學學術研討會論文集》。嘉義：國立中正大學。

楊政學（2004a）。〈壽險業知識管理實務探討：模式構建與個案研究〉。《商管科技季刊》，第5卷，第1期，頁1～23。

楊政學（2004b）。《實務專題製作：企業研究方法的實踐》，初版，台北：新文京開發公司。

楊政學（2004c）。《知識管理：理論、實務與個案》，初版。台北：新文京開發公司。

楊政學（2005）。《實務專題製作：企業研究方法的實踐》（二版）。台北：新文京開發公司。

楊政學、林依穎（2003）。〈旅館業知識管理實務之探討：以新竹飯店個案為例〉。《第三屆觀光休閒暨餐旅產業永續經營學術研討會論文集》，頁529～538。高雄：教育部、國立高雄餐旅學院。

楊政學、林政賢（2004）。〈金融業知識管理與創新策略之個案研究〉。《2004管理與創意研討會論文集》。高雄：實踐大學。

楊政學、林秋萍、連惠君、張桂冠（2005）。〈精品旅館業知識管理之實務研究——以薇閣精品旅館為例〉。《2005管理與創新科際學術研討會論文集》。新竹：元培科學技術學院。

楊政學、邱永承（2001）。〈壽險業知識管理實務模式探討〉。《第三屆永續發展管理研討會論文集》，頁261～285。屏東：國立屏東科技大學。

楊政學、許素穎（2005a）。〈知識經濟下壽險業教育訓練之實務研究〉。《2005台灣長榮企業管理暨經營決策研討會論文集》。台南：長榮大學。

楊政學、許素穎（2005b），壽險業創新教育訓練之實務研究，2005商管科技學術研討會論文集，屏東：美和技術學院。

楊政學、陳怡婷、簡竹均（2003）。〈旅館業知識管理個案研究：新竹國賓飯店〉。《第八屆台灣企業個案研討會論文集（第二冊）》，頁111～129。台南：南台科技大學。

楊政學、詹麗蓉（2003）。〈壽險業電子化行銷實務：以南山人壽為例〉。《2003電子商務與數位生活研討會論文集》，頁2658～2667。台北：台灣電子商務學會、國立台北科技大學。

楊政學、簡竹均、黃靖芳（2003）。〈旅館業知識管理個案研究：新竹老爺飯店〉。《第二屆國際商務論壇研討會論文集》。台北：國立台北商業技術學院。

廖述嘉、王精文（2003）。〈壽險業教育訓練需求與規劃——以某上市壽險業為例〉。《第十二屆中華民國管理教育研討會論文集》，頁461～474。台北：國立台北科技大學。

劉京偉譯（2000）。Arthur Andersen Business Consulting原著。《知識管理的第一本書》。台北：商周出版社。

樂為良譯（1999）。Bill Gates原著。《數位神經系統》。台北：商周出版。

鄧晏如整理（2001）。〈IBM建置全球知識管理系統之策略思考〉。《電子化企業：經理人報告》，第22期，頁70～73。

蕭志彬編譯（2004）。《人本知識管理》。台北：天使學園網路公司。

蕭焜燾（1995）。《科學認識史論》。中國：江蘇省新華書局。

謝耀龍、楊凌玉、陳怡賓（2001）。台灣壽險業務員教育訓練現況剖析。壽險季刊，第120期，頁6～36。

鍾恆玉（2003）。教育訓練與組織因素對訓練移轉影響之相關研究——以C人壽保險公司為例。國立高雄第一科技大學風險管理與保險系碩士論文。

羅啓峰（1995）。壽險業務員訓練方式與組織績效之關係研究——以組織氣候為干擾變項。淡江大學管理科學研究所碩士論文。

譚大純、劉廷揚、蔡明洲（1999）。〈知識管理文獻之回顧與分類〉。《中華民國科技管理論文集》。高雄：國立中山大學企業管理學系。

嚴啓慧、陳永隆等（2001）。《PROFIT@KM知識管理白皮書》。台北：英柏騰數位策略公司專案計畫（逸凡科技出版）。

二、英文部分

Abell, D. F. (2000). *Managing with Dual Strategies: Mastering the Present, Preempting the Future*. New York: The Free Press.

Abram, S. (1997). Post Information Age Positioning for Special Librarians: Is Knowledge Management the Answer? *Information Outlook,* June, 18-21, 23, 25.

Alice, (1997). *Embedded Firms, Embedded Knowledge: Problems of Collaboration and Knowledge Transfer in Global Cooperative Ventures, Alliances*. Boston, MA: Harvard Business School Press.

American Productivity & Quality Center. (1996). *Knowledge Management Consortium benchmarking study: Final report*. Houston, Texas: *American* Productivity and

Quality Center.

Arthur Anderson Business Consulting. (1999). *Zukai Knowledge Management*. Japan: TOKYO Keizai Inc.

Badaracco, J. (1991). *The Knowledge Link: How Firms Compete through strategic Alliances,* Harvard Business School, Boston.

Bonora, E. A., & Revang, O. (1991). A Strategic Framework for Analyzing Professional Service Firms-Developing Strategies for Sustained Performance, *Strategic Management Society Inter-organizational Conference,* Toronto, Canada.

Borghoff , U. M., & Pareschi, R. (1998). Introduction. In U.M. Borghoff and R. Pareschi (Eds.), *Information Technology for Knowledge Management*. Berlin:Springer.

Boyton, A. (1996). *Exploring Opportunities in Knowledge Management, Paper Presented at Knowledge Management Symposium: Leveraging Knowledge for Business Impact,* IBM Consulting Group Sydney, November.

Broadbent, M. (1998). The Phenomenon of Knowledge Management: What does it mean to the informational profession? *Information Outlook,* May, 23-36.

Brooking, A. (1999). *Corporate Memory: Strategies for knowledge management*. London: International Thomson Business Press.

Bukowitz, W. R., & Williams, R. L. (1999). *The Knowledge Management Fieldbook*. London: Prentice Hall.

Buren, M. E. (1999). A Yardstick for Knowledge Management. *Training & Development,* May, 71-78.

Chase, R. L. (2002). "2001 Most Admired Knowledge Enterprise", *The KNOW Network*.

Cavana, R. Y., Delahaye, B. L., & Sekaran, U. (2001). *Applied Business Research: Qualitative and Quantitative Methods* (3rd edition.). published by John Wiley & Sons, Inc., New York.

Coleman, D. (2000). The Challenges of Electronic Collaboration in Knowledge Sharing. In S. Rock (Ed.). *Knowledge Management: A Real Business Guide*. London: Caspian.

Davenport, T. H., & Prusak, L. (1998). *Working Knowledge: How Organizations Manage What They Know*. Boston: Harvard Business School Press.

Davenport, T. H. (2000). Some Principles of Knowledge Management. (http://www.bus.utexs. edu/kman/kmprin.htm)

Demerest, M. (1997). Understanding Knowledge Management. *Long Range Planning,* June, 374-384.

Dobin, R. (1978). *Theory Building* (2nd ed.). New York: free Press.

Duffy, J. (2001). The Knowledge Infrastructure. *Information Management Journal,* Apr., 62-66.

Earl, M. J. (1997). Knowledge as Strategy: Reflections on Skandia International and Shorko Films. In L. Prusak (Ed.), *Knowledge in Organizations* (pp.1-15). Newton, MA: Butterworth-Heinemann.

Edvinsson, L., & Malone, M. S. (1997). *Intellectual Capital: Realizing Your Company's True Value by Finding its Hidden Brainpower,* New York: Harper Collins.

Edvinsson, L., & Malone, M.S. (1997). Intellectual Capital: Realizing. Your Company's True Value by Finding its Hidden Brainpower. New York: Harper Collins.

Evernden, R., & Burke, P. (2000). An Anthropological Approach, In S. Rock (Ed.). *Knowledge Management: A Real Business Guide.* London: Caspian.

Garrity, E. J., & Siplor, J. C. (1994). Multimedia as a Vehicle for Knowledge Modeling in Expert system. *Expert System With Application,* 7(3), 397-406.

Gore, C., & Gore, E. (1999). Knowledge Management: The Way Forward. *Total Quality Management,* 10 (4&5), s554-s560.

Greengard, S. (1998). How to Make KM a Reality. *Work Force,* Oct., 91-94.

Gupta, A. K., & Govindarajan, V. (2000). Knowledge Flows within Multinational Corporations, *Strategic Management Journal,* 474-493.

Hannabuss, S. (1987). Knowledge Management, *Library Management,* 8(5), 1-50.

Hansen, M. T., Nohria, N., & Tierney, T. (1999), What's Your Strategy for Managing Knowledge? *Harvard Business Review,* March-April, 106-116.

Harris, D. B. (1996). Creating a Knowledge Centric Information Technology Environment, Retrieved in 2001/11/11 from http://www.dbharris.com/ ckc.htm.

Hedberg, B., & Holmqvist, M. (2001). Learning in Imaginary Organizations, In M. Dierkes, A. Berthoin Antal, J. Child & I. Nanaka. (ed.). *Handbook of Organizational Learning and Knowledge.* 717-754, NY: OXFORD University Press.

Huseman, R. C., & Goodman, J. P. (1999). *Leading with Knowledge: The nature of Competition in the 21st Century.* London: SAGE .

Johnston, R. (1998). *The Changing Nature and Forms of Knowledge: A review.* Canberra: Department of Employment, Education, Training and Youth Affairs.

KPMG Consulting. (2000). *Knowledge Management Research Report* 2000.

Krebsbach-Gnath, C. (2001). Applying Theory to Organizational Transformation, In M. Dierkes, A. Berthoin Antal, J. Child & I. Nonaka. (ed.). *Handbook of Organizational Learning and Knowledge,* 886-901, NY: OXFORD University Press.

Kudva, P. (1999). *Relevance of a Knowledge Base for a Teacher as a Professional* (ERIC No: ED429932).

Laberis, B. (1998). One Big Pile of Knowledge. *Computerworld,* 32(5), 97.

Leavitt, H. J. (1965). Applied Organizational Change in Industry, Structural Technological and Humanistic Approaches, in J. G. March (ed.). *Handbook of Organizations,* Rand McNally, Chicago, 1144-1170.

Lee, C. C., & Yang, J. (2000). Knowledge Value Chain. *The Journal of Management Development,* 19(9), 783-794.

Leonard-Barton, D. (1995). *Wellsprings of Knowledge,* Harvard Business School Press, Massachusetts.

Liebowitz, J. (2000). *Building Organizational Intelligence: A Knowledge Management Primer,* London: CRC Press.

Lynn, G. S., & Reilly, R. R. (2000). Measuring Team Performance, *Research · Technology Management,* Mar.-Apr., 13-26.

Maglitta, H. (1996). Know-How, Inc., *Computerworld,* 30(4), 74-76.

Marchand, D. A. (1998). *Competing with Intellectual Capital, Knowing in Firms: Understanding, Managing and Measuring Knowledge,* von Krogh, G., Roos, J. and Kleine, D. (ed.). London: Sage, 256.

Mc Adam, R., & Mc Creedy, S. (1999). A Critical Review of Knowledge Management Models. *Journal of Learning Organization,* 6(3), 91-100.

Mintzberg, H., & Waters, J. A. (1995). Of Strategies, Deliberate and Emergent. *Strategic Management Journal,* 6, 257-272.

Morey, D. (1998). *Knowledge Management Architecture.* CRC Press LLC.

Nadler, L. (1970). *Developing Human Resource.* Houston, TX: Gulff Publishing Co.

Nadler, L. (1982). *Designing Training Programs: the Critical Events Model.* Reading, Mass: Addison-Wesley Pub.

Nijhof , W. J. (1999). Knowledge Management and Knowledge Dissemination, *In Academy of Human Resource Development (AHRD) Conference Proceedings: Knowledge Management* (ED431948).

Nonaka, I., & Takeuchi, H. (1995). *The Knowledge-Creating Company: How Japanese Companies Create the Dynamics of Innovation.* Oxford University Press.

Nonaka, I. (1991). The Knowledge Creating Company. *Harvard University Review,* November- December, 96-104.

Nonaka, I. (1994). *A Dynamic Theory of Organizational Knowledge Creation*

Organizational Knowledge, 5 (1), 14-37.

Nonaka, I. (1998). The Knowledge-Creating Company, *In Harvard Business Review on Knowledge Management,* Harvard Business School Press.

Nonaka, I. Umemoto, K., & Sasaki, K. (1998). Three Tales of Knowledge-Creating Companies, G. Krogh, J. Roos & D. Kleine (Eds.). *Knowing in Firms,* London: SAGE.

O'Dell, C., & Grayson, C. J. (1998). If Only We Knew What We Know: Identification and Transfer of Internal Best Practices. *California Management Review,* 40(3), 154-173.

O'Dell, C. S., Essaides, N., Jackson, C., & Grayson, Jr. (1998). *If Only We Knew What We Know: The Transfer of Internal Knowledge and Best Practice.* New York: Free Press.

PLAUT International Management Consulting, (2000). *A Guide to Successful Knowledge Management.* Middlesex: PLAUT International Offices.

Polanyi, M. (1962). *Personal Knowledge: Towards a Post-Critical Philosophy.* New York: Harper Torchbooks.

Polanyi, M. (1966). *The Tacit Dimension.* London: Routledge.

Porter, M. E. (1985). *Competitive Advantage: Creating and Sustaining Superior Performance,* Free Press. New York, June.

Quinn, J. B., Anderson, P., & Sydney, F. (1996). Managing Professional Intellect. Making the most of the Best, *Harvard Business Review,* Mar. /Apr.

Robbins, Stephen P. (1982). *Personnel, the Management of Human Resources.* Englewood Cliffs, N. J.: Prentice-Hall.

Roos, G., & Roos, J. (1997). Measuring Your Company's Intellectual Performance. *Long Range Planning,* 30(3), 413-426.

Schuler, Randall S. (1981). *Human Resource Management* (3rd ed.). West Publishing.

Sena, J. A., & Shani, A. B. (1999). Intellectual Capital and Knowledge Creation: Towards an Alternative Framework, Jay Liebowite. *Knowledge Management Handbook,* 8-1~8-16, CRC Press, New York.

Senge, P. M. (1990). The Leader's New Work: Building Learning Organization. *Sloan Management Review,* 32(1), 10-13.

Singer, Marc G. (1990). *Human Resource Management.* Boston: PWS-Kent Publishing, Co..

Snowden, D. J. (2000a). A Framework for Creating a Sustainable Programme, In S. Rock (Ed.) *Knowledge Management: A Real Business Guide,* London: Caspian.

Snowden, D. J. (2000b). Liberating Knowledge. *Paper Presented at Knowledge*

Management & Organizational Learning Conference, 28 February -2 March.

Spiegler, I. (2000). Knowledge Management: A New Ideal or A Recycled Concept?, *Communications of the AIS,* 3(14).

Steven, R. C. (2001). The Critical Success Factors for Today's Agent, National Underwriter, *Life and Health/Financial Services Edition,* September 10, 5-6.

Stewart, T. A. (1997). Intellectual Capital. *The New Wealth of Organizations.* New York: Bantam Doubleday Dell Publishing Group, Inc.

Swanson, R. A. (1987). Training Technology System: A Method for Identifying and Solving Training Problems in Industry and Business. *Journal of Industrial Teacher Education,* 2(4), 7-17.

Tiwana, A. (2000). *The Knowledge Management Toolkit: Practical techniques for Building a Knowledge Management System.* Upper Saddle River, NJ: Prentice-Hall.

Tomaco, R. (1999). A Theory of Knowledge Management, *In Academy of Human Resource Development (AHRD) Conference Proceedings: Knowledge Management* (ED 431948).

Ward, V. (2000). A Cartographic Approach, In S. Rock (Ed.). *Knowledge Management: A Real Business Guide.* London: Caspian.

Watson, S. (1998). Getting to 'aha! . *Computer World,* 32(4), 51-52.

Weggeman, M. (1997). Kennismanagement - inrichting en besturing van kennisintensieve organisaties. *Scriptum Management, Schiedam.*

Wiig, K. M. (1994). *Knowledge Management: The Central Management Focus for Intelligent-Acting Organizations,* Vol.2, Taxes: Schema Pres Arlington.

Wiig, K. M. (2004). *People-Focused Knowledge Management: how effective decision making leads to corporate success,* Elsevier Inc..

Zack, M. (1999). Developing a Knowledge Strategy. *California Management Review,* 41(3), Spring, 125-143.

三、網站部分

中國信託商業銀行網站（2003）。http://www.chinatrust.com.tw/
台灣安泰人壽網站（2001）。http://www.aetna.com.tw/
玉山商業銀行網站（2003）。http://www.esunbank.com.tw/
老爺大酒店網站（2002）。http://www.royal-taipei.com.tw/
法商佳迪福保險網站（2004）。http://www.cardif.com.tw/taiwanch/

保誠人壽網站（2004）。http://www.pcalife.com.tw/

南山人壽網站（2003）。http://www.nanshanlife.com.tw/

國泰人壽網站（2001）。http://www.cathaylife.com.tw/

新光人壽網站（2004）。http://www.skl.com.tw/

新竹國賓大飯店網站（2002）。http://www.ambassador-hsinchu.com.tw/

新竹國際商業銀行網站（2003）。http://www.hibank.com.tw/

Introduction to Knowledge Management, 2000, (http://www.uts.edu.au/fac/hss/
　　Departments/DIS/km/introduct.htm)

中文索引

英文索引

英文索引

note

浮塵短句：失敗的人找藉口，成功的人找方法。

知識管理學理與實證　　　　　　　　　　　　管理叢書 5

著　　　者／楊政學
出 版 者／揚智文化事業股份有限公司
發 行 人／葉忠賢
總 編 輯／林新倫
執行編輯／黃美雯
登 記 證／局版北市業字第 1117 號
地　　　址／台北市新生南路三段 88 號 5 樓之 6
電　　　話／(02)23660309
傳　　　真／(02)23660310
郵政劃撥／19735365　戶名：葉忠賢
法律顧問／北辰著作權事務所　蕭雄淋律師
印　　　刷／大象彩色印刷製版股份有限公司
E-mail／service@ycrc.com.tw
網　　　址／http://www.ycrc.com.tw
初版一刷／2006 年 1 月
定　　　價／新台幣 650 元
I S B N／957-818-766-1

國家圖書館出版品預行編目資料

知識管理學理與實證 = Knowledge management
: theories and practice / 楊政學著. --
初版. -- 臺北市 : 揚智文化, 2005[民 94]
面 ; 公分. -- (管理叢書 ; 5)
參考書目:面
含索引
ISBN 957-818-766-1(平裝)

1. 知識管理

494.2   94021010